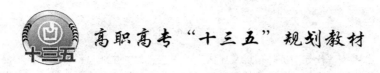

高职高专"十三五"规划教材

炉 外 精 炼 与 连 铸

主　编　张金梁　姚春玲
副主编　刘振楠　黄卉　张报清　杨桂生

北 京

冶 金 工 业 出 版 社

2020

内容简介

本书以现代炼钢炉外精炼及连铸生产工艺流程为主线，系统阐述了炉外精炼技术基础、生产工艺，炉外精炼与连铸的配合、钢水浇注、连铸设备及操作工艺、连铸基础理论、连铸坯质量、连铸新技术等内容。

本书可作为高职高专院校冶金专业学生的教材，也可作为炉外精炼工、连铸工及现场生产管理人员的培训教材和自学参考书。

图书在版编目（CIP）数据

炉外精炼与连铸／张金梁，姚春玲主编. —北京：
冶金工业出版社，2017.8 （2020.10 重印）
高职高专"十三五"规划教材
ISBN 978-7-5024-7572-7

Ⅰ.①炉… Ⅱ.①张… ②姚… Ⅲ.①炉外精炼—
高等职业教育—教材 ②连续铸造—高等职业教育—
教材 Ⅳ.①TF114 ②TG249.7

中国版本图书馆 CIP 数据核字（2017）第 202159 号

出 版 人 苏长永
地 址 北京市东城区嵩祝院北巷 39 号 邮编 100009 电话 (010)64027926
网 址 www.cnmip.com.cn 电子信箱 yjcbs@cnmip.com.cn
责任编辑 杨盈园 美术编辑 彭子赫 版式设计 孙跃红
责任校对 郭惠兰 责任印制 禹 蕊
ISBN 978-7-5024-7572-7
冶金工业出版社出版发行；各地新华书店经销；北京中恒海德彩色印刷有限公司印刷
2017 年 8 月第 1 版，2020 年 10 月第 2 次印刷
787mm×1092mm 1/16；14.25 印张；344 千字；217 页
31.00 元

冶金工业出版社 投稿电话 (010)64027932 投稿信箱 tougao@cnmip.com.cn
冶金工业出版社营销中心 电话 (010)64044283 传真 (010)64027893
冶金工业出版社天猫旗舰店 yjgycbs.tmall.com
（本书如有印装质量问题，本社营销中心负责退换）

前　言

　　钢铁工业是基础工业，是国民经济建设和社会发展的重要物质基础，是国家实力和工业发展水平的重要标志。我国经济的腾飞，促进了中国钢铁工业的迅猛发展。目前，我国粗钢产量已经达到世界钢产量的一半，成为名副其实的钢铁大国，并且钢材品种结构和质量不断优化，绝大多数钢材已经基本可以满足下游行业对材料质量性能不断提升的需求。我国的钢铁行业正朝着技术升级、结构优化、淘汰落后的方向发展。为适应钢铁工业发展对不同层次人才的需要，特编此书。

　　本书以现代炼钢炉外精炼及连铸生产工艺流程为主线，系统阐述了炉外精炼技术基础、生产工艺，炉外精炼与连铸的配合、钢水浇注、连铸设备及操作工艺、连铸基础理论、连铸坯质量等内容。编写过程中注重理论与实践的结合，突出基础理论、基础知识、基本技能的讲解，力求通俗易懂。

　　本书的编写结合了高职教育的特点和人才培养目标，在对黑色冶金生产领域进行分析后，根据企业的生产实际和岗位群的技能要求对相关的教学内容进行了整合，力求体现高职教育针对性强、理论知识实践性强、培养高技术应用型人才的特点。

　　本书的编写人员均为昆明冶金高等专科学校冶金技术专业的教师。张金梁、姚春玲担任主编。具体编写分工为：第 1 ~ 4、10 章由张金梁负责编写，第 5 ~ 9 章由姚春玲负责编写，最后由张金梁、姚春玲负责全书的统稿和审定，刘振楠、黄卉、张报清、杨桂生等人也参与了本书部分内容的编写。

　　由于编者水平所限，书中有不妥之处，敬请广大读者批评指正。

编　者

2017 年 5 月

目 录

1　炉外精炼的概述

炉外精炼，是把转炉或电炉初炼的钢液倒入钢包或专用容器内，进行脱氧、脱碳、脱硫、去气、去除非金属夹杂物并调整钢液成分及温度，以达到进一步冶炼目的的炼钢工艺。也就是将在常规炼钢炉中完成的精炼任务部分或全部地转移到钢包或其他容器中进行，把一步炼钢法变为两步炼钢法，即初炼＋精炼。国外也称之为二次精炼、二次炼钢或者钢包冶金。

1.1　炉外精炼的任务

在现代化钢铁生产流程中，炉外精炼的主要任务是：

（1）降低钢中 O、S、H、N 和夹杂物含量，改变夹杂物形态，以提高钢的纯净度，改善钢的力学性能。

（2）调整钢液温度到浇注要求的温度范围内，减小钢包内钢液的温度梯度。

（3）深度脱碳，满足低碳或超低碳钢的冶炼要求。

（4）微调合金成分且控制在较窄的范围内，并使其分布均匀，尽量降低合金的消耗，以提高合金回收率。

（5）作为炼钢与连铸间的缓冲，提高炼钢车间整体效率。

炉外精炼设备一般要求具有：熔池搅拌功能、精炼功能、温度控制功能、合金化功能、生产调节功能。目前还没有任何一种炉外精炼方法能完成上述所有任务，某一种精炼方法只能完成其中一项或几项任务。由于各厂条件和冶炼钢种不同，一般是根据不同需要配备多种炉外精炼设备。

1.2　炉外精炼的手段

炉外精炼手段主要有：渣洗、搅拌、真空（或气体稀释）、加热（调温）和喷吹等五种，此外还有连铸中间包的过滤。目前各种炉外精炼方法都是这五种精炼手段的不同组合，采用一种或几种手段组成一种炉外精炼方法。

（1）渣洗：将事先配好的合成渣倒入钢包内，借出钢时钢流的冲击作用，使钢液与合成渣充分混合，从而完成脱氧、脱硫和去除夹杂等精炼任务。

（2）搅拌：通过搅拌扩大反应界面，加速反应过程，提高反应速度。搅拌方法主要有吹氩搅拌、电磁搅拌等。

（3）真空：将钢水置于真空室内，由于真空作用使反应向生成气相方向移动，达到脱气、脱氧、脱碳等目的。

（4）加热：调节钢水温度的一种重要手段，使炼钢与连铸更好地衔接。加热方法主要有电弧加热、化学热法等。

（5）喷吹：将反应剂加入钢液内的一种手段、喷吹的冶金功能取决于精炼剂的种类，以完成脱碳、脱硫、脱氧、合金化和控制非金属夹杂物形态等精炼任务。

1.3 炉外精炼方法的分类

炉外精炼方法按精炼设备通常分为两类：一类是常压精炼设备，如 LF、CAS-OB、AOD 等，适用于大多数钢种精炼；另一类是真空精炼设备，如 RH、VD、VOD 等，只适用于有特殊要求的钢种精炼。目前广泛使用的炉外精炼方法是 LF 法与 RH 法，一般可以将 LF 类与 RH 类联合使用，可以加热、真空处理，适于生产纯净钢与超纯净钢，易于与连铸机配套。目前已出现 40 多种炉外精炼方法，表 1-1 给出了炉外精炼主要方法。

表 1-1 主要炉外精炼方法的分类、名称、开发与适用情况

分类	名称	开发年份	国家	适用
合成渣精炼	液态合成渣（异炉） 固态合成渣	1933 —	法国 —	脱硫、脱氧、去夹杂物
钢包吹氩	GAZAL（钢包吹氩法） CAB（带盖钢包吹氩法） CAS（封闭式吹氩成分微调法）	1950 1965 1975	加拿大 日本 日本	去气，去夹杂，均匀成分与温度。CAB、CAS 还可以脱氧与微调成分，如果加合成渣，可以脱硫，但吹氩强度小，脱气效果不明显
真空脱气	VC（真空浇注） TD（出钢真空脱气法） DH（真空提升脱气法） RH（真空循环脱气法） VD（真空罐钢包脱气法） SLD（倒包脱气法）	1952 1962 1952 1956 1957 1952	德国	脱氢，脱氧，脱氮。RH 精炼速度快，精炼效果好，适用于大容量钢液脱气处理。现在的 VD 法已在钢包底部加上透气砖，使其广泛应用
带加热装置的钢包精炼	ASEA-SKF（真空电磁搅拌－电弧加热法） VAD（真空电弧加热法） LF（埋弧加热吹氩法）	1965 1967 1971	瑞典 美国 日本	多种精炼功能。尤其适用于生产工具钢、轴承钢、高强度钢和不锈钢等。LF 是目前应用最广泛的具有加热功能的精炼设备
不锈钢精炼	VOD（真空吹氧脱碳法） AOD（氩氧混吹脱碳） CLU（汽氧混吹脱碳法） RH-OB（循环脱气吹氧法）	1965 1968 1973 1969	德国 美国 法国 日本	能脱碳保铬，适用于超低碳不锈钢及低碳钢的精炼
喷粉及特殊添加精炼	IRSID（钢包喷粉） TN（蒂森法） SL（氏兰法） ABS（弹射法） WF（喂线法）	1963 1974 1976 1973 1976	法国 德国 瑞典 日本 日本	脱硫、脱氧、去夹杂物、控制夹杂物形态、控制成分。广泛适用于以转炉为主的大型钢铁企业

各种炉外精炼法所采用的手段与功能见表 1-2。

表 1-2 各种炉外精炼法所采用的手段与功能

名称	精炼手段					主要冶金功能							
	造渣	真空	搅拌	喷吹	加热	脱气	脱氧	去除夹杂物	控制夹杂物形态	脱硫	合金化	调温	脱碳
钢包吹氩			√					√				√	
CAB	+		√			√	√			+	√		
DH		√				√							
RH		√				√							
LF	+	*			√	*	√	√		√	√	√	
ASEA-SKF	+	√		+	√	√	√	√		+	√	√	+
VAD	+	√			√	√	√	√		+	√	√	+
CAS-OB		√				√	√	√			√	√	
VOD		√	√			√	√	√					√
RH-OB		√				√							√
AOD			√			√	√						√
TN				√				√		√			
SL			√					√	√	√	√		
喂线								√	√				
合成渣洗	√		√			√	√	√	√				

注：符号"+"表示在添加其他设施后可以取得更好的冶金功能；符号"*"表示 LF 增设真空装置后被称为 LF-VD，具有与 ASEA-SKF 相同的精炼功能。

总之，各种炉外精炼技术至少有以下三个共同特点：

（1）二次精炼，在不同程度上完成脱 C、P、O、S，去气、去除夹杂，调整温度和成分等冶金任务。

（2）创造良好的冶金反应动力学条件，如真空、吹氩、脱气、喷粉，增大界面积，应用各种搅拌增大传质系数，扩大反应界面。

（3）二次精炼容器具有浇注功能。为了防止精炼后的钢液再次氧化和吸气，一般精炼容器（主要是钢包）除可以盛放和传送钢液外，还有浇注功能（使用滑动水口），精炼后钢液不再倒出，直接浇注，避免精炼好的钢液再污染。

炉外精炼与电炉、转炉配合，现在已成为炼钢工艺中不可缺少的一个环节。尤其与超高功率电弧炉配合，更能发挥超高功率技术的优越性，提高超高功率电弧炉的功率利用率。

1.4 炉外精炼技术的发展

1933 年，法国专门配制的高碱度合成渣，在出钢过程中对钢液进行"渣洗脱硫"，这是炉外精炼技术的开端。1950 年，联邦德国用真空处理脱除钢中的氢防止产生"白点"。此后，各种炉外精炼方法相继问世。1956～1959 年，研究成功了钢液真空提升脱气法

（DH）和钢液真空循环脱气法（RH），1965 年以来，真空电弧加热脱气炉（VAD）、真空吹氧脱碳炉（VOD）、真空氩氧精炼炉（AOD）、喂线法（WF）、LF、钢包喷粉法等先后出现。20 世纪 90 年代，已有几十种炉外精炼方法用于工业生产。1970 年以前，炉外精炼主要用于电炉车间的特殊钢生产，其产量尚不足钢总产量的 10%。20 世纪 70 年代中期以后，工业技术进步对钢材质量提出了更高的要求，进一步推动了炉外精炼技术的应用，工业先进国家的转炉车间拥有炉外精炼设备的占 50% 以上，逐步形成了一批"高炉 – 铁水预处理 – 复吹转炉 – 钢水精炼 – 连铸"、"超高功率电弧炉 – 钢水精炼 – 连铸"的现代化工艺流程。

我国炉外精炼技术的开发应用始于 20 世纪 50 年代中后期，至 70 年代，我国特钢企业和机电、军工行业钢水精炼技术的应用和开发有了一定的发展，并引进了一批真空精炼设备，还试制了一批国产的真空处理设备，钢水吹氩精炼在首钢等企业首先投入生产应用。80 年代，国产的钢包精炼炉、喂线设备与技术、钢水喷粉精炼技术得到了初步的发展。这期间宝钢引进了现代化的大型 RH 装置，并进而实现了 RH-OB 的生产应用及 KIP 喷粉装置；首钢引进了 KTS 喷粉装置；齐齐哈尔钢厂引进了 SL 喷射冶金技术和设备。90 年代，与世界发展趋势相同，我国炉外精炼技术随着现代电炉流程的发展，以及连铸生产的增长和对钢铁产品质量要求的提高，得到了迅速的发展，不仅装备数量增加，处理量也由过去的占钢水的 2% 增长到 1998 年的 20% 以上。此外，经吹氩、喂线处理的钢水已占 65%。2000 年冶金行业不包括吹氩和喂线的钢水精炼比为 28%。2002 年我国已拥有不包括吹氩装置在内的各种炉外精炼设备 275 台。2007 年国内大、中型骨干企业钢水二次精炼的比例迅速增长到 64%。

1991 年召开了全国首次炉外精炼技术工作会议，明确了"立足产品、合理选择、系统配套、强调在线"的发展炉外处理技术的基本方针。

1992 年年初又召开炼钢连铸工作会议，明确了连铸生产的发展必须实现炼钢、炉外精炼与连铸生产的组合优化。1992 年年底还召开了首次炉外精炼学术工作会议，深入研究了我国炉外处理技术发展的方向和重点。1998 年炼钢轧钢工作会议又明确提出要把发展炉外精炼技术作为一项重大的战略措施，放到优先位置上，促进流程工艺结构和装备的优化。

进入 21 世纪，适应连铸生产和产品结构调整的要求，炉外精炼技术得到迅速发展。钢水精炼中 RH 多功能真空精炼发展迅速，另外 LF 不但在电炉厂而且在转炉厂也大量采用，并配套有高效精炼渣。到 2003 年，包括 RH、LF 在内的主要钢水精炼技术，均具备了完全立足国内并可参与国际竞争的水平。

多年来，我国从事炉外精炼技术装备研究、设计和制造的企业，通过自主创新，使我国炉外精炼技术装备实现大型化、系列化、精细化发展，加快了我国纯净钢工艺生产向高端化迈进的步伐。虽然成绩显著，但还有很多问题，如钢水精炼比仍较低，与我国连铸生产飞速发展的形势不适应；中小钢厂炉外精炼的难题还没有从根本上取得突破；炉外精炼装备核心配件和软件研制水平与国外差距更大，尚未形成自主的过程控制技术；对环境友好的炉外精炼技术开发尚未引起足够的重视。这些都有待进一步解决。

炉外精炼起初仅限于生产特殊钢和优质钢，后来扩大到普通钢的生产，现在已基本上成为炼钢工艺中必不可少的环节，它是连接冶炼与连铸的桥梁。用以协调炼钢和连铸的正常生产。未来的钢铁生产将向着近终型连铸和后步工序高度一体化的方向发展。这就要求浇注出的钢坯无缺陷，并且能在操作上实现高度连续化作业。因此，要求钢水具有更高的质量特性，那就必须进一步发展炉外精炼技术，使冶炼、浇注和轧制等工序能实现最佳衔接，进而达到提高生产率、降低生产成本、提高产品质量的目的。

炉外精炼技术的主要发展原因有两个：（1）适应了连铸生产对优质钢水的严格要求，大大提高了铸坯的质量，而且在温度、成分及时间节奏的匹配上起到了重要的协调和完善作用，定时、定温、定品质地提供连铸钢水，成为稳定连铸生产的因素；（2）与调整产品结构、优化企业生产的专业化进程紧密结合，提高产品的市场竞争力。

目前，炉外精炼技术的主要发展趋势：

（1）多功能化。单一功能的炉外精炼设备发展成为多种处理功能的设备和将各种不同功能的装置组合到一起，建立综合处理站。如 LF-VD、CAS-OB、IR-UT、RH-OB、RH-KTB 装置中分别配备了喂合金线（铝线、稀土线）、合金包芯线（Ca-Si、Fe-B 等）等装置。这种多功能化的特点，不仅适应了不同品种生产的需求，提高了炉外精炼设备的适应性，还提高了设备的利用率、作业率，缩短了流程，在生产中发挥了更加灵活、全面的作用。

（2）提高精炼设备生产效率和二次精炼比。影响二次精炼设备生产效率的主要因素是：钢包净空高度、吹氩强度和混匀时间、升温速度和容积传质系数以及冶炼周期和包衬寿命。RH 和 CAS 是生产效率比较高的精炼设备，一般与生产周期短的转炉匹配使用。

为了提高二次精炼的生产效率，近年来国外采用了以下技术：提高反应速度，缩短精炼时间技术；采用在线快速分析钢水成分，缩短精炼辅助时间技术；提高钢包寿命，加速钢包周转技术；采用计算机控制技术，提高精炼终点命中率；扩大精炼能力技术。

（3）炉外精炼技术的发展不断促进钢铁生产流程优化重组、不断提高过程自动控制和冶金效果在线监测水平。例如：LF 精炼技术促进了超高功率电弧炉生产流程的优化；AOD、VOD 实现了不锈钢生产流程优质、低耗、高效化的变革等。

目前炉外精炼技术已发展成为门类齐全、功能独到、系统配套、效益显著的钢铁生产主流技术，发挥着重要的作用。但炉外精炼技术仍处在不断完善与发展之中。未来炉外精炼技术装备发展应注重将更新现有工艺装备与研发新一代技术相结合。在完善炉外精炼技术现有功能的基础上，开发新一代相关工艺控制软件和配件，掌握关键核心技术，形成自主的过程控制技术。

 # 复习思考题

1-1 炉外精炼的定义是什么？
1-2 炉外精炼的任务是什么？
1-3 一般要求炉外精炼设备具备哪些功能？
1-4 炉外精炼常用的手段有哪些？精炼设备通常可分为哪几类？
1-5 简述当前炉外精炼技术的主要发展趋势。

2　炉外精炼的理论与技术基础

2.1　顶渣控制

2.1.1　挡渣技术

在出钢过程后期，当炉内钢水降低至一定深度时，出钢口上方的钢水内部会产生漩涡，它能将表面的炉渣抽引至钢包中。另外，在出钢临近结束时，也会有炉渣随着钢水流进钢包内。这个过程被称为出钢带渣或下渣。做好出钢时的挡渣操作，尽可能地减少钢水初炼炉的氧化渣进入钢包内是发挥精炼渣精炼作用的基本前提。因为在转炉或电弧炉炼钢终点的炉渣中，含有 $15\% \sim 25\%$ Fe_xO、SiO_2、P_2O_5 和 MnO 等氧化物，这些氧化物不稳定，当与脱氧的钢水接触时（见图 2-1），这些氧化物对钢中溶解的铝有氧化作用，会降低钢水的酸溶铝含量，易造成钢水回磷现象，增加钢水中的氧活度，从而阻碍其他精炼过程，如脱硫、脱碳等。此外，在钢包内，由于温度不均匀会造成钢水的自然对流，浇注开始后会引起钢水的流动，炉渣中的 Fe_xO 与钢水中的 $[Al]$、$[Si]$ 等发生反应，生成的 Al_2O_3、SiO_2 等会被钢水流带入内部，从而成为钢中的非金属夹杂物。

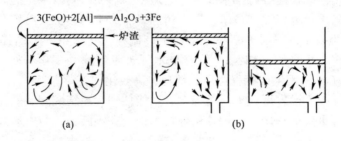

$$3(FeO)+2[Al]\!=\!\!=\!Al_2O_3+3Fe$$

图 2-1　钢包内炉渣 - 钢液反应示意图

(a) 浇注前；(b) 浇注过程

为消除或把带入钢包内的渣量降至最低，目前用于工业生产的挡渣技术有：

(1) 挡渣球。技术简单易行，但由于受出钢口形状和挡渣球停留位置的影响，挡渣效果不够理想。

(2) 浮动塞挡渣。由于在塞的下端带有尾杆，可以随钢流引入出钢口内，挡渣塞停留位置较准，效果要优于挡渣球。

(3) 气动吹气挡渣塞。主要利用气缸快速推动塞头，使之对准出钢口，利用从塞头喷射出的高速气体切断渣流，并靠气体动压托住炉内残留炉渣。由于不受出钢口形状变化影响并对位较准，该法挡渣效果较好。

(4) 虹吸出钢口挡渣。此种出渣方式存在着出钢口的维护和更换问题，但其效果优于前述几种形式。不仅挡渣效果极好，而且还可以基本消除开始出钢时的溢渣和出钢终了短时间下渣现象。

(5) 偏心炉底出钢。此种方式主要用于电弧炉，挡渣效果好，可实现无渣出钢和留钢留渣操作，目前已在电弧炉上广泛应用。

炉渣的流动性和渣量对挡渣效果有重要的影响，为了减少下渣量，应尽量减少渣量，并降低终点炉渣的流动性。目前挡渣较好的钢厂，出钢后其钢包内的渣层厚度可以控制在 30~50mm。

2.1.2 顶渣改质

钢包顶渣（或称覆盖渣）主要由转炉出钢过程中流入钢包的炉渣和铁合金脱氧产物所形成的渣层组成。当转炉内的渣大量流入钢包时，所形成的覆盖渣氧化性高，渣中 FeO + MnO 含量会达到 8%~30%；当转炉渣流入钢包的量较少时，会因为硅铁脱氧产物 SiO_2 在渣中比例增大而造成覆盖渣碱度降低，甚至覆盖渣碱度小于 2.0。

钢包顶渣改质是当今炼钢行业普遍应用的一种炉外精炼手段，对钢包顶渣脱氧并改变其成分，降低氧化性。顶渣改质的目的：(1) 适当提高覆盖渣碱度；(2) 降低覆盖渣氧化性；(3) 改善覆盖渣的流动性；(4) 适当提高夹杂物去除率。

顶渣改质的方法：主要是在转炉出钢过程中向钢包内加入改质剂（或称脱硫剂、脱氧剂等），利用钢水的流动冲刷和搅拌作用促进钢 – 渣反应并快速生成覆盖渣。

顶渣改质剂种类：通常采用 CaO-CaF、$CaO-Al_2O_3$-Al 和 $CaO-CaC_2-CaF_2$ 等系列。顶渣改质后，碱度大于 3.0 或 3.5，甚至大于 5，渣中 FeO + MnO 含量低于 2%~5%。

马春生开发的钢包顶渣改质剂（见表 2-1）具有很强的脱氧能力，加到渣面上后能迅速铺开、熔化，形成高黏度、低熔点、还原性渣，并具有较强吸附 Al_2O_3 夹杂物的能力。顶渣改质剂加入量为 0.5~1.0kg/t，根据下渣量的多少适当调整。

表 2-1 顶渣改质剂的理化指标

含量（质量分数)/%								粒度/mm
CaO	Al_2O_3	MgO	SiO_2	CaF_2	烧碱	金属铝	H_2O	
20~40	10~25	5~8	2~4	4~7	8~10	25~50	≤0.5	15~20

对于不同精炼目的，应有其最佳顶渣成分。例如，为了深度脱氧及脱硫，应该使渣碱度达到 3~5，$w(\sum FeO) < 0.5\%$，而且使渣的曼内斯曼指数 $M = R/w(Al_2O_3) = 0.25 \sim 0.35$。对于低 Al 镇静钢，采用 CaO 饱和的顶渣与低铝（$w[Al] \leqslant 0.005\%$）钢水进行搅拌，使最终的氧活度不大于 0.0005%。最佳顶渣成分见表 2-2。

表 2-2 炉外精炼的最佳顶渣成分

精炼目的	炉外精炼最佳顶渣成分（质量分数)/%				
	CaO	Al_2O_3	SiO_2	MgO	FeO
脱硫	50~55	20~25	10~15	≤5	≤0.5
脱氧	50~55	10~15	10~15	≤5	≤0.5
脱磷	45~55	(MnO) 6	($SiO_2 + P_2O_5$) 6~10	$Na_2O \geqslant 2$，约4	30~40

2.2　渣　　洗

渣洗就是在钢包内通过初炼的钢水对合成渣冲洗，进一步提高钢水质量的一种炉外精炼方法。渣洗的主要目的是降低钢中的氧、硫和非金属夹杂物含量，可以把 $w[O]$ 降至 0.002%、$w[S]$ 降至 0.005%；为使渣洗能够获得满意的效果，渣量一般为钢液质量的 6% ~ 7%。

合成渣有液态渣、固态渣和预熔渣。根据液态合成渣炼制的方式不同，渣洗工艺可分为异炉渣洗和同炉渣洗。异炉渣洗就是设置专用的炼渣炉，将配比一定的渣料炼制成具有一定温度、成分和冶金性质的液渣，出钢时钢液冲进事先盛有这种液渣的钢包内，实现渣洗。同炉渣洗就是渣洗的液渣和钢液在同一座炉内炼制，并使液渣具有合成渣的成分与性质，然后通过出钢最终完成渣洗钢液的任务。异炉渣洗效果比较理想，适用于许多钢种，但是工艺复杂，不便于生产调度，且需一台炼渣炉相配合。同炉渣洗效果不如异炉渣洗，只用于碳钢或一般低合金钢，因此在生产上还是应用异炉渣洗的情况较多，通常所说的渣洗也是指异炉渣洗。

将固体的合成渣料在出钢前或在出钢过程中加入钢包中，这就是所谓的固体渣渣洗工艺。固态合成渣有机械混合渣、烧结渣。机械混合渣制备是指直接将一定比例和粒度原材料进行人工或机械混合，或者直接将原材料按比例加入钢包内；机械混合渣价格便宜、使用方便，但熔化速度慢、成分不均匀、易吸潮。烧结渣制备是指将原料按一定比例和粒度混合后，在低于原料熔点的情况下加热，使原料烧结在一起的过程。烧结渣成分比机械混合渣均匀、稳定，但由于烧结渣密度小，气孔多，易吸气。

预熔渣制备是指将原料按一定比例混合后，在专用设备中利用高温将原料熔化成液态，冷却后再用于炼钢精炼过程；预熔渣生产方法有竖炉法、电熔法等；采用竖炉法，熔化温度低，产品纯度低；采用电熔法，熔化温度高，产品纯度高，适于纯净钢冶炼使用，但成本高。预熔型精炼渣具有熔化温度低、成渣速度快、脱硫效果十分稳定等特点，国内外实践证明，不同操作条件下，转炉出钢采用预熔渣渣洗的脱硫率可以达到 30% ~ 50%。

2.2.1　合成渣的物化性能

为了达到精炼钢液的目的，合成渣必须具有较高的碱度、高还原性、低熔点和良好的流动性；此外要具有合适的密度、扩散系数、表面张力和导电性等。

2.2.1.1　成分

合成渣主要有 CaO-Al_2O_3 系、CaO-SiO_2-Al_2O_3 系、CaO-SiO_2-CaF_2 系等。目前常用的合成渣系主要是 CaO-Al_2O_3 碱性渣系，化学成分大致为：CaO 50% ~ 55%、Al_2O_3 40% ~ 45%、SiO_2 ≤5%、FeO <1%。由此可知，CaO-Al_2O_3 合成渣中，$w(CaO)$ 很高，CaO 是主要精炼功能化合物，其他多是为了调整成分、降低熔点而加入。$w(FeO)$ 较低，因此对钢液的脱氧、脱硫有利。除此之外，这种渣的熔点较低，一般波动在 1350 ~ 1450℃之间，当 $w(Al_2O_3)$ 为 42% ~ 48% 时最低。这种熔渣的黏度随着温度的改变，变化也较小。当温度为 1600 ~ 1700℃时，黏度为 0.16 ~ 0.32Pa·s；当温度低于 1550℃时仍保持良好的流

动性。这种熔渣与钢液间的界面张力较大，容易携带夹杂物分离上浮。但当渣中 $w(SiO_2)$ 和 $w(FeO)$ 增加时，将会降低熔渣的脱硫能力，然而 SiO_2 是一种很好的液化剂，如不超过 5%，对脱硫的影响不大。表 2-3 为几种常用合成渣的成分。

表 2-3 渣洗用合成渣的成分

渣 类 型	主要成分（质量分数）/%								R	$w(CaO)_u$ /%	使用场合
	CaO	MgO	SiO_2	Al_2O_3	FeO	Fe_2O_3	CaF_2	S			
电炉渣	42~58	11~21	14~22	9~20	0.4~0.8	0.05~0.2	1~5	0.2~0.3		29.96	炉内
石灰-黏土渣	51	1.88	19	18.3	0.6	0.12	3	0.48	3.64	11.54	包内
石灰-黏土合成渣	51.65	1.95	17.3	19.9	0.34	—	—	0.04	2.07	11.28	炉内
石灰-黏土合成渣	50.91	3.34	16.14	22.27	0.52	—	—	0.18	2.81	13.34	包内
石灰-氧化铝合成渣	50.95	1.88	4.02	40.66	0.36	—	—	0.12	2.02	23.78	炉内
石灰-氧化铝合成渣	48.94	4	6.5	37.87	0.74	—	—	0.62	2.02	21.66	包内
脱氧渣	57.7	5~8	13.4	6	1.78	1.06	9.25	0.54	3.5	38.59	包内
自熔混合物	40~50	—	9~12	22~26	—	—	—	—	3.8~5	17.87	包内

渣洗目的不同，选用的合成渣系也不同。为了脱氧、脱硫多选用 $CaO-CaF_2$ 碱性渣系，成分为 CaO 45%~55%、CaF_2 10%~20%、Al 5%~15% 和 SiO_2 小于 5%；如果不需脱硫，只需去除氧化物夹杂，合成渣可以有较多的 Al_2O_3 和 SiO_2；对于有特殊要求的还可以选用特殊的合成渣系，如 $CaO-SiO_2$ 中性渣等。

当无化渣炉时也可以使用发热固态渣代替液态合成渣，其配方为：Al 粉 12%~14%，钠硝石 21%~24%，萤石 20%，其余为石灰。合成渣用量约为钢水量的 4%。

因所列各合成渣中 SiO_2 含量差别较大，各种渣碱度 R 的定义如下：

用于石灰-黏土渣：

$$R = \frac{n_{CaO} + n_{MgO} - n_{Al_2O_3}}{n_{SiO_2}} \tag{2-1}$$

用于石灰-氧化铝渣：

$$R = \frac{n_{CaO} + n_{MgO} - 2n_{Al_2O_3}}{n_{SiO_2}} \tag{2-2}$$

式（2-1）和式（2-2）中，n 代表下角标成分的物质的量。

用于自熔性混合物：

$$R = \frac{w(CaO) + 0.7w(MgO)}{0.94w(SiO_2) + 0.18w(Al_2O_3)} \tag{2-3}$$

除可用碱度表示合成渣的成分特点外，可用游离氧化钙量 $w(CaO)_u$ 来表示能参与冶金反应的氧化钙的数量，其计算式如下：

$$w(CaO)_u = w(CaO) + 1.4w(MgO) - 1.86w(SiO_2) - 0.55w(Al_2O_3) \qquad (2-4)$$

2.2.1.2 熔点

在钢包内用合成渣精炼钢水时，渣的熔点应当低于被渣洗钢液的熔点。合成渣的熔点，可根据渣的成分利用相应的相图来确定。在 $CaO-Al_2O_3$ 渣系中，当 $w(Al_2O_3)$ 为 48% ~ 56% 和 $w(CaO)$ 为 52% ~ 44% 时，其熔点最低（1450 ~ 1500℃）。当这种渣存在少量 SiO_2 和 MgO 时，其熔点还会进一步下降。SiO_2 含量对 $CaO-Al_2O_3$ 系熔点的影响不如 MgO 明显。当 $w(CaO)/w(Al_2O_3) = 1.0 ~ 1.15$ 时，渣的精炼能力最好。

当 $CaO-SiO_2-Al_2O_3$ 三元渣系中加入 6% ~ 12% 的 MgO 时，就可以使其熔点降到 1500℃ 甚至更低一些。加入 CaF_2、Na_3AlF_6、Na_2O、K_2O 等也能降低熔点。

$CaO-SiO_2-Al_2O_3-MgO$ 渣系具有较强的脱氧、脱硫和吸附夹杂的能力。当黏度一定时，这种渣的熔点随渣中 $w(CaO + MgO)$ 总量的增加而提高。

2.2.1.3 流动性

用作渣洗的合成渣，要求有较好的流动性。在相同的温度和混冲条件下，提高合成渣的流动性，可以减小乳化渣滴的平均直径，从而增大渣 – 钢间的接触界面。

在炼钢温度下，不同成分的 $CaO-Al_2O_3$ 渣的黏度变化较大。有研究认为，温度为 1490 ~ 1650℃，$w(CaO)$ 为 54% ~ 56%，$w(CaO)/w(Al_2O_3)$ 为 1.2 时，该渣系合成渣的黏度最小。加入不超过 10% 的 CaF_2 和 MgO，也能降低渣的黏度。对于大部分合成渣，在炼钢温度下，其黏度小于 0.2Pa·s。

对于 $CaO-SiO_2-Al_2O_3-MgO$ 渣系（SiO_2 20% ~ 25%；Al_2O_3 5% ~ 11%；$w(CaO)/w(Al_2O_3) = 2.4 ~ 2.5$），当 $w(CaO + MgO)$ 为 63% ~ 65% 和 $w(MgO)$ 为 4% ~ 8% 时，渣的黏度最小（0.05 ~ 0.06Pa·s）。随着 MgO 含量的增加，渣的黏度急剧上升，当 $w(MgO)$ 为 25% 时，黏度达 0.7Pa·s。

对于炉外精炼，推荐采用下述成分的渣：CaO 50% ~ 55%，MgO 6% ~ 10%，SiO_2 15% ~ 20%，Al_2O_3 8% ~ 15%，CaF_2 5.0%。其中 SiO_2、Al_2O_3、CaF_2 三组元的总量控制在 35% ~ 40%。

2.2.1.4 表面张力

表面张力也是影响渣洗效果的一个较为重要的参数。在渣洗过程中，虽然直接起作用的是钢 – 渣之间的界面张力和渣与夹杂之间的界面张力（如钢 – 渣间的界面张力决定了乳化渣滴的直径和渣滴上浮的速度，而渣与夹杂间的界面张力的大小影响着悬浮于钢液中的渣滴吸附和同化非金属夹杂的能力），但是界面张力的大小是与每一相的表面张力直接有关的。渣中常见氧化物的表面张力见表 2-4。

表 2-4 渣中常见氧化物的表面张力

氧化物	CaO	MgO	FeO	MnO	SiO_2	Al_2O_3	CaF_2
表面张力/N·m^{-1}	0.52	0.53	0.59	0.59	0.4	0.72	0.405

通常的熔渣都是由两种以上氧化物所组成，其表面张力可按式（2-5）估算：

$$\sigma_s = \sigma_1 \cdot N_1 + \sigma_2 \cdot N_2 + \cdots \tag{2-5}$$

式中，σ 和 N 分别表示表面张力和组元的摩尔分数。

熔渣的表面张力受温度的影响，随着温度升高，表面张力减小。钢液的表面张力也受温度和成分的影响，随着温度的提高，表面张力下降。在炼钢温度下，一般为 $1.1 \sim 1.5N/m$。

2.2.1.5 还原性

要求渣洗完成的精炼任务决定了渣洗所用的熔渣都是高碱度（$R > 2$）、低 $w(FeO)$，一般加（FeO）$< 0.3\% \sim 0.8\%$。

2.2.2 渣洗的精炼作用

合成渣是为达到一定的冶金效果而按一定成分配制的专用渣料。使用合成渣可以达到以下效果：强化脱氧、脱硫、脱磷；加快钢中杂质的排除、部分改变夹杂物形态；防止钢水吸气；减少钢水温度散失；形成泡沫性渣达到埋弧加热的目的。目前渣洗使用的合成渣主要是为提高夹杂物的去除速度，降低溶解氧含量，提高脱硫率，加快反应速度而配制的。

2.2.2.1 合成渣的乳化和上浮

盛放在钢包中的合成渣在钢流的冲击下，被分裂成细小的渣滴，并弥散分布于钢液中。粒径越小，与钢液接触的表面积越大，渣洗作用越强。这必然使所有在钢渣界面进行的精炼反应加速，同时也增加了渣与钢中夹杂接触的机会。乳化的渣滴随钢流紊乱搅动的同时，不断碰撞合并长大上浮。在钢包内，钢液中已乳化的渣滴，随钢流紊乱搅动的同时，不断碰撞、合并、长大和上浮。在保证脱氧和去除夹杂的前提下，适当增大渣滴直径，有利于提高乳化渣滴的上浮速度。

2.2.2.2 合成渣脱氧

由于熔渣中的 $w(FeO)$ 远低于钢液中 $w[O]$ 平衡的数值，即 $w[O] > a_{FeO} \cdot L_0$，因而钢液中的 [O] 经过钢–渣界面向熔渣滴内扩散而不断降低，直到 $w[O] = a_{FeO} \cdot L_0$ 的平衡状态。

当还原性的合成渣与未脱氧（或脱氧不充分）的钢液接触时，钢中溶解的氧能通过扩散进入渣中，从而使钢液脱氧。渣洗时，合成渣在钢液中乳化，使钢渣界面迅速增大，同时强烈地搅拌，都使扩散过程显著地加速。降低熔渣的 a_{FeO} 及增大渣量，可提高合成渣的脱氧速率。

2.2.2.3 夹杂物的去除

图 2-2 为钢中夹杂物进入熔渣并被吸收溶解的示意图。从中可见，夹杂物（如脱氧产物）在钢液–熔渣界面完全进入熔渣前，其与熔渣之间被钢液薄膜包裹。当夹杂物与熔渣间的界面张力越小，钢液与夹杂物间的界面张力、钢液与熔渣间的界面张力越大，夹杂

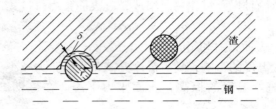

图 2-2　钢中夹杂物排入熔渣示意图

物颗粒尺寸越大时，脱氧产物自发进入熔渣的趋势越大。

渣洗过程中夹杂物的去除，主要靠两方面的作用：

（1）钢中原有的夹杂物与乳化渣滴碰撞，被渣滴吸附、同化而随渣滴上浮排除。渣洗时，乳化了的渣滴与钢液强烈地搅拌，这样渣滴与钢中原有的夹杂，特别是大颗粒夹杂接触的机会就急剧增加。由于夹杂与熔渣间的界面张力远小于钢液与夹杂间的界面张力，所以钢中夹杂很容易被与它碰撞的渣滴所吸附。渣洗工艺所用的熔渣均是氧化物熔体，而夹杂大都也是氧化物，所以被渣吸附的夹杂比较容易溶解于渣滴中，这种溶解过程称为同化。夹杂被渣滴同化而使渣滴长大，加速了渣滴的上浮过程。渣洗精炼时，乳化的渣滴对钢中夹杂物的吸收溶解作用，由于渣滴分布在整个钢液内部而大大加速。

（2）促进了脱氧反应产物的排出，从而使钢中的夹杂数量减少。在出钢渣洗过程中，乳化渣滴表面可作为脱氧反应新相形成的晶核，形成新相所需的自由能增加不多，所以在不太大的过饱和度下脱氧反应就能进行。此时，脱氧产物比较容易被渣滴同化并随渣滴一起上浮，使残留在钢液内的脱氧产物的数量减少。这就是渣洗钢液比较纯净的原因。

2.2.2.4　合成渣脱硫

脱硫是合成渣操作的重要目的。如果操作得当，一般可以去除硫 50% ~ 80%。在渣洗过程中，脱硫反应可写成：

$$[S] + (CaO) = (CaS) + [O]$$

对铝脱氧钢水，脱硫反应为：

$$3(CaO) + 2[Al] + 3[S] = (Al_2O_3) + 3(CaS)$$

随着钢中 [Al] 的增高，硫的分配系数 $L_S = w(S)/w[S]$ 增大。这是因为钢中只有强脱氧物质如铝及钙存在时，才能保证钢水的充分脱氧，进一步保证合成渣脱硫的充分进行。加铝量的多少对 L_S 的影响极大。例如当 $w(CaO) = 40\%$ 时，$w[Al] = 0.01\%$，$w(S)/w[S] = 10$，而当 $w[Al] = 0.05\%$，$w(S)/w[S] \geq 60$。这个结果表明，渣成分的不同，用不同的铝量可以使脱硫有很大的差别。为了达到钢液充分脱硫，需要残余铝量在 0.02% 以上。

渣的成分对硫的分配系数有很大的影响。有研究指出，当 $w(FeO) \leq 0.5\%$ 和 $w(CaO)_u$ 为 25% ~ 40% 时，硫的分配系数最高（120 ~ 150）。随着 $w(FeO)$ 的增加，L_S 大幅度降低。

在钢包中用合成渣精炼钢液时，渣中 $w(SiO_2 + Al_2O_3)$ 的总量对 L_S 有明显的影响，当 $w(SiO_2 + Al_2O_3) = 30\% ~ 34\%$，$w(FeO) < 0.5\%$，$w(MgO) < 12\%$ 时，可达到较高的

L_S 值。

应尽量减少下渣量，因渣中的 FeO 能明显降低脱硫率。可采用挡渣出钢，或先除渣再出钢，或采用炉底出钢技术。用脱氧剂（如硅铁、硅锰合金、硅铝钡合金）进行钢水沉淀脱氧，用脱硫精炼渣进行出钢过程炉渣改质和渣洗脱硫，若转炉终渣没有进入大包，脱硫剂对钢水有很强的脱硫作用。若转炉炉后下渣控制手段比较简单（如投放挡渣球挡渣），转炉下渣不可避免，这部分高氧化性炉渣与先期渣洗脱硫相脱氧的产物融合后成为大包顶渣。大包顶渣与脱硫后的钢水持续接触，会降低钢水的酸溶铝含量，使顶渣中 $\sigma_{Al_2O_3}$ 发生改变，顶渣碱度明显降低，造成出钢渣洗过程达到的平衡状态发生改变，使渣－钢之间硫的 L_S 大幅度下降，这将导致已经进入渣相的硫重新向钢水释放。因此，必须在后续精炼工位进行变渣操作，迅速降低渣中氧化铁含量，提高炉渣碱度，重新提高顶渣与钢水之间 L_S。

如果要求 $w[S] < 0.01\%$，为了取得最好的脱硫效果，包衬不应使用黏土砖，应使用白云石碱性包衬。

炉渣的流动性对实际所能达到的硫的分配系数也有影响，如向碱度为 3.4 ~ 3.6 的炉渣中加入 13% ~ 15% 的 CaF_2，可将 L_S 值提高到 180 ~ 200。在常用的合成渣中，CaF_2 仅作为降低熔点的成分加入渣内，而 SiO_2、Al_2O_3 等成分除了可以降低熔点外，可使熔渣保持与钢中上浮夹杂物相似的成分，减小夹杂与渣之间的界面张力，使之更易于上浮。而采用较高的温度保证硫在渣中能较快地传质。

加强精炼时的搅拌（如钢包吹氩），可以加快脱硫、脱氧速度，将合成渣吹入钢液中可以使脱氧、脱硫反应大大加快。通过喷粉将合成渣吹入钢液加快脱硫反应主要是合成渣与钢液瞬间接触的结果。

2.3 搅 拌

搅拌就是向流体系统供应能量，使该系统内产生运动。搅拌分为气体搅拌、电磁搅拌、机械搅拌和重力引起的搅拌（如渣洗）等，而以气体搅拌和电磁搅拌较为常见，如图 2-3 所示。气体搅拌，也称为气泡搅拌，所完成的冶金过程称为气泡冶金过程。最常用的是在钢包底部装一块或几块透气砖（多孔塞），通过它可以吹入气体。另外因为浸入式喷枪可靠，所以也常被采用。

2.3.1 氩气搅拌

喷吹气体搅拌是一种常用的搅拌方法。氩气是最常用的气体，氮气的使用则取决于所炼钢种。应用这类搅拌的炉外精炼方法有：钢包吹氩、CAB、CAS、VD、LF、GRAF、VAD、VOD、AOD、SL、TN 等。

2.3.1.1 钢包吹氩精炼原理

氩气是一种惰性气体，吹入钢液内的氩气既不参与化学反应，也不溶解，纯氩内含氢、氮、氧等量很少，可以认为吹入钢液内的氩气泡对于溶解在钢液内的气体来说就像一个小的真空室，在这个小气泡内其他气体的分压力几乎为零。根据 Sieverts 定律，在一定

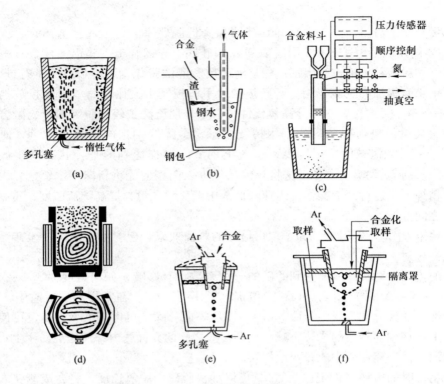

图 2-3　常用的搅拌清洗操作方法
（a）钢包底部气体搅拌；（b）浸入枪搅拌；（c）脉动搅拌（PM）；（d）电磁感应搅拌；
（e）加盖氩气搅拌（CAB）；（f）密封氩气搅拌（CAS）

温度下，气体的溶解度与该气体在气相中分压力的平方根成正比。钢中的气体不断地向氩气泡内扩散（特别是钢液中的氢在高温下扩散很快），气泡内的分压力增大，但是气泡在上浮过程中受热膨胀，因而氮气和氢气的分压力仍然保持在较低的水平，继续吸收氢和氮，最后随氩气泡逸出钢液而被去除。

　　如果钢液未完全脱氧，钢液中有相当数量的溶解氧时，那么吹氩还可以脱除部分钢中的溶解氧，起到脱氧和脱碳的作用。如果加入石灰、萤石混合物（CaO-CaF$_2$）等活性渣，同时以高速吹入氩气加剧渣–钢反应，可以取得明显的脱硫效果。

　　未吹氩前，钢包上、中、下部的钢水成分和温度是有差别的，氩气泡上浮过程中推动钢液上下运动，搅拌钢液，促使其成分和温度均匀，钢液的搅拌还促进了夹杂物的上浮排除，同时又加速了脱气过程的进行。

　　钢包底吹氩条件下钢液中夹杂物的去除主要依靠气泡的浮选作用，即夹杂物与气泡碰撞并黏附在气泡壁上，然后随气泡上浮而被去除。夹杂物颗粒与小气泡碰撞并黏附于气泡上的机制如图 2-4 所示。一个夹杂物颗粒被气泡俘

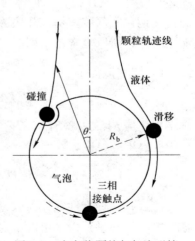

图 2-4　夹杂物颗粒与气泡碰撞

获的过程可分解为几个单元过程：（1）夹杂物向气泡靠近并发生碰撞；（2）夹杂物与气泡间形成钢液膜；（3）夹杂物在气泡表面上滑移；（4）形成动态三相接触使液膜排除和破裂；（5）夹杂物与气泡团的稳定化和上浮。在这几个单元过程中，夹杂物颗粒与气泡的碰撞和黏附起核心作用。

大颗粒夹杂物比小颗粒夹杂物更容易被气泡捕获而去除，而小直径的气泡捕获夹杂物颗粒的概率比大直径气泡高。底吹氩去除钢中夹杂物的效率主要取决于氩气泡和夹杂物的尺寸以及吹入钢液的气体量。采用高强度吹氩，只能使气泡粗化而达不到有效去除夹杂物的目的。

钢包弱搅拌和适当延长低强度吹氩时间，更有利于去除钢中夹杂物颗粒；对于大钢包，可以增加底吹透气砖的面积，或使用双透气砖甚至多透气砖（见图2-5），或在有限的吹氩时间内成倍地增加吹入钢液的气泡数量，可降低透气砖出口处氩气表观流速，从而减小透气砖出口处氩气泡的脱离尺寸。但水模实验指出，双透气砖吹氩产生的搅拌功率有一部分会互相抵消。因此，在相同的氩气消耗量下，采用单透气砖吹氩比双透气砖吹氩能产生更大的搅拌能。在实际生产中，容量小于100t的钢包炉大多采用单透气砖吹氩。

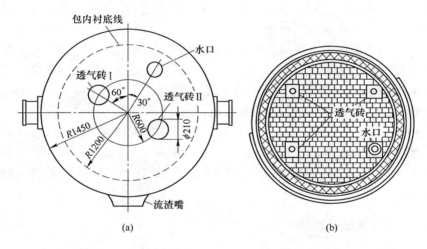

图 2-5 透气砖的位置
(a) 两块透气砖的位置；(b) 三块透气砖的位置

钢包吹氩的主要作用有：

（1）调温。主要是冷却钢液。对于开浇温度有比较严格要求的钢种或浇注方法，都可以利用吹氩将钢液温度降到规定的要求。

（2）混匀。在钢包底部适当位置安放透气砖，氩气喷入可使钢包中的钢液产生环流，用控制氩气流量的方法控制钢液的搅拌程度。实践表明，吹氩搅拌可促使钢液的成分和温度迅速趋于均匀。

（3）净化。搅动的钢液增加了钢中非金属夹杂物碰撞长大的机会。上浮的氩气泡不仅能够吸收钢中的气体，还会黏附悬浮于钢液中的夹杂，将黏附的夹杂物带至钢液表面而被渣层所吸收。

生产实践证明，脱氧良好的钢液经钢包吹氩精炼后，可去除钢中15%～40%的氢，

30% ~50% 的氧，夹杂总量可减少 50%，尤其是大颗粒夹杂更有明显降低，而钢中的氮含量虽然也降低，但不是特别稳定。钢包吹氩能够减少因中心疏松与偏析、皮下气泡、夹杂等缺陷造成的废品，同时又提高了钢的密度及金属收得率等。

2.3.1.2　吹氩方式

（1）顶吹方式：从钢包顶部向钢包中心位置插入一根吹氩枪吹氩。吹氩枪的结构比较简单，中心为一个通氩气的铜管，外衬为一定厚度的耐火材料。氩气出口有直孔和侧孔两种，小容量钢包用直孔型，大包用侧孔型。插入钢液的深度一般在液面深度的 2/3 左右。顶吹方式可以实现在线吹氩，缩短时间，但效果比底吹差。

（2）底吹方式：在钢包底部安装供气元件（透气砖、细金属管供气元件），氩气通过底部的透气砖吹入钢液，形成大量细小的氩气泡，透气砖除有一定透气性能外，还必须能承受钢水冲刷，具有一定的高温强度和较好的抗热震性，一般用高铝砖。透气砖的数量依据钢包的大小可采用单块和多块布置，透气孔的直径为 0.1 ~ 0.26mm。底吹氩时，在出钢过程及运送途中都要通入氩气。一般设有两个底吹氩操作点，一个在炼钢炉旁便于出钢过程中控制，另一个在处理站便于控制处理过程。这两点之间送氩气管路互相连锁和自动切换，以保证透气砖不被堵塞。

吹气位置不同会影响搅拌效果，水力学模型和生产实践都表明：吹气点最佳位置通常应当在包底半径方向（距包底中心）的 1/3 ~ 1/2 处；此处上升的气泡流会引起水平方向的冲击力，从而促进钢水的循环流动，减少涡流区，缩短混匀时间，同时钢渣乳化程度低，有利于钢水成分、温度的均匀及夹杂物的排除。

采用底吹氩比顶吹氩的设备投资费用高，但可以随时（全程）吹氩，钢液搅拌好，操作方便，特别是可以配合其他精炼工艺，因此一般都采用底部吹氩的方法。顶吹只用来作为备用方式（底吹出故障时）。吹氩站主体设备安装在钢水接受跨，通常一座转炉配一台吹氩设备。

2.3.1.3　影响钢包吹氩效果的主要因素

钢包吹氩精炼应根据钢液状态、精炼目的、出钢量等选择合适的吹氩工艺参数，如氩气耗量、吹氩压力、流量与吹氩时间及气泡大小等。

A　氩气耗量

为了达到预定的脱氢效果，通常把至少必需的吹氩量称之为脱氢临界供氩量。表 2-5 为 1600℃、1 个大气压条件下，吹氩脱气的临界氩量（脱氢和脱氮所需的最小吹氩量）的理论计算值。

表 2-5　脱气的临界吹氩量

去除气体	原始含量/%	最终含量/%	平衡常数 K	临界吹氩量/$m^3 \cdot t^{-1}$
［H］	7×10^{-4}	2×10^{-4}	27×10^{-4}	3.02
	6×10^{-4}	3×10^{-4}	27×10^{-4}	1.37
［N］	0.010	0.005	4×10^{-4}	1.624
	0.004	0.001	4×10^{-4}	13.53

由表2-5可见，脱氮和脱氢所需的吹氩量是相当大的。用多孔砖在短短的镇静时间内吹入这样多的氩气量是有困难的，但是，如果真空与吹氩相结合，就可以收到十分显著的效果。因为吹氩量与系统总压力成正比，抽真空可使系统总压力降低，因此吹氩量可以显著减少。由于溶解在钢液中的氮和气泡中 p_{N_2} 远远不能达到平衡，钢包吹氩脱氮效果不如脱氢明显。从理论计算和生产实践得知，当吨钢吹氩量低于 $0.3m^3/t$ 时，氩气在包中只起搅拌作用，而且脱氧、去气效率低，也不够稳定，并对改善夹杂物的污染作用也不大。根据不同目的考虑耗氩量，一般在 $0.2 \sim 0.4m^3/t$。

B　吹氩压力

一般吹氩压力是指钢包吹氩时的实际操作表压，它不代表钢包中压力，但它应能克服各种压力损失及熔池静压力。吹氩压力越大，搅动力越大，气泡上升越快。但吹氩压力过大，氩气流涉及范围就越来越小，甚至形成连续气泡柱，且容易造成钢包液面翻滚激烈，钢液大量裸露与空气接触造成二次氧化和降温，钢渣相混，被击碎乳化的炉渣入钢水深处，使夹杂物含量增加，所以最大压力以不冲破渣层露出液面为限。压力过小，搅拌能力弱，吹氩时间延长，甚至造成透气砖堵塞，所以压力过大过小都不好。吹氩压力主要取决于钢液静压力，通常吹氩一次压力为 $0.5 \sim 0.8MPa$，二次压力为 $0.2 \sim 0.5MPa$。理想的吹氩压力是使氩气流遍布整个钢包，氩气泡在钢液内呈均匀分布。

开吹压力也不宜过大，以防造成很大的沸腾和飞溅。压力小一些，氩气经过透气砖形成的氩气泡小一些，增加气泡与钢液接触面积，有利于精炼。一般要根据钢包内的钢液量、透气砖孔洞大小或塞头孔径大小和氩气输送的距离等因素，来确定开吹的初始压力。然后再根据钢包液面翻滚程度来调整，以控制渣面有波动起伏、小翻滚或偶露钢液为宜。

C　流量和吹氩时间

在系统不漏气的情况下，氩气流量是指进入包中的氩气量，它与透气砖的透气度、截面积等有关。因此，氩气流量既表示进入钢包中的氩气消耗量，又反映了透气砖的工作性能。在一定的压力下，如增加透气砖数量和尺寸，氩气流量就大，钢液吹氩处理的时间可缩短，精炼效果反而增加。根据不同的冶金目的，可采用不同的氩气流量：

吹氩清洗：均匀温度与成分，同时促进脱氧产物上浮；$80 \sim 130L/min$。

调整成分与化渣：促进钢包加入物的熔化；$300 \sim 450L/min$。

氩气搅拌：加强渣－钢反应，在钢包中脱硫；$450 \sim 900L/min$。

氩气喷粉：氩气作载气吹入脱硫剂、Ca－Si粉等；$900 \sim 1800L/min$。

吹氩时间通常为 $5 \sim 12min$，主要与钢包容量和钢种有关。吹氩时间不宜太长，否则温降过大，对耐火材料冲刷严重。但一般不得低于 $3min$，若吹氩时间不够，碳－氧反应未能充分进行，非金属夹杂物和气体不能有效排除，吹氩效果不显著。

D　氩气泡大小

在吹氩装置正常的情况下，当氩气流量、压力一定时，氩气泡越细小、均匀及在钢液上升的路程和滞留的时间越长，它与钢液接触的面积也就越大，吹氩精炼效果也就越好。透气砖的孔隙要适当的细小，孔隙直径在 $0.1 \sim 0.26mm$ 范围时为最佳，如孔隙再减，透气性变差、阻力变大，也应及时检修或完善组合系统的密封问题。在操作过程中，为了获得细小、均匀的氩气泡，吹氩的压力一定要控制。

此外，钢液的脱氧程度也对钢包吹氩精炼的效果有影响。不经脱氧，只靠钢包中吹氩脱氧去气，钢中的残存氧可达 0.02%，也就是说，钢液仅靠吹氩不能达到完全脱氧的目的。因此，钢液钢包吹氩精炼要在经过良好的脱氧处理后进行为宜。

2.3.1.4　氩气搅拌钢包内钢液的运动

根据肖泽强等人提出的全浮力模型，钢包底部中心位置吹气时，包内钢液的运动可用图 2-6 描述，喷吹钢包内大致可划分为以下几个流动区域：

（1）位于喷嘴上方的气液两相流区，是气泡推动钢液循环的启动区。在喷粉时，粉料、气泡、钢液在此区内充分的混合和进行复杂的化学反应。由于钢包喷粉或吹气搅拌的供气强度较小（远小于底吹转炉或 AOD），可以认为，在喷口处气体的原始动量可忽略不计。当气体流量较小时（小于 10L/s），气泡在喷口直接形成，以较稳定的频率（10 个/秒）脱离喷口而上浮。当气体流量较大时（约100L/s），在喷口前形成较大的气泡或气袋，这些体积较大的气泡或气袋，在流体力学上是不稳定的，在金属中，必定在喷口上方不远处破裂而形成大片气泡。

可以认为，在喷口附近形成的气泡很快变成大小不等的蘑菇状气泡，并以一定的速度上浮，同时带动了该区钢液的向上流动。该区的气相分率是不大的，尺寸不同的气泡大致按直线方向上浮。大气泡产生的紊流将小气泡推向一侧，且上浮过程中气

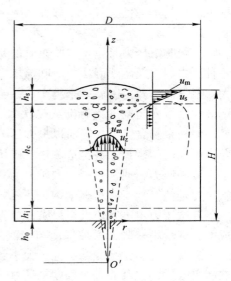

图 2-6　钢包底部吹气时包内
流场结构的示意图

泡体积不断增大。这样，流股尺寸不断加大，气泡的作用向外缘扩大，所以该区呈上大下小的喇叭形。每一个气泡的浮力作用于钢液上，使得该区的钢液随气泡而向上流动，从而推动了整个钢包内钢液的运动。

（2）顶部水平流区。气液流股上升至顶面以后，气体溢出，被驱动而涌向液面的钢水则由于惯性力的作用，在液面形成一个有一定直径的圆凸区，不断上涌的钢水和圆凸区高度造成的势压头，迫使钢水流向四周，在钢包顶面形成一层水平流（见图 2-6 中的 u_s 和 h_s），成放射形流散向四周的钢液与钢包中顶面的浮渣形成互不相溶的两相液层，渣层与钢液层之间以一定的相对速度滑动。由于渣钢界面的不断更新，使所有渣钢间的冶金反应得到加速。该区流散向四周的钢液，在钢包高度方向的速度是不同的，与渣相接触的表面层钢液速度最大，向下径向速度逐渐减小，直到径向速度为零。

（3）钢包侧壁和下部的金属液流向气液区的回流区。水平径向流动的钢液在钢包壁附近，转向下方流动。由于钢液是向四周散开，且在向下流动过程中又不断受到轴向气液两相流区的力的作用，所以该区的厚度与钢包半径相比是相当小的。在包壁不远处，向下流速达到最大值后，随 r（至钢包中心线的距离）的减小而急剧减小。沿钢包壁返回到钢包下部的钢液，以及钢包中下部在气液两相流区附近的钢液，在气液两相流区抽引力的作

用下，由四周向中心运动，并再次进入气液两相流区，从而完成液流的循环。

2.3.2 电磁搅拌

利用电磁感应的原理使钢液产生运动称为电磁搅拌。为进行电磁感应搅拌，靠近电磁感应搅拌线圈的部分钢包壳应由奥氏体不锈钢制造。由电磁感应搅拌线圈产生的磁场可在钢水中产生搅拌作用。各种炉外精炼方法中，ASEA-SKF 钢包精炼炉采用了电磁搅拌，美国的 ISLD（真空电磁搅拌脱气法）也采用了电磁搅拌。

采用电磁搅拌（EMS）可促进精炼反应的进行，均匀钢液温度及成分，促进非金属夹杂分离，提高钢液洁净度。电磁感应搅拌可提高工艺的安全性、可靠性，且调整和操作灵活，成本低。但是仅用合成渣脱硫时电磁搅拌效果不好，因为其渣－钢混合不够。另外，电磁感应搅拌不如氩气搅拌的脱氢效果好。因此在本质上电磁感应搅拌的应用是有限的。

2.3.3 气泡泵起现象

用喷吹气体所产生的气泡来提升液体的现象称为气泡泵起现象。目前，气泡泵起现象已广泛应用于化工、热能动力、冶金等领域。气泡泵也称气力提升泵。

气泡泵的原理如图 2-7 所示。设在不同高度的给水罐和蓄水罐，有连通管连接，组成一 U 形连通器。在上升管底部低于给水罐处设有一气体喷入口。当无气体喷入时，U 形连通器的两侧水面是平的，即两侧液面差 $h_r = 0$。一旦喷入气体，气泡在上升管中上浮，使上升管中形成气液两相混合物，由于其密度小于液相密度，所以气液混合物被提升一定高度（h_r），并保持式（2-6）成立：

$$\rho'g(h_s + h_r) = \rho g h \tag{2-6}$$

式中 ρ'——气液两相混合物的密度，kg/m^3；

ρ——液相的密度，kg/m^3；

h_s——给水罐液面与气体喷入口之间的高度差，m；

g——重力加速度，$9.81 m/s^2$。

当气体流量大于某临界流量（称为下临界流量）时，液体将从上升管顶部流出，造成抽吸作用。上述液体被提升的现象，也可以理解成上升气泡等温膨胀所做的功，使一部分液体位能增加 Mgh_r。

目前炉外精炼中常用的钢包吹氩搅拌，实际上是变型的"气泡泵"，它在喷口上方造成了一低密度的气液混合物的提升区，它推动了钢包中钢液的循环流动。

事实上，真空循环脱气法（RH 法）的循环过程具有类似于"气泡泵"的作用原理。图 2-8 是 RH 循环原理。当真空室的插入管插入钢液，启动真空泵，真空室内的压力由 p_0 降到 p_2 时，处于大气压 p_0 下的钢液将沿两支插入管上升。钢液上升的高度取决于真空室内外的压差。若以一定的压力 p_1 和流量 V_1 向一支插入管（习惯上称上升管）输入驱动气体（Ar 或其他惰性气体），因为驱动气体受热膨胀以及压力由 p_1 降到 p_2 而引起等温膨胀，即上升管内钢液与气体混合物密度降低，从而对上升管内的钢液产生向上的推力，使钢液以一定的速度向上运动并喷入真空室内。为了保持平衡，一部分钢液从下降管回到钢包中，就这样周而复始，实现钢液循环。

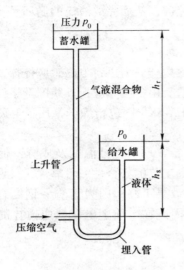

图 2-7　气泡泵原理图

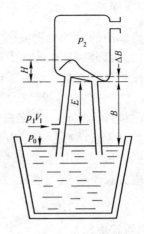

图 2-8　RH 循环原理示意图

2.3.4　搅拌对混匀的影响

在常用单位时间内，向 1t 钢液（或 1m³ 钢液）提供的搅拌能量作为描述搅拌特征和质量的指标，称为能量耗散速率，或称比搅拌功率，用符号 ε 表示，单位是 W/t 或 W/m³。一般认为电磁搅拌器的效率是较低的，用于搅拌的能量通常不超过输入搅拌器能量的 5%。钢包炉吹氩精炼过程，若比搅拌功率太小，达不到精炼的目的；若比搅拌功率太大，则会引起钢、渣卷混，甚至喷溅。例如日本山阳特殊钢公司在超低氧轴承钢的炉外精炼（LF）中，就要求底吹氩的搅拌功率必须大于 100W/t。

绝对混匀是指成分或温度在精炼设备内处处相同，但这几乎是做不到的。一般说来，成分均匀时，温度也一定是均匀的，可以通过测量成分的均匀度来确定混匀时间。混匀时间 τ 是另一个较常用的描述搅拌特征的指标。它是这样定义的：在被搅拌的熔体中，从加入示踪剂到它在熔体中均匀分布所需的时间。可以设想，熔体被搅拌得愈剧烈，混匀时间就愈短。由于大多数冶金反应速率的限制性环节都是传质，所以混匀时间与冶金反应的速率会有一定的联系。如果能把描述搅拌程度的比搅拌功率与混匀时间定量地联系起来，那么就可以比较明确地分析搅拌与冶金反应之间的关系。不同研究人员得到的研究结果之间有很大差别，这主要是因为钢液的混匀除了受搅拌功率的影响之外，还受熔池直径、透气元件个数等因素的影响。

中西恭二总结了不同搅拌方法的混匀时间如图 2-9 所示，并提出了统计规律，即：

$$\tau = 800 \cdot \varepsilon^{-0.4} \tag{2-7}$$

随着 ε 的增加，混匀时间 τ 缩短，熔池中的传质过程加快。可以推论，所有以传质为限制性环节的冶金反应，都可以借助增加 ε 的措施而得到改善。式（2-7）中的系数会因 ε 的不同计算方法和实验条件的改变而有所变化。由图 2-9 可看出，一般在 1~2min 内钢液即可混匀，而对于 20min 以上的精炼时间来说，混匀时间所占的精炼时间是很短的一段。混匀时间实质上取决于钢液的循环速度。循环流动使钢包内钢水经过多次循环达到均匀。

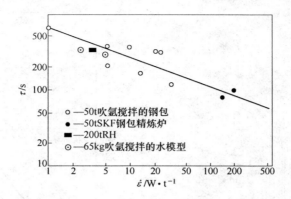

图 2-9　混匀时间 τ 与比搅拌功率 ε 之间的关系

2.4　加　　热

在炉外精炼过程中，若无加热措施，则钢液不可避免地逐渐冷却。影响冷却速率的因素有钢包的容量（即钢液量）及熔渣覆盖的情况、添加材料的种类和数量、搅拌的方法和强度，以及钢包的结构和使用前的烘烤温度等。在生产条件下，可以采取一些措施以减少热损失，但是如没有加热装置，要使钢包中的钢液不降温是不可能的。

为了充分完成精炼作业，使精炼项目多样化，增强对精炼不同钢种的适应性及灵活性，使精炼前后工序之间的配合能起到保障和缓冲作用，以及能精确控制浇注温度，要求精炼装置的精炼时间不再受钢液降温的限制。因此在设计一些炉外精炼装置时，要考虑采用加热手段。至今，带有加热手段的炉外精炼方法有：SKF、LF、LFV、VAD、CAS-OB等。所用加热方法主要是电弧加热、化学加热。

2.4.1　电弧加热

图 2-10 为钢包电弧加热站示意图。在钢包盖上有 3 个电极孔、添加合金孔、废气排发放孔、取样和测温孔，如果有必要，还需装设喷枪孔。它由专用的三相变压器供电。整套供电系统、控制系统、检测和保护系统，以及燃弧的方式与一般的电弧炉相同，所不同的是配用的变压器单位容量较小，二次电压分级较多，电极直径较细，电流密度大，对电极的质量要求高。通常，钢包内的钢水用合成脱硫渣覆盖。将电极降到钢包内，通电加热，同时进行搅拌。在再次加热过程中加入调整成分用的脱氧剂和合金。

常压下电弧加热的精炼方法，如 LF、VAD、ASEA-SKF 等，其升温速度为 3～40℃/min，加热时间应尽量缩短，以减少钢液二次吸气的时间。应该在耐火材料允许的情况下，使精炼具有最大的升温速度。图 2-11 所示为典型的钢包加热器的时间–温度曲线。加热速度随着时间的增加而逐渐增加。

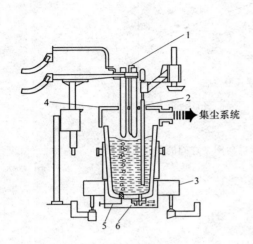

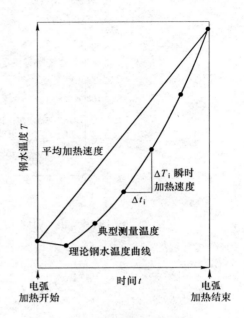

图 2-10　带有喷枪和氩气搅拌的
钢包电弧加热设备
1—电极；2—喷枪；3—钢包车；4—钢包盖；
5—氩气管；6—滑动水口

图 2-11　在电弧加热过程中的
时间 – 温度关系

在每次加热过程中，钢液的升温速度不是恒定的，开始时由于钢包炉炉壁吸热快，钢液升温速度比较小。提高加热前期的升温速度，不能依靠增大变压器的输出功率来达到，这是因为炉壁的磨损指数 R_E 与电弧功率 P_h 存在以下关系：

$$R_E = \frac{P_h U_h}{a^2} \tag{2-8}$$

式中　R_E——耐火材料磨损指数，MW · V/m²；

　　　P_h——弧柱上的有功功率，MW；

　　　U_h——弧柱上的电压降，V；

　　　a——电极侧部至炉壁衬最短距离，m。

有学者认为 R_E 的安全值大约为 450MW · V/m²，超过该值，炉衬将急剧损坏。通常用埋弧电极加热使钢包炉耐火材料的磨损减至最小，并最有效地回收利用热量。为提高加热前期的升温速度，应该加强钢包炉的烘烤，保证初炼炉在正常的温度范围内出钢，减少钢液在运输途中的降温等。这些措施对于提高加热前期钢液的升温速度是经济有效的。

精炼炉的热效率一般为 30% ~ 45%。因此，实际需要的能量要比理论量更大。选取加热变压器容量时，还应考虑到电效率。所配变压器的额定单位容量一般是 120kV · A/t 左右。

精炼炉冶炼过程温度控制的原则是：（1）初期：以造渣为主，宜采用低级电压，中档电流加热至电弧稳定。（2）升温：采用较高电压，较大电流。（3）保温：采用低级电压，中小电流。（4）降温：停电，吹氩。

利用钢包加热站可获得许多效益，如钢水可以在较低的温度下出钢，从而节省炉子的耐火材料和钢水在炉内的加热时间，并且可以更精确地控制钢水温度、化学成分和脱氧操作；由于使用流态化合成渣和延长钢水与炉渣的混合时间，可额外从钢水中多脱硫。此外，可把钢包加热站作为一个在炼钢炉操作和连铸机运转之间的缓冲器来加以使用。由于钢水的精炼是在钢包内进行而不是在炼钢炉内进行的，因此可以提高生产率。

尽管当前有加热手段的炉外精炼装置，大多采用电弧加热。但是，电弧加热并不是一种最理想的加热方式。对电极的性能要求太高、电弧距钢包炉内衬的距离太近、包衬寿命短、常压下电弧加热时促进钢液吸气等，都是电弧加热法难以解决的问题。

2.4.2 化学热法

2.4.2.1 基本原理

化学热法的基本原理是，利用氧枪吹入氧气，与加入钢中的发热剂发生氧化反应，产生化学热，通过辐射、传导、对流传给钢水，借助氩气搅拌将热传向钢水深部。

一般在化学加热法中多采用顶吹氧枪，常见吹氧枪为消耗型，用双层不锈钢管组成。外衬高铝耐火材料（$w(Al_2O_3) \geqslant 90\%$），套管间隙一般为 2~3mm。外管通氩气冷却，氩气量大约占氧量的 10%。氧枪的烧损速度大约为 50 毫米/次，寿命为 20~30 次。

发热剂主要有两大类，一类是金属发热剂，如铝、硅、锰等；另一类是合金发热剂，如 Si-Fe、Si-Al、Si-Ba-Ca、Si-Ca 等。铝、硅是首选的发热剂。发热剂的加入方式，一般采用一次加入或分批加入、连续加入。连续加入方式优于其他方式。

选择合理的粒度、位置和速度向高温钢水顶部投入铝（或硅），并同时吹氧时，下列反应可以快速而且充分地进行。

$$[Al] + \frac{3}{4}O_2(g) = \frac{1}{2}(Al_2O_3) \qquad \Delta H_{Al} = -833.23 \text{kJ/mol} \qquad (2-9)$$

$$[Si] + O_2(g) = (SiO_2) \qquad \Delta H_{Si} = -855.70 \text{kJ/mol} \qquad (2-10)$$

按每 1t 钢水加入 1kg 铝或硅计算，生成 Al_2O_3 和 SiO_2 的发热量分别为 30860kJ 和 30560.7kJ。取钢水比热容为 0.879kJ/(kg·℃)，则不同热效率下钢水升温的程度见表 2-6。

表 2-6 加铝或硅的升温效率

热效率/%	每吨钢水升温值/℃	
	加 Al（1kg）	加 Si（1kg）
100	35.1	34.8
90	31.6	31.3
80	28.5	27.8
50	17.6	17.4

2.4.2.2 铝-氧加热法

钢液的铝-氧加热法（AOH，aluminum oxygen heating）是化学热法的一种，它是利用喷枪吹氧使钢中的溶解铝氧化放出大量的化学热，而使钢液迅速升温。该法具有许多优点：由于吹氧时喷枪浸在钢水中，很少产生烟气；由于氧气全都与钢水直接接触，可以准确地预测升温结果；对钢包寿命没有影响；能获得高洁净度的钢水。CAS-OB 和 RH-OB 等应用了这种方法。这类加热方法的工艺主要由以下三个方面所组成：

（1）向钢液中加入足够数量的铝，并保证全部溶解于钢中，或呈液态浮在钢液面上。加铝方法可通过喂线，特别是喂薄钢皮包裹的铝线。通过控制喂线机，可以定时、定量地加入所需的铝量。CAS-OB 法是通过浸入罩上方的加料口加入块状铝。

（2）向钢液吹入足够数量的氧气。可根据需要定量地控制氧枪插入深度和供氧量，这样可使吹入的氧气全部直接与钢液接触，氧气利用率高，产生的烟尘少，由此可准确地预测铝的氧化量和升温的结果。CAS-OB 的供氧是由氧枪插入浸入罩内向钢液面顶吹氧。由于浸入罩内钢液面上基本无渣，而且加入的铝块迅速熔化浮在钢液面上，所以吹入的氧气仍有较高的利用率。

（3）钢液的搅拌是均匀熔池温度和成分、促进氧化产物排出必不可少的措施。吹入的氧气不足以满足对熔池搅拌的要求，所以都采用吹氩搅拌。CAS-OB 在处理的过程中一直进行全程底吹氩。

吹氧期间，铝首先被氧化，但是随着喷枪口周围局部区域中铝的减少，钢中的硅、锰等其他元素也会被氧化。硅、锰、铁等元素的氧化会与钢中剩余的铝进行反应，大多数氧化物会被还原。未被还原的氧化物一部分变成了烟尘，另一部分留在渣中。这种加热方法，氧气利用率很高，几乎全部氧都直接或间接地与铝作用，通常可较为准确地预测钢中铝含量的控制情况。不过当高氧化性的转炉渣进入钢包过多时，会增加铝的损失和残铝量的波动。吹氧前后，钢中碳含量的变化不大，对于高碳钢（例如 $w[C]$ =0.8%），碳的损失也不超过 0.01%。当钢中硅含量较高时，钢中锰的烧损不大。钢中硅的减少为硅含量的 10% 左右、磷含量平均增加 0.001%，这是加铝量大，使渣中 P_2O_5 被还原所致。钢中硫含量平均增加 0.001%，这是因为吹氧期间，提高了钢和渣的氧势，从而促进硫由渣进入钢中。加热期间钢中氮含量的变化范围为 −0.0015% ~ +0.0013%。由于钢中硅的氧化，熔渣的碱度降低。钢中锰的氧化，使熔渣的氧势增加。这些都能导致钢液纯洁度下降，所以在操作过程中，应创造条件促进铝的氧化，抑制硅和锰的氧化。为此，要求有一定强度的钢液搅拌，即存在着一个最小的吹氩强度，顶吹氧气流股对钢液的穿透深度越大，就越能促进钢中铝的氧化。

一般，加热一炉 260t 钢水时，如果升温速度为 5.6℃/min，那么升温 5.6℃ 需要 68kg 的铝和 48.14m³ 的氧气，热效率为 60%。

2.4.3　燃烧燃料加热

利用矿物燃料，例如较常用的是煤气、天然气、重油等，燃烧发热作为热源，有其独特的优点。如设备简单，很容易与冶炼车间现有设备配套使用；投资省、技术成熟；运行费用较低。但是，燃料燃烧加热也存在着以下几个方面的不足：

（1）由于燃烧的火焰是氧化性的，而炉外精炼时总是希望钢液处在还原性气氛下，这样钢液加热时，必然会使钢液和覆盖在钢液面上的精炼渣的氧势提高，不利于脱硫、脱氧这样一些精炼反应的进行。

（2）用氧化性火焰预热真空室或钢包炉时，会使其内衬耐火材料处于氧化、还原的反复交替作用下，从而使内衬的寿命降低。

（3）真空室或钢包炉内衬上不可避免会粘上一些残钢，当使用氧化性火焰预热时，这些残钢的表面会被氧化，而在下一炉精炼时，这些被氧化的残钢就成为被精炼钢液二次氧化氧的来源之一。

（4）火焰中的水蒸气分压将会高于正常情况下的水蒸气分压，特别是燃烧含有碳氢化合物的燃料时，这样将增大被精炼钢液增氢的可能性。

（5）燃料燃烧之后的大量烟气，使得这种加热方法不便于与其他精炼手段（特别是真空）配合使用。

尽管这种加热方法有上述许多不足，但是由于它简便、廉价，人们还是利用它来直接精炼钢液。瑞典一家钢厂首先在工业生产上推出了钢包内钢液的氧－燃加热法。图 2-12 为装有氧－燃烧嘴的钢包炉。在炉外精炼的整个生产过程中某些工序也应用了这种加热方法，如真空室或钢包炉的预热烘烤。

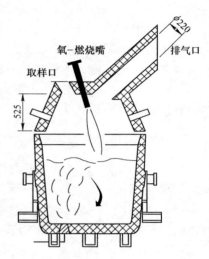

图 2-12 装有氧－燃烧嘴的钢包炉

燃料油与纯氧发生燃烧反应时，所获得的火焰温度，其理论最高值可达 2750℃，实际火焰温度仍可达 2500℃。而被加热的钢液一般是 1600℃ 左右，这个温差可以使火焰与钢液之间实现有效的热传递。当用两支功率各为 5MW 的氧－燃烧嘴加热 50t 的钢液时，平均升温速度可达 1.0℃/min，而平均热效率可达 35%。与电弧加热一样，加热速度是随时间递增的。在加热初期，由于钢包系统相对较冷，要吸收较多的热量，所以升温速度慢。加热一定时间之后，钢包系统的吸热逐渐减少而使加热速度加快。按某厂的经验，当加热 12min 后，热效率可提高到 45% 以上。这样就与电弧加热的热效率大致相等。这种加热方法对普碳钢的质量尚未发现有太大的危害。试验研究了硅的氧化损失，发现含硅量为 0.2% ～ 0.3% 的钢，加热 8～15min 后，硅的氧化损失约为 0.5%，这与大气下电弧加热时相当。这种加热方法的基建和设备投资只有电弧加热的 1/6，运行费用也低，只有电弧加热的一半。

2.4.4 电阻加热

利用石墨电阻棒作为发热元件，通以电流，靠石墨棒的电阻热来加热钢液或精炼容器的内衬。DH 法及少部分的 RH 法就是采用这种加热方法。石墨电阻棒通常水平地安置在真空室的上方，由一套专用的供电系统供电。

电阻加热的加热效率较低，这是因为这种加热方法是靠辐射传热。DH 法使用电阻加热后，可减缓或阻止精炼过程中钢液的降温，希望通过这种加热方法能获得有实用价值的提温速率是极为困难的。多年来，这种加热方法基本上没有得到发展和推广，没有竞争能力。

2.4.5　其他加热方法

可以作为加热精炼钢液的其他方法还有直流电弧加热、电渣加热、感应加热、等离子弧加热、电子轰击加热等。这些加热方法在技术上都是成熟的，移植到精炼炉上并与其他精炼手段相配合，也不会出现难以克服的困难。但是，这些加热方法将在不同程度上使设备复杂化，投资增加。其中研究较多，已处于工业性试验中的有直流钢包炉、感应加热钢包炉和等离子弧加热钢包炉。

直流电弧加热应用于钢包炉，将会因炉衬与电弧之间的距离加大而使炉衬寿命提高。因熔池的深度方向通过工作电流，所以升温速度可能高于同功率的三相电弧加热，因此热效率可以提高、能耗降低。但其底电极的结构和寿命将是一个技术难点。世界上第一台直流钢包炉在 1986 年投产。

1986 年，在瑞典和美国各有一台感应加热的精炼装置投产。这种加热方式可控性优于电弧加热，还可避免电弧加热时出现的增碳和增氮（在大气中加热时）现象。

等离子弧加热钢液热效率高、升温速度快（3℃/min），枪的结构较复杂，技术要求高。美国的两家公司已在两座大容量（100~200t）的钢包炉中应用了这种加热方法。

2.4.6　精炼加热工艺的选择

表 2-7 给出不同精炼工艺热补偿技术的比较。正确选择精炼加热工艺，应结合工厂的实际情况（钢包大小、初炼炉特点、生产节奏和钢种要求等），重点考虑以下因素：

(1) 加热功率，即能量投入密度 ε（kW/t）。一般来说，ε 越大升温越快，加热效果越好。但由于钢包耐火材料磨损指数、吹炼强度、排气量和脱碳量的限制，ε 不可能很高。

(2) 升温幅度越大，精炼越灵活。通常，脱碳加热，升温幅度受脱碳量的限制，不可能很大。对电弧加热，由于炉衬的熔损，一般加热时间不大于 15min，升温幅度在 40~60℃。

(3) 从降低成本出发，化学加热法的升温幅度不宜过大。

(4) 对钢水质量的影响，应越小越好。

表 2-7　不同精炼工艺热补偿的技术比较

精炼设备	加热原理	加热功率/kW	升温速度/℃·min⁻¹	控温精度/℃	升温幅度/℃	热效率
LF	电弧加热	130~180	3~4	±5	40~60	25~50
CAS-OB	铝氧化升温	120~150	5~12	±5	15~20	50~76
AOD	脱碳升温		7~17.5	±10		
VOD	脱碳升温	69~74	0.7~1	±5	70~80	23
RH-KTB	脱碳二次燃烧	94.6	2.5~4	±5	15~26	80
RH-OB	铝氧化升温		3	±5	40~100	68~73

2.5　真　　空

真空是炉外精炼中广泛应用的一种手段。目前采用的 40 余种炉外精炼方法中，将近有 2/3 配有抽真空装置。随着真空技术的发展，抽真空设备的完善和抽空能力的扩大，在炼钢中应用真空将愈来愈普遍。使用真空处理的目的：脱除氢和氧，并将氮气含量降至较低范围；去除非金属夹杂物改善钢水的清洁度；生产超低碳钢（$w[C] < 0.015\%$，甚至 $w[C] < 0.005\%$ 的钢种为超低碳钢）；使一种元素比其他元素优先氧化（如碳优先于铬）；化学加热；控制浇注温度等。

真空对冶金反应产生影响：气体在钢液中的溶解和析出；用碳脱氧；脱碳反应；钢液或溶解在钢液中的碳与炉衬的作用；合金元素的挥发；金属夹杂及非金属夹杂的挥发去除。由于具备真空手段的各种炉外精炼方法，其工作压力均大于 50Pa，所以炉外精炼所应用的真空只对脱气、碳脱氧、脱碳等反应产生较为明显的影响。

2.5.1　真空技术概述

2.5.1.1　真空及其度量

A　真空

在工程应用上，真空是指在给定的空间内，气体分子的密度低于该地区大气压的气体分子密度的状态。要获得真空状态，只有靠真空泵对某一给定容器抽真空才能实现。目前所能获得的真空状态，从标准大气压向下延伸达到 19 个数量级。随着真空获得和测量技术的进步，其范围的下限还会不断下降。

为了方便起见，通常把低于大气压的整个真空范围，划分成几段。划分的依据主要为：真空的物理特性、真空应用以及真空泵和真空计的使用范围等。随着真空技术的进步，划分的区间也在变化。真空区域的划分国际上通常采用如下办法：粗真空小于 $(760 \sim 1) \times 133.3\text{Pa}$；中真空小于 $(1 \sim 10^{-3}) \times 133.3\text{Pa}$；高真空小于 $(10^{-3} \sim 10^{-7}) \times 133.3\text{Pa}$；超高真空小于 $10^{-7} \times 133.3\text{Pa}$。处于真空状态下的气体的稀薄程度称为真空度，它通常用气体的压强来表示。

真空系统是真空炉外精炼设备的重要组成部分。目前真空精炼的主要目的是脱氢、脱氮、真空碳脱氧、真空氧脱碳。对于真空处理工序来说，必须尽快达到真空精炼所需真空度，在尽可能短的时间内完成精炼操作。这与真空设备的正确选择及组合关系密切。

精炼炉内的真空度主要是根据钢液脱氢的要求来确定。通常钢液产生白点时的氢含量是大于 0.0002%，而将氢脱至 0.0002% 的氢分压是 100Pa 左右。若处理钢液时氢占放出气体的 40%（未脱氧钢的该比例要小得多），折算成真空室压力约为 700Pa。但从真空碳脱氧的角度来说，高的真空度更有利，因此现在炉外精炼设备的工作真空度可以在几十帕，而其极限真空度应该具有达到 20Pa 左右的能力。

B　真空度的测量

真空计是测量真空度的仪器。它的种类很多，根据与真空度有关的物理量直接计算出压强值的真空计称为绝对真空计，如 U 形管和麦氏真空计；通过与真空度有关的物理量间接测量，不能直接计算出压强值的称为相对真空计，如热传导计和电离真空计。

真空计要求有较宽的测量范围和较高的测试精度，但两者之间往往有矛盾，各种真空计在某一精度范围内有相应的测量压强范围。就钢液真空处理来说，属于低真空区域，一般使用 U 形管和压缩式真空计来测量。

2.5.1.2　真空泵

控制真空度关键是选择合适的真空泵。真空泵基本上可以分为两大类，即气体输送泵和气体收集式泵。气体输送泵又分为机械泵和流体传输泵，气体收集式泵又可以分为冷凝泵和吸附泵，不同的真空泵有不同的适用范围。

选择合适真空泵的一种简便有效的方法是参照国内外有关设备进行真空泵选型。实际上钢水中的含气量、脱氧量及脱碳量的差别是很大的，而真空系统所配置的精炼炉的工作状态也可能有很大差别，真正准确的计算是没有的。目前真空精炼系统所采用的真空泵一般是蒸汽喷射泵。

A　真空泵的主要性能

真空泵的主要性能包括：

（1）极限真空：真空泵在给定条件下，经充分抽气后所能达到的稳定的最低压强。

（2）抽气速度：在一定温度和压强下，单位时间内从吸气口截面抽除的气体体积（L/s）。

（3）抽气量：在一定温度下，单位时间内泵从吸气口（截面）抽除的气体量。因为气体的流量与压强和体积有关，所以用压强×容积/时间来表示抽气量单位，即 $Pa \cdot m^3/s$。

（4）最大反压强：在一定的负荷下运转时，其出口反压强升高到某一定值时，泵会失去正常的抽气能力，该反压强称为最大反压强。

（5）启动压强：泵能够开始启动工作时的压强。

对于真空精炼来说，选用泵的抽气能力时应考虑两方面的要求：（1）要求真空泵在规定时间内（通常 3~5min）将系统的压力降低到规定的要求（一般为 30~70Pa，常用工作真空度为 67Pa），所规定的真空度根据精炼工艺确定；（2）要求真空泵有相对稳定且足够大的抽气能力，以保持规定的真空度。

B　蒸汽喷射泵的结构特点

蒸汽喷射泵是由一个至几个蒸汽喷射器组成，其结构如图 2-13 所示。其原理是用高速蒸汽形成的负压将真空室中的气体抽走（见图 2-14）。其中 p_P、G_P、w_P 分别表示工作

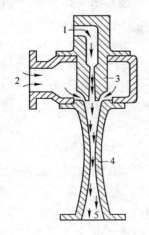

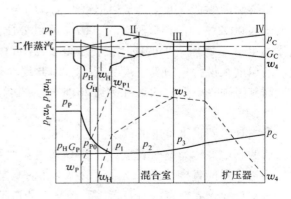

图 2-13　蒸汽喷射泵的结构　　　　　图 2-14　蒸汽喷射泵的原理示意图
1—蒸汽入口；2—吸气口；3—蒸汽喷嘴；
4—扩散器；5—排气口

蒸汽进入喷嘴前的压力、蒸汽流量、速度；p_H、G_H、w_H 分别表示吸入气体（一级喷射器气体来自盛放钢水的真空室）进入真空室前的压力、流量、速度。蒸汽喷射泵由喷嘴、扩压器和混合室几个主要部分组成。

喷射泵的工作过程基本上可以分为三个阶段：第一阶段，工作蒸汽在喷嘴中膨胀；第二阶段，工作蒸汽在混合室中与被抽气体混合；第三阶段，混合气体在扩压器中被压缩。

C　蒸汽喷射泵的优点

蒸汽喷射泵的工作压强范围为 $1.33 \sim 1 \times 10^5 Pa$，不能在全部真空范围内发挥作用。它抽吸水蒸气及其他可凝性气体时有突出的优点。蒸汽喷射泵具有下列优点：

（1）在处理钢液的真空度下具有大的抽气能力。

（2）适于抽出含尘气体，这一点对于钢液处理特别重要。

（3）构造简单，无运动部件，容易维护。喷嘴、扩压器及混合室均无可动部分。不像机械真空泵那样要考虑润滑的问题。与其他同容量的真空泵相比，质量和安装面积都小。

（4）设备费用低廉。

（5）操作简单。打开冷却水及蒸汽管路上的阀门能立即开始工作。

D　蒸汽喷射泵的压缩比和级数

蒸汽喷射泵的排出压力和吸入压力的比值称为压缩比，定义为 β。一级蒸汽喷射泵的压缩比只能达到一定的限度，多级蒸汽喷射泵最后一级的排出压力应稍高于大气压。每级的 β 与总压缩比（ξ）以及压缩级数（n）之间的关系为：

$$\beta = \sqrt[n]{\xi} \qquad (2\text{-}11)$$

压缩比和吸入气体量成反比，考虑到经济效果，一般认为一级蒸汽喷射泵的压缩比取 $3 \sim 12$ 比较适宜。当然，具体数值随不同进口压力而不同，当需要更大的压缩比时，要串联两个以上的蒸汽喷射泵，图 2-15 所示为带中间冷凝器的四级水蒸气喷射泵。表 2-8 表示不同工作压强与极限压强所必需的蒸汽喷射泵的级数。

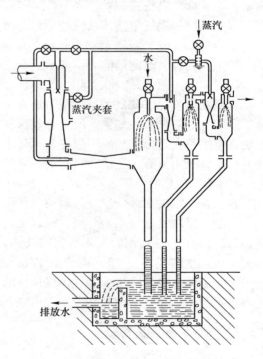

图 2-15　带中间冷凝器的四级水蒸气喷射泵

表 2-8　在给定的工作压强或极限压强下所必需的喷射泵级数

蒸汽喷射泵级数	工作压强/Pa	极限压强/Pa
6	0.67 ~ 13	0.26
5	6.7 ~ 133	2.6
4	67 ~ 670	26
3	400 ~ 4000	200
2	2670 ~ 26700	1330
1	13300 ~ 100000	1330

从前级喷射泵喷出的气体，不仅有被抽气体，而且含有工作蒸汽，因此下级喷射泵的工作负荷比前级增加，蒸汽耗量也增加。当某一级喷射泵排出的压强比水蒸气的饱和蒸汽压高时，就会凝结成一部分水，这些凝结水与冷却水接触，使部分水蒸气被冷却水带走，从而降低了下一级喷射泵的负荷，这就降低了蒸汽的消耗量。为了这种目的采用的水蒸气水冷系统称为冷凝器。直接接触式气压冷凝器是蒸汽喷射泵广泛采用的冷却器。冷却水量的大小及温度对泵的操作有很大影响。水量、水温低会大大降低蒸汽消耗量。

真空泵应使用过热 10～20℃ 的蒸汽，较低温度的湿蒸汽容易引起喷射器的腐蚀、堵塞。

E　喷射泵的维护

抽气能力很大的增压喷射泵，特别是靠近真空室的 1 号、2 号增压喷射泵，由于急剧绝热膨胀，泵体的扩散部分有冻结现象，使增压泵的性能变坏，要采取保温措施。

由于从钢水中产生的气体含有 SO_2 等，容易腐蚀排气系统的管网，喷射泵和冷凝器的内壁必须采取防腐措施。

真空系统的漏气量指该系统处于真空工作状态时，从大气一侧向真空系统漏入的空气量，单位为 L/s 或 kg/h。真空泵系统的检漏是蒸汽喷射泵现场调试和维护以及定检以后测试的主要内容，泄漏量的大小显示了真空泵系统设备状况的好坏。检漏有两个目的：寻找泄漏点和确定漏气量。在实际生产中，寻找漏气点是一个麻烦耗时的工作。

真空泵系统允许的最大漏气量，通常是取真空系统真空泵的有效抽气量的 10% 作为真空系统允许的最大漏气量。所谓有效抽气量是指真空泵的实际抽气能力。一旦确定真空系统真空度不良是由漏气所引起的，就必须准确地检出漏气部位并及时加以排除。真空系统的检漏方法主要有正压法和真空法。

F　工艺参数的确定

真空泵系统由两部分组成：启动真空泵和工作真空泵。

启动真空泵是在规定的时间内将真空室内压力降低到所需值。工作泵工作时抽去的气体包括三部分：（1）钢液反应生成的气体，如氢、氮、一氧化碳等；（2）钢中碳与耐火材料反应产生的气体；（3）向钢液中吹入的惰性气体。这些抽气量的计算是很复杂的。一般钢包中钢水内反应生成的气体呈指数减少；钢水中的碳与耐火材料的反应随真空度的提高将增强；随真空度的提高向钢包内吹入的惰性气体量将减少以防止钢水喷溅。

2.5.2　钢液的真空脱气

钢的真空脱气可分为三类：

（1）钢流脱气：下落中的钢流被暴露给真空，然后被收集到钢锭模、钢包或炉内。

（2）钢包脱气：钢包内钢水被暴露给真空，并用气体或电磁搅拌。

（3）循环脱气：在钢包内的钢水由大气压力压入抽空的真空室内，暴露给真空，然后流出脱气室进入钢包。

真空脱气系统的选择由许多因素决定，除真空脱气的主要目的外，还包括投资、操作费用、温度损失、处理钢水、场地限制和周转时间等。

2.5.2.1　钢液脱气的热力学

氧、氢、氮是钢中主要的气体杂质，真空的一个重要目的就是去除这些气体。但是，氧是一种较活泼的元素，它与氢不一样，通常不是以气体的形态被去除，而是依靠特殊的脱氧反应形成氧化物而被去除。所以在真空脱气中，主要讨论脱氢和脱氮。

氢和氮在各种状态的铁中都有一定的溶解度，溶解过程吸热（氮在 γ-Fe 中的溶解例外），故溶解度随温度的升高而增加。气态的氢和氮在纯铁液或钢液中溶解时，气体分子先被吸附在气－钢界面上，并分解成两个原子，然后这些原子被钢液吸收。因而其溶解过程可写成下列化学反应式：

$$H_2(g) \Longrightarrow 2[H] \qquad N_2(g) \Longrightarrow 2[N]$$

氢和氮在铁中的溶解度不仅随温度变化，而且与铁的晶型及状态有关。氢和氮在铁液中有较大的溶解度。1600℃时，$w[H]=0.0026\%$，$w[N]=0.044\%$。氮的溶解度比氢的高一个数量级。但在铁的熔点及晶型转变温度处，溶解度有突变。

钢中气体可来自于与钢液相接触的气相，所以它与气相的组成有关。氮气在空气中约占 79%，而在炉气中氮的分压力，由于 CO 等反应产物逸出，稍低于正常空气，约在 $0.77 \times 10^5 \sim 0.79 \times 10^5 Pa$。空气中氢的分压力很小，约为 $5.37 \times 10^{-2} Pa$，与此相平衡的钢中含氢量是 $0.02 \times 10^{-4}\%$。由此可见，决定钢中含氢量的不是大气中氢的分压，而应该是空气中的水蒸气的分压和炼钢原材料的干燥程度。空气中水蒸气的分压随气温和季节而变化，在干燥的冬季可低至 304Pa，而在潮湿的梅雨季节可高达 6080Pa，相差 20 倍。至于实际炉气中水蒸气分压有多高，除取决于大气的湿度外，还受到燃料燃烧的产物、加入炉内的各种原材料、炉衬材料（特别是新炉体）中所含水分多少的影响，其中主要是原材料干燥程度的影响。钢液中氢的含量主要取决于炉气中水蒸气的分压，并且已脱氧钢液比未脱氧钢液更容易吸收氢。

脱气、脱氧后的钢液和水分接触后，几乎全部的水分都有可能被钢水所吸收，所以关于保温剂和钢包耐火材料及中间包耐火材料中水分的控制，要特别注意。

真空脱气时，因降低了气相分压，而使溶解在钢液中的气体排出。从热力学的角度，气相中氢或氮的分压为 100～200Pa 时，就能将气体含量降到较低水平。

2.5.2.2　钢液脱气的动力学

溶解于钢液中的气体向气相的迁移过程，由以下步骤所组成：

（1）通过对流或扩散（或两者的综合），溶解在钢液中的气体原子迁移到钢－气相界面；

（2）气体原子由溶解状态转变为表面吸附状态；

（3）表面吸附的气体原子彼此相互作用，生成气体分子；

（4）气体分子从钢液表面脱附；

（5）气体分子扩散进入气相，并被真空泵抽出。

一般认为，在炼钢的高温下，上述（2）、（3）、（4）等步骤速率是相当快的。气体分子在气相中，特别是气相压力远小于 0.1MPa 的真空中，它的扩散速率也是相当迅速的，因此步骤（5）也不会成为真空脱气速率的限制性环节。所以真空脱气的速率必然取决于步骤（1）的速率，即溶解在钢中的气体原子向钢－气相界面的迁移。在当前的各种真空脱气的方法中，被脱气的钢液都存在着不同形式的搅拌；其搅拌的强度足以假定钢液本体中气体的含量是均匀的，也就是由于搅动的存在，在钢液的本体中，气体原子的传递是极其迅速的。控制速率的环节只是气体原子穿过钢液扩散边界层时的扩散速率。

2.5.2.3　降低钢中气体的措施

降低钢中气体的措施如下：

（1）使用干燥的原材料和耐火材料。

（2）降低与钢液接触的气相中气体的分压。这可从两方面实施：一方面是降低气相的总压，即采用真空脱气，将钢液处于低压的环境中。也可采用各种减小钢液和炉渣所造成的静压力的措施。另一方面是用稀释的办法来减小 p_{X_2}，如吹氩、碳氧反应产生 CO 气体所形成的气泡中，p_{X_2} 就极低。

（3）在脱气过程中增加钢液的比表面积（A/V）。使钢液分散是增大比表面积的有效措施。在真空脱气时使钢液流滴化，如倒包法、出钢真空脱气等。或使钢液以一定的速度喷入真空室，如 RH 法、DH 法等。采用搅动钢液的办法，使钢液与真空接触的界面不断更新，扩大比表面积，使用吹氩搅拌或电磁搅拌的各种真空脱气的方法都属于这种类型。

（4）提高传质系数。各种搅拌钢液的方法都能不同程度地提高钢中气体的传质系数。

（5）适当地延长脱气时间。真空脱氢时，钢中氢含量的变化规律如图 2-16 所示，在开始的 10min 内脱氢速率相当显著，然后逐渐减慢。对于那些钢液与真空接触时间不长的脱气方法，如 RH 法或 DH 法，适当地延长脱气时间可以提高脱气效果。

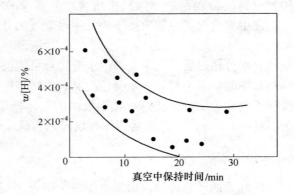

图 2-16　真空脱气时钢液中氢含量的变化

2.5.3　钢液的真空脱氧

在常规的炼钢方法中，脱氧主要是依靠硅、铝等与氧亲和力较铁强的元素来完成。这些元素与溶解在钢液中的氧作用，生成不溶于钢液的脱氧产物，由于它们的浮出而使钢中含氧量降低。这些脱氧反应全是放热反应，所以在钢液的冷却和凝固过程中，脱氧反应的平衡向继续生成脱氧产物的方向移动，此时形成的脱氧产物滞留在枝晶间不容易排出。所以，通过脱氧方法而获得完全脱氧的钢，在理论上也是不可能的。此外，常规的脱氧反应都是属于凝聚相的反应，所以降低系统的压力，并不能直接影响脱氧反应平衡的移动。

如果脱氧产物是气体或低压下可以挥发的物质，那么就有可能利用真空条件来促使脱氧更彻底，而且在成品钢中并不留下以非金属夹杂形式存在的脱氧产物。在炉外精炼的真空条件下，有实用价值的脱氧剂主要是碳，故本节主要讨论碳的真空脱氧。

2.5.3.1 氧在钢液中的溶解

氧在钢液中有一定的溶解度，其溶解度的大小首先取决于温度。据启普曼对 Fe-O 系平衡的实验研究，在1520～1700℃范围内，纯氧化铁渣下，铁液中氧的饱和溶解度与温度的关系式为：

$$\lg w[O]_{饱和} = -\frac{6320}{T} + 2.734 \tag{2-12}$$

由式（2-12）计算可知，温度为1600℃时，$w[O] = 0.23\%$；而氧在固体铁中的溶解度很小，一般在 γ-Fe 中氧的溶解度低于0.003%。所以，如果不进行脱氧，则钢液在凝固过程中，氧会以 CO 气体或氧化物形式大量析出，这将严重地影响生产的顺行和钢材质量。当铁液温度由1520℃升高到1700℃时，氧的溶解度增加了一倍，达0.32%。由此可以认为，提高出钢温度对获得纯洁的钢是不利的。但是在实际的炼钢过程中，钢液中存在一些其他元素，液面覆盖有炉渣，四周又接触耐火材料，所以氧的溶解是极为复杂的。若以实测氧含量与式（2-12）计算结果相比较，可以认为氧在钢中的溶解远未达到平衡。

一般来说，实际的氧含量与炉子类型、温度、钢液成分、造渣制度等参数有关。两种主要炼钢方法氧化精炼末期钢液的含氧量可用以下经验式来估计。

碱性氧气转炉：

$$w[O] \cdot w[C] = \frac{0.00202}{1 + 0.85w[O]} \tag{2-13}$$

碱性电弧炉：

$$w[O] = \frac{0.00216}{w[C]} + 0.008 \tag{2-14}$$

从电弧炉钢液含氧的情况来看，如果氧化末期 $w[C] > 0.2\%$，则 $w[O]$ 含量主要取决于 $w[C]$，一般波动在0.01%～0.08%。只有在极低碳钢和超低碳不锈钢冶炼时，氧化终了时的氧才大于0.1%。此外，钢液中的合金元素对氧在铁中的溶解有影响。

2.5.3.2 碳脱氧的热力学

在真空下，碳脱氧是最重要的脱氧反应，可表示如下：

$$[C] + [O] =\!=\!= \{CO\} \tag{2-15}$$

由平衡常数可以推出，温度为1600℃时，碳氧之间的平衡关系为：

$$\lg \frac{p_{CO}/p^{\ominus}}{w[O]_\% \cdot w[C]_\%} = 2.694 - 0.31w[C]_\% - 0.54w[O]_\% \tag{2-16}$$

由式（2-16）可以算出不同 p_{CO} 下碳的脱氧能力。

热力学计算和实验都证明，像硅、铝、钛这样一些元素对钢液的碳脱氧有不利的影响。不过，在真空室内，钢液中过剩的碳可与氧作用发生碳－氧反应，而使钢液的氧变成 CO 排除，这时碳在真空下成为脱氧剂，它的脱氧能力随真空度的提高而增强。在炉外精炼常用的工作压力（小于133Pa）下，碳的脱氧能力就超过了硅或铝的脱氧能力。

但是，实测的结果以及许多研究者的试验都表明：在真空下，包括在高真空下（例如真空感应炉熔炼时工作压力为0.07～0.1Pa），碳的脱氧能力远没有像热力学计算的那样强。并且比较了当前应用较普遍的几种真空精炼工艺，发现不同工艺所精炼钢液的氧含量，都降低至同样的水平。该氧含量只与钢中含碳量和精炼前钢液脱氧程度有关。真空精炼后，氧量的降低幅度为50%~86%。真空精炼未脱氧钢，能最大限度地降低钢中氧含量。若将实测的真空精炼后的氧含量标于碳-氧平衡图上（见图2-17），发现真空精炼后（加入终脱氧剂之前），钢中的氧含量聚集在约10kPa的CO分压力的平衡曲线附近。因此实测值将大大高于与真空精炼的工作压力相平衡的平衡值。

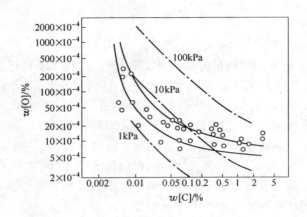

图 2-17 钢液中碳的实际脱氧能力与压力的关系

在实际操作中由于向钢液吹入惰性气体或在器壁的粗糙的耐火材料表面上形成气泡核，减小了表面张力的附加压力，有利于真空脱氧反应的进行。向钢液吹入惰性气体后形成很多小气泡，这些小气泡内的CO含量很少，钢液中的碳和氧能在气泡表面结合成CO而进入气泡内。直到气泡中的CO分压达到与钢液中的 $w[C] \cdot w[O]$ 相平衡的数值为止。这就是吹氩脱气和脱氧的理论根据。

在炉底和炉壁的耐火材料表面上是粗糙不平的，钢液与耐火材料的接触是非润湿性的，在粗糙的表面上总是有不少微小的缝隙和凹坑，当缝隙很小时由于表面张力的作用，金属不能进入，这些缝隙和凹坑成为CO气泡的萌芽点。

从气泡核形成逐渐鼓起，直到半球以前，与[C]和[O]平衡的分压 p_{CO} 必须大于附着在炉底或炉壁上的气泡内的压力才能使气泡继续发展直到分离浮去。在一定钢液深度下 $w[C] \cdot w[O]$ 越低，CO的平衡分压 p_{CO} 越低。

在钢液中自由上浮的气泡随着体积的增大上浮速度将加快。由于气泡大小不同，具有不同的形状，气泡的当量直径小于5mm时，由于表面张力的作用，气泡为球形；大于5mm小于10mm时，由于钢液的静压力而引起的气泡上下压力差，使气泡成为扁圆形；当气泡当量直径达10mm以上时，气泡成为球冠形。

真空下碳氧反应只在气液相界面有效，碳氧反应在现成的气液相界面 p_{CO} 越低，所必需的 r 值越大。在脱氧过程中，由于 $w[C] \cdot w[O]$ 值越来越低，r 值越来越大，所以有越来越多的小缝隙和凹坑不能再起萌芽作用。因而随着 $w[C] \cdot w[O]$ 的降低产生气泡的深度越来越小。开始时在底部产生气泡，以后就只能在壁上产生，再往后只能在壁的上部产生气泡，最后全部停止。

在真空处理钢液时，启动真空泵降低系统压力使反应平衡移动。钢液形成沸腾，大量气泡产生（最高峰），然后由于下部器壁停止生成气泡，沸腾又逐渐减弱，这就是在真空下碳脱氧过程中钢液沸腾的产生和停止原理。

钢液面上的气相压力（真空室低压）远比钢液深度造成的静压力和气泡承受的毛细管压力小得多。因此处理后的实际含氧量要比依据真空室压力进行热力学计算所得到的平衡氧含量高得多。在以 CO 气泡和钢液的界面上以及液滴和气相之间的交界面上，CO 气体以分子形式直接从液相挥发到气相中，不受钢液静压力和毛细管压力的作用。因此，在这些界面上的 $w[C] \cdot w[O]$ 值可以降低到热力学值的水平。

2.5.3.3 碳脱氧的动力学

根据前面的分析，碳氧反应只能在现成的钢液－气相界面上进行。在实际的炼钢条件下，这种现成的液－气相界面可以由与钢液接触的不光滑的耐火材料或吹入钢液的气体来提供。可以认为在炼钢过程中，总是存在着现成的液－气界面。因此，可以认为碳氧反应的步骤是：

（1）溶解在钢液中的碳和氧通过扩散边界层迁移到钢液和气相的相界面；

（2）在钢液－气相界面上进行化学反应生成 CO 气体；

（3）反应产物（CO）脱离相界面进入气相；

（4）CO 气泡的长大和上浮，并通过钢液排出。

步骤（2）、（3）、（4）进行得都很快，控制碳氧反应速率的是步骤（1）。碳在钢液中的扩散系数比氧大，一般碳含量又比氧高，因此氧的传质是真空下碳氧反应速度的限制环节。

2.5.3.4 有效进行碳的真空脱氧应采取的措施

在大多数生产条件下，真空下的碳氧反应不会达到平衡，碳的脱氧能力比热力学计算值要低得多，而且脱氧过程为氧的扩散所控制，为了有效地进行真空碳脱氧，在操作中可采取以下措施：

（1）进行真空碳脱氧前尽可能使钢中氧处于容易与碳结合的状态，例如溶解的氧或 Cr_2O_3、MnO 等氧化物。为此要避免真空处理前用铝、硅等强脱氧剂对钢液脱氧，因为这样将形成难以还原的 Al_2O_3 或 SiO_2 夹杂物，同时还抑制了真空处理时碳氧反应的进行，使真空下碳脱氧的动力学条件变坏。为了充分发挥真空的作用，应使钢液面处于无渣、少渣的状况。当有渣时，还应设法降低炉渣中 FeO、MnO 等成分，以避免炉渣向钢液供氧。

（2）为了加速碳脱氧过程，可适当加大吹氩量。

（3）在真空碳脱氧的后期，向钢液中加入适量的铝和硅以控制晶粒、合金化和终脱氧。

（4）为了减少由耐火材料进入钢液中的氧量，浇注系统应选用稳定性较高的耐火材料。

2.5.4 降低 CO 分压时的吹氧脱碳

把未脱氧钢和中等脱氧的钢暴露在真空下将促进 [C]、[O] 反应。在适当的真空条件下，钢水脱碳可达到低于 0.005% 的水平。

真空处理前后的 $w[C]$、$w[O]$ 关系如图 2-18 所示。可见当降低钢液上气相压力 p_{CO} 时，$w[C]$ 和 $w[O]$ 的积也相应减少。利用真空条件下的碳氧反应，可使碳氧同时减少。当钢中含氧量降低某一数值 $w(\Delta[O])$ 时，则含碳量也相应降低一定数值，由反应式 $[C] + [O] \Longrightarrow \{CO\}$，可知它们之间存在以下关系：

$$w(\Delta[C]) = 12w(\Delta[O])/16 = 0.75w(\Delta[O]) \tag{2-17}$$

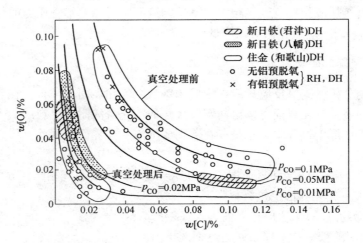

图 2-18　真空处理前后的 $w[C]$、$w[O]$ 关系

炉外精炼中，采用低压下吹氧大都是为了低碳和超低碳钢种的脱碳。而这类钢又以铬或铬镍不锈钢居多，所以在以下的讨论中，专门分析高铬钢液的脱碳问题。

2.5.4.1　高铬钢液的吹氧脱碳

A　"脱碳保铬" 的途径

不锈钢中的碳降低了钢的耐腐蚀性能，对于大部分不锈钢，其含碳量都是较低的。近年来超低碳类型的不锈钢日益增多，这样在冶炼中就必然会遇到高铬钢液的降碳问题。为了降低原材料的费用，希望充分利用不锈钢的返回料和含碳量较高的铬铁。在冶炼中希望尽可能降低钢中的碳，而铬的氧化损失却要求保持在最低的水平。这样就迫切需要研究 Fe-Cr-C-O 系的平衡关系，以找到最佳的 "脱碳保铬" 的条件。

在 Fe-Cr-C-O 系中，两个主要的反应是：

$$[C] + [O] \longrightarrow \{CO\}$$
$$m[Cr] + n[O] \longrightarrow \{Cr_mO_n\}$$

对于铬的氧化反应，最主要的是确定产物的组成，即 m 和 n 的数值。D. C. Hilty 发表了对 Fe-Cr-O 系的平衡研究，确定了铬氧化产物的组成有三类。当加 $w[Cr] = 0 \sim 3\%$ 时，铬的氧化物为 $FeCr_2O_4$；当 $w[Cr] = 3\% \sim 9\%$ 时，为 $Fe_{0.67}Cr_{2.33}O_4$；当 $w[Cr] > 9\%$ 时，为 Cr_3O_4 或者 Cr_2O_3。

D. C. Hilty 试验表明：$w[Cr]$ 与 $w[C]$ 的温度关系为：

$$\lg \frac{w[Cr] \cdot p'_{CO}}{w[C]} = -\frac{13800}{T} + 8.76 \tag{2-18}$$

由此可见"脱碳保铬"的途径有两个：

（1）提高温度。在一定的 p_{CO} 下，与一定含铬量保持平衡的碳含量，随温度的升高而降低，这就是电弧炉用返回收氧法冶炼不锈钢的理论依据，但是提高温度将受到炉衬耐火度的限制。对 18% 铬钢在常压下冶炼，如果碳含量要达到 0.03%，那么平衡温度要在 1900℃ 以上。与铬平衡的碳越低，需要的温度越高。但是，在炉内过高的温度也是不允许的，耐火材料难以承受。因此，采用电炉工艺冶炼超低碳不锈钢是十分困难的，而且精炼期要加入大量的微碳铬铁或金属铬，生产成本高。

（2）降低 p_{CO}。在温度一定时，平衡的碳含量随 p_{CO} 的降低而降低。这是不锈钢炉外精炼的理论依据。降低 p_{CO} 的方法有：

1）真空法：即降低系统的总压力，如 VOD 法，RH-OB 等法。利用真空使 p_{CO} 大大降低进行脱碳保铬。

2）稀释法：即用其他气体来稀释，这种方法有 AOD 法、CLU 法等。吹入氩气或水蒸气等稀释气体来降低 p_{CO} 进行脱碳保铬，从而实现在假真空下精炼不锈钢。

3）两者组合法：如 AOD-VCR 法、VODC 法。

B　富铬渣的还原

不锈钢的吹氧脱碳保铬是一个相对的概念，炉外精炼应用真空和稀释法对高铬钢液中的碳进行选择性氧化。所谓选择性氧化，决不意味着吹入钢液中的氧仅仅和碳作用，而铬不氧化；确切地说是氧化程度的选择，即指碳能优先较大程度地氧化，而铬的氧化程度较小。不锈钢的特征是高铬低碳。碳的氧化多属于间接氧化，即吹入的氧首先氧化钢液内的铬，生成 Cr_3O_4，然后碳再被 Cr_3O_4 氧化，使铬还原。因而"脱碳保铬"也可以看成是一个动态平衡过程。因此在不锈钢吹氧脱碳结束时，钢液中的铬或多或少地要氧化一部分进入渣中。为了提高铬的回收率，除在吹氧精炼时力求减少铬的氧化外，还要在脱碳任务完成后争取多还原些已被氧化进入炉渣中的铬。

VOD、AOD 法等精炼不锈钢，吹氧脱碳精炼后的富铬渣含 Cr_3O_4 达 10% ~ 25%。富铬渣的还原多采用硅铁（25% 硅）作为还原剂，其还原反应为：

$$(Cr_3O_4) + 2[Si] === 2(SiO_2) + 3[Cr]$$

有时也使用 Si-Cr 合金作还原剂，其中 Si 作还原剂，铬作为补加合金。

由上述分析可知，影响富铬渣还原的因素有：

（1）炉渣碱度 R。增大碱度，SiO_2 的活度降低，Cr_3O_4 的活度降低。

（2）钢液中的 [Si] 含量。钢液中的 [Si] 含量增加，Cr_3O_4 的活度降低。

（3）温度的影响。温度升高，硅还原 Cr_3O_4 能力增强。

2.5.4.2　粗真空下吹氧脱碳反应的部位

生产条件下，真空吹氧时高铬钢液中的碳，有可能在不同部位参与反应，并得到不同的脱碳效果。碳氧反应可以在下述三种不同部位进行：

（1）熔池内部：在高铬钢液的熔池内部进行脱碳时，为了产生 CO 气泡，CO 的分压 p_{CO} 必须大于熔池面上气相的压力 p_a、熔渣的静压力 p_s、钢液的静压力 p_m 以及表面张力所引起的附加压力 $2\sigma/r$ 等项压力之和。p_a 可以通过抽真空降到很低，如果反应在吹入的氧气和钢液接触的界面上进行，那么 $2\sigma/r$ 可以忽略，但是只要有炉渣和钢液，$p_s + p_m$ 就会有一确定的值，往往该值较 p_a 大。这显然就是限制熔池内部真空脱碳的主要因素。它使钢液内部的脱碳反应不易达到平衡，真空的作用不能全部发挥出来。若采用底吹氩增加气泡核心和加强钢液的搅拌，真空促进脱碳的作用会得到改善。

（2）钢液熔池表面：在熔池表面进行真空脱碳时，情况就不一样。这时，不仅没有钢或渣产生的静压力，表面张力所产生的附加压力也趋于零，脱碳反应主要取决于 p_a，所以真空度越高，钢液表面越大，脱碳效果就越好。钢液表面的脱碳反应易于达到平衡，真空作用可以充分发挥出来。

（3）悬空液滴：当钢液滴处于悬空状态时，情况就更不一样，这时液滴表面的脱碳反应不仅不受渣、钢静压力的限制，而且由于气液界面的曲率半径 r 由钢液包围气泡的正值（在此曲率半径下，表面张力产生的附加压力与 p_a、p_m 等同方向）变为气相包围液滴的负值（$-r$），结果钢液表面张力所产生的附加压力也变为负值。这样一氧化碳的分压只要满足 $p_{CO} > p_a - \left| \dfrac{2\sigma}{r} \right|$，反应就能进行。由此可见，在悬空液滴的情况下，表面张力产生的附加压力将促进脱碳反应的进行，反应容易达到平衡。

在液滴内部，由于温度降低，氧的过饱和度增加，有可能进行碳氧反应，产生 CO 气体。该反应有使钢液滴膨胀的趋势，而外界气相的压力和表面张力的作用使液滴收缩，当 p_{CO} 超过液滴外壁强度后，液滴就会发生爆裂，而形成更多更小的液滴，这又反回来促进碳氧反应更容易达到平衡。

在生产条件下，熔池内部、钢液表面、悬空液滴三个部位的脱碳都是存在的，真空吹氧后的钢液含碳量决定于三个部位所脱碳量的比例。脱碳终了时在钢中含铬量及钢液温度相同的情况下，悬空液滴和钢液表面所脱碳量愈多，钢液最终含碳量也就愈低。为此，在生产中应创造条件尽可能增加悬空液滴和钢液表面脱碳量的比例，以便把钢中碳的含量降到尽可能低的水平。

真空脱碳时，为了得到尽可能低的含碳量，可采取以下措施：

（1）尽可能增大钢水与氧气的接触面积，加强对钢液的搅拌。

（2）尽可能使钢水处于细小的液滴状态。

（3）使钢水处于无渣或少渣的状态。

（4）尽可能提高真空处理设备的真空度。

（5）在耐火材料允许的情况下适当提高钢液的温度。

2.5.4.3　有稀释气体时的吹氧脱碳

用稀释的办法降低 CO 分压力的典型例子是 AOD 法的脱碳。根据对 AOD 炉实验结果的分析，可以认为氧气没有损失于所讨论的系统之外，吹入熔池的氧在极短时间内就被熔池吸收。当供氧量少时，[C] 向反应界面传递的速率足以保证氧气以间接反应或直接反应被消耗。可是随着碳含量的降低或供氧速率的加大，就来不及供给 [C]，吹入的氧气将以氧化物（Cr_mO_n 和 Fe_xO_y）的形式被熔池所吸收。

在实验中发现，AOD 炉的熔池深度对铬的氧化是有影响的，当熔池浅时，铬的氧化多，反之铬的氧化少。这种现象表明，AOD 法的脱碳反应不仅在吹进氧的风口部位进行，而且气泡在钢液熔池内上浮的过程中，反应继续进行。另外，当熔池非常浅时，例如 2t

的试验炉熔池深 17cm，吹进氧的利用率几乎仍是 100%。从而可以认为，氧气被熔池吸收，在非常早的阶段就完成了。

一般认为，AOD 中的脱碳是按如下方式进行的：

（1）吹入熔池的氩氧混合气体中的氧，其大部分是先和铁、铬发生氧化反应而被吸收，生成的氧化物随气泡上浮。

（2）生成的氧化物在上浮过程中分解，使气泡周围溶解氧增加。

（3）钢中的碳向气液界面扩散，在界面进行 $[C]+[O]\rightarrow\{CO\}$ 反应，产生的 CO 进入 Ar 中。

（4）气泡内 CO 的分压逐渐增大，由于气泡从熔池表面脱离，该气泡的脱碳过程结束。

2.6 喷粉和喂线

2.6.1 喷粉

喷吹即喷粉精炼，是根据流化态和气力传输原理，用氩气或其他的气体作载体，将不同类型的粉剂喷入钢水中进行精炼的一种冶金方法，一般称之为喷射冶金或喷粉冶金。

大多数钢铁冶金反应是在钢－渣界面上进行的。加速反应物质向界面或反应产物离开界面的传输过程，以及扩大反应界面面积，是强化冶金过程的重要途径。喷射冶金通过载气将反应物料的固体粉粒吹入熔池深处，既可以加快物料的熔化和溶解，而且也增加反应界面，同时还强烈搅拌熔池，从而加速了传输过程和反应速率。它能够有效地脱硫、改变夹杂物形态、脱氧、脱磷以及合金化。喷射冶金是强化冶金过程提高精炼效果的重要方法。

向铁水包内（常用氮气）吹入铁矿粉、碳化钙和石灰的粉状材料进行脱硅、脱硫、脱磷的铁水预处理，盛钢桶吹氩搅拌、向钢液深处吹入硅钙等粉剂进行非金属夹杂物变性处理等过程，都采用喷射冶金方法。此外，喷射冶金也是添加合金材料，尤其是易挥发元素进行化学成分微调以提高合金收得率的有效方法。喷射冶金方法的缺点是，粉状物料的制备、贮存和运输比较复杂，喷吹工艺参数（如载气的压力与流量、粉气比等）的选择对喷吹效果影响密切，喷吹过程熔池温度损失较大，以及需要专门的设备和较大的气源。

早在 20 世纪 50 年代，喷射冶金就曾被用来向铁水喷吹 CaC_2、Mg 等材料，降低硫含量，但未受到重视。1969 年，德国蒂森公司在平炉上试验成功喷吹 CaC_2 的方法，生产出焊接性能好、含硫量低、各向异性小的结构钢。随后，法国钢铁研究院、瑞典冶金研究所等许多国家对这种新方法进行了大量喷吹机理和工艺的研究，使喷射冶金发展成为一种适应性强、使用灵活、冶金效果显著、经济效益良好的钢铁精炼方法，并迅速推广应用。我国 1977 年开始将喷射冶金列为钢铁企业重点推广技术，大多数钢铁企业先后建起了喷粉站，或在炼铁炼钢车间增添了喷粉设备，对铁水和几十个钢种进行了处理，获得了良好的效果。

喷粉的类型主要根据精炼的目的确定。表 2-9 介绍了常用的脱磷、脱硫、脱氧材料和合金化粉剂。至于喷粉的形式，可以通过浅喷射或深喷射喷枪喷入钢水中。图 2-19 为典型的深浸喷枪喷射系统。这个设备由分配器、流态化器、挠性导管和深喷枪以及储存箱组成。

表 2-9　反应和合金化采用的喷粉材料

脱磷	$CaO + CaF_2 + Fe_2O_3 + 氧化铁皮；苏打$
脱硫	钝化镁粉，$Mg + CaO$，$Mg + CaC_2$；$CaC_2 + CaCO_3 + CaO$；$CaO + (CaCO_3)$；$CaO + Al$；$CaO + CaF_2 + (Al)$；苏打；CaC_2；混合稀土合金
脱氧	Al、$SiMn$；采用 $CaSi$，$CaSiBa$，Ca 脱氧及控制夹杂物的形态
合金化	$FeSi$；石墨，碎焦；NiO，MnO_2；FeB，$FeTi$，$FeZr$，FeW，$SiZr$，$FeSe$，Te

2.6.1.1　气力输送中固体粉粒流动的条件

　　在一般条件下固体粉粒不具备流动性。若要将粉粒喷入金属熔池深处，就必须使固体粉粒具有流体的性质。为此，要使粉粒能够稳定地悬浮在气体中，使之有可能随气体流动而流动。这种使固体粉粒获得流动能力的技术称为流态化技术。

　　图 2-20 为固体粉粒的流态化过程。图 2-20（a）所示的具有垂直器壁的容器 1，其底部为一多孔流化板 2，上部堆放许多均匀的球状粉粒 3（图 2-20（b）），在容器底部一侧装有测压管 4。气流由容器底部经流化板穿过粉粒层，再由容器上部流出。随着气流速度升高，粉粒在容器中的状态将逐渐发生变化。根据气流速度和粉粒状态的变化，可以将整个流态化过程划分为三种基本状态：固定床、流态化床和输送床。

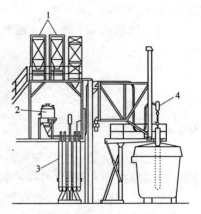

图 2-19　深浸喷枪喷射系统
1—料斗；2—分配器；3—备用喷枪；4—喷枪喷射机械

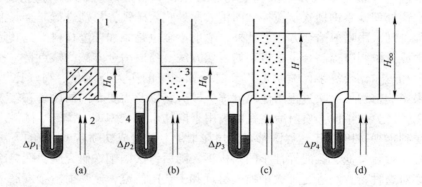

图 2-20　流态化过程示意图
（a）固定床；（b）开始流化；（c）流化床；（d）气体输送（输送床）
1—容器；2—多孔流化板；3—球状粉粒；4—测压管

　　固定床（或称填料床）：当穿过粉粒层的气流速度很小时，固体粉粒静止不动，气流由粉粒间的空隙流过。在流速增加至某一值之前，固体粉粒可能会改变彼此之间的相对位置，但彼此仍相互接触，粉粒层的厚度不变。这种粉粒状态称为固定床，如图 2-20（a）所示，床层会引起压力降（即粉粒床的上下部之间出现的压力差）Δp_1。

流态化床：气流速度增大到某一值后，粉粒开始被气流托起，彼此的相对位置改变，床层的厚度开始增加，这时粉粒的状态进入流化床阶段，如图 2-20（b）所示，压力降为 Δp_2，如果气流速度再继续提高，粉粒的运动加剧，并自由地悬浮在气流中，甚至上下翻滚出现类似沸腾的现象。这种状态称为流化床，如图 2-20（c）所示，压力降为 Δp_3。全部颗粒浮起即达到床层的流态化时，$\Delta p_2 = \Delta p_3$。使粉粒进入流态化阶段的最小气流速度称为临界流态化速度。该速度还不能使固体粉粒向上运动，气流速度必须大于颗粒自由沉降速度，粉粒才可以顺利地输送。

输送床：如果气流的速度再继续增加，达到某一定值后，粉粒层中的粉粒不再做上下翻滚运动，而是呈完全的悬浮状态，做漂浮运动。如果垂直容器的器壁无限高，这时粉粒将随气流在容器内定向流动；如果容器壁的高度有限，粉粒床层的高度可以不断增加超过容器高度，从容器上部溢流而出，床层的空隙随着气流速度的增大而增加，最后床层中的颗粒全部被吹出，床层的空隙率达 100%，此时 $\Delta p_4 = 0$，这种情况称为输送床（或气力输送颗粒的稀相流态化床）。使粉粒由容器内漂出的最低气流速度称为悬浮速度（或漂浮速度）。这一速度在数值上相当于单个粉粒在流体中的自由沉降速度。因此，这种状态也称为颗粒自由沉降状态。

2.6.1.2 粉气流在管道输送中的流动特性

A 粉气流的流动形式

气力输送使粉剂悬浮于气流中通过管道输送，粉剂出喷粉罐到钢液之间的运动属于气力输送。根据工艺要求，输送过程要稳定且连续，不产生脉动现象。粉料的浓度和流量在一定范围内可以调节和控制，气粉混合物具有较大的喷出速度，能使粉剂进入钢液内部，但又不希望气量过大造成喷溅。

在管道输送中，粉粒受许多力的作用，如粉粒之间彼此碰撞产生的力、粉粒与管壁之间的摩擦力、气流的推力和重力等。尤其在管道的弯头、挡板和切换阀等处，气流分布不均匀，阻力大，粉粒流经这些地方之后能量损失很大。为了保证均匀地进行粉粒的气力输送，需要的气流速度远大于自由沉降速度。

实际观察表明，粉粒在管道中流动的状态随气流速度不同产生显著变化。在一般情况下，管道中粉粒的流动形式与气流中粉粒的数量（即粉气比）、气流速度、管道的直径与长度，以及粉粒的大小与形状等因素有关。

在其他条件相同时，粉气流的流动形式随气流速度的变化可分为如图 2-21 所示的几种。

悬浮流：当气流速度足够大时，粉粒在气流中分布均匀，粉料输送均匀稳定。

底密流：气流速度降低，粉粒在气流中的分布不均匀。在水平管道的横截面上，越靠近下部管壁粉粒的密度越大。

疏密流：气流速度再减小，粉粒的分布不仅在横截面上不均匀，在流动方向上的分布也不均匀，忽疏忽密，输送不均匀。

停滞流：当气流速度小于某一值后，一部分粉粒沉滞在管底以小于气流的速度向前滑动。在管道截面小的局部范围内，因为气流速度较大，在某一瞬间有可能使沉滞的粉粒重新被吹走。粉气流呈不稳定流动，粉粒时而沉滞时而被吹动，是不均匀的粉料输送。

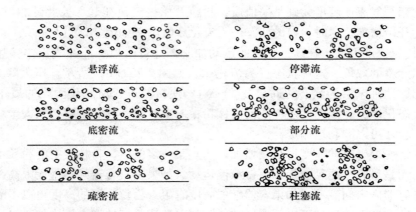

图 2-21　粉粒在管道中的流动形式

部分流：气流速度继续下降，一部分粉粒沉积在管道的底部，仅在管内上部空间仍有粉气流通过。在沉积的粉粒层表面有部分粉粒在气流推动下不规则地向前移动。

柱塞流：由于气流速度过低，粉气流中的粉粒沉积充满了局部管道的整个截面，造成断续的柱塞状流动。

上述悬浮流、底密流和疏密流属于悬浮流动，停滞流、部分流和柱塞流属于集团流动，并且出现不同程度的脉动状态。悬浮流动靠气流的动能推动，而集团流动主要靠气体的压力能流动。这些流动形式都与粉粒的物理性质有关，但同一种物料的粉粒主要受气流速度大小所支配。因为停滞流等集团流动不能满足稳定均匀供料的要求，在气力输送中应该避免，即要保证气流有足够的速度。这一速度大小一般用该粉粒的沉降速度作为选定的根据。喷粉冶金要求粉剂是悬浮状态输送，否则破坏工艺的稳定性。各个设备不同，所得气流速度值也不相同。

B　粉料输送的合理的气流速度

为满足均匀稳定地输送粉料，选择气流速度十分重要。一般从理论上说，气流的速度大于自由沉降速度就能保证正常的粉料输送。但在实际上因为物料的物理性质不同，粉气比大小及管道的长短粗细等的差异所影响，气流的实际流速必然远大于自由沉降速度。但是流速度过大消耗的能量增加，管道磨损严重。如果是向金属熔池喷吹冶金粉剂，则容易造成喷溅，金属和合金损耗大大增加，操作困难。相反如果气流速度太小，就会造成供料稳定甚至会出现堵塞现象。所以，粉粒输送要求一定的合理气流速度。

合理的气流速度可以用式（2-19）估算

$$v_{\mathrm{j}} = cv_{\mathrm{t}} \tag{2-19}$$

式中　v_{j}——气流的合理速度；

v_{t}——粉粒的自由沉降速度；

c——与粉气比、输送管道特征有关的经验系数。经验系数 c 可以按照生产实际选取，也可以参照相关技术资料选取。

C　粉气流在垂直管道中的流动

在水平流动中，气流速度大小对粉粒的流动状态产生很大的影响，决定粉料输送能否均匀稳定。

在垂直管道中，粉粒主要受气流向上的推力作用，当气流速度大于粉粒的沉降速度时，粉粒就能随气流向上运动。如前分析，粉粒受重力、气流的阻力和浮力同时作用。此外，粉粒还受由于粉粒之间相互摩擦与碰撞而产生的非垂直方向的力的作用。结果使粉粒的轨迹不是垂直地直线上升，而是不规则地相互交错时左时右地向上运动，从而也使粉粒在垂直管道中能够均匀地分布。这种粉粒流动方式称为定常流或定流。

2.6.1.3 粉气流中固体粉粒的运动速度

在气力输送中，固体粉粒是靠气流的推力运动的。但是粉气流中粉粒与气流的运动速度并不一致。因为粉粒在气流中的受力状况极其复杂，不仅导致粉粒之间的速度彼此不同，而且粉粒之间的运动速度也比气流速度低。粉粒的瞬时速度很难计算，但是可以由理论上推算出粉粒的平均速度。式（2-20）是由粉粒在管道中做悬浮流动或集团流动时所受气流推力、管壁摩擦力和重力作用的关系推导得来的，用于计算粉粒在水平或垂直向上流动，以及以较小倾角向下流动的速度。

$$\frac{v_p}{v_a} = 1 - \frac{v_t}{v_a}(\zeta \cdot \cos\theta + \sin\theta)^{\frac{1}{2}} \qquad (2\text{-}20)$$

式中　v_p——粉粒的运动速度，m/s；

v_t——粉粒的沉降速度，m/s；

v_a——气流的流动速度，m/s；

ζ——管壁的摩擦系数；

θ——管道的倾斜角，（°）。

若知道气流的流速、粉粒的沉降速度和管壁的摩擦系数以及管道的倾角，就可以算出粉粒的平均流动速度。实际经验指出，在钢包喷吹硅钙粉的处理中，为保证喷粉正常进行，粉粒的流动速度应该大于 15m/s。

在钢包喷粉的生产实践中，仅仅考虑粉粒的沉降速度并不一定能够消除喷吹过程中的脉动现象。为了获得均匀稳定的喷粉处理过程，除了考虑粉料的最低流动速度之外，还应该考虑粉气比和管道直径的影响。粉料的最小的流动速度可以用式（2-21）来计算：

$$v_{min} = 42.4\mu^{\frac{1}{2}} \cdot D^{\frac{1}{2}} \qquad (2\text{-}21)$$

式中　v_{min}——管道中粉料的最低流动速度；

μ——粉气比；

D——输送管道的直径。

2.6.1.4 粉气流的密度

如前分析，粉气流的均匀稳定流动存在一个合理的气流速度，它与粉气流中粉粒的数量有关。因此，粉气流的密度是反映气力输送状态和输送量大小的一个重要参数。根据密度的定义可列式（2-22）以计算粉气流平均密度 ρ 为：

$$\rho_{均} = \frac{m_p + m_g}{v_p + v_g} \qquad (2\text{-}22)$$

式中　m_p——粉料的质量流量，kg/min；

m_g——气体的质量流量，kg/min；

v_p——粉料的体积流量，m^3/min；

v_g——气体的体积流量，m^3/min。

表示粉气流密度的另一个常用的参数是粉气比。粉气比的表示方法有如下两种：质量粉气比（μ）和体积粉气比（M）。前者定义为每千克载流气体可输送 μkg 的粉料，后者定义为每立方米载气可输送 Mkg 粉料。

合理选择粉气比很重要。对于钢包喷粉冶金，过大的粉气比会增大系统的阻力，从而脉冲甚至堵塞管道，将使生产不能正常进行。若粉气比过小，载流气体耗量过大，喷吹粉料的时间太长使钢水的温度损失过大，影响喷粉的冶金效果。所以应该根据工作和冶炼目的确定粉气比的大小。对于喷吹脱磷脱硫熔剂，一般粉气比为 $15 \sim 30kg/kg$；喷吹脱氧或合金化粉剂，通常的粉气比达 $50 \sim 120kg/kg$。

一般根据粉气比（μ，kg/kg）大小将气力输送分为稀相输送和浓相输送，浓相输送是气比达 $80 \sim 150kg/kg$ 的状况，而喷射冶金喷粉时粉气比一般为 $20 \sim 40kg/kg$，故属于输送。粉料只占混合物体积的 $1\% \sim 3\%$，出口速度在 $20m/s$ 左右。浓相输送对喷射有利，因为可以少用载气，减少由于载气膨胀引起的喷溅，不至于钢包中因喷粉而冲渣，引起钢水裸露被空气氧化和吸氮。但浓相输送时单位长度管路的阻力损失比稀相多，所以浓相输送应用于喷射冶金还要加以研究。

2.6.1.5　粉气流进入熔池内的行为

A　喷吹气流进入熔池后的运动特征

向金属熔池吹入气流，通常是通过插入熔池深处的直管喷枪或埋在熔池底部的喷嘴进行的。当气流以一定速度离开喷枪或喷嘴的孔口进入熔池时，根据气流流量（或气流的能量）大小其流动方式不同。在小气流流量下，从喷嘴流出的气体是不连续的单个气泡（即气泡流方式）。当气流流量足够大时，气流在离开孔口进入熔池后有可能在一定距离内仍保持射流流股，其长度随流量增大而变长（即射流方式），然后逐渐断裂成气泡上浮。这两种不同的进入熔池的方式，所造成的熔池的运动特征也不同。但是在一定的参数范围内，这两种方式会相互转化。

许多研究者对这两种流动方式的相互转换条件进行了大量研究。森一美等人用水和水银进行实验的结果指出：当吹入的气流速度超过声速时，气流进入熔池的运动方式由气泡转为射流。肖泽强研究表明，在气流速度达到 $250m/s$ 以前，随着气流速度增加气泡形成的频率变大；超过 $250m/s$ 以后气泡形成频率随气流速度增加反而变小。这一实验结果表明：气流速度接近声速后，在喷嘴孔口前方形成射流的可能性增加。两人的研究结果相近。

M. J. Mcnallan 认为，当气流密度较小时，以马赫数作为两种流动方式相互转换的判据是不合适的。他建议以单位喷嘴孔口面积上气体的质量流量大小为判断的根据。质量流量大于 $40g/(cm^2 \cdot s)$，气流以射流流动方式占优势。

在许多冶金过程中，气泡与熔体之间的相互作用起着很重要的作用，如吹氩搅拌、喷吹物料等对所造成的分散相－气泡或渣粒，和连续相－熔体之间的反应速率，以及气泡产生环流所造成的非金属夹杂物颗粒上浮和喷嘴使用寿命等都有很重要的实用意义。

B　浸入式射流的行为

（1）水平流的轨迹：射流在溶液内的轨迹是浸入式射流的一个重要特征。实验表明，射流离开孔口一定距离后就会破裂形成气泡。这种现象可以解释如下：由于射流抽吸周围的液体，射流本身的动能减弱，流速逐渐减慢。当射流水平速度降低到比液体中大气泡的上升速度（如 0.3m/s）还小时，垂直速度分量将起主导作用。这种条件下射流将碎裂成气泡。

在研究空气－水、水－冰铜内气流的行为以后，N. J. Themells 和 J. Sjekely 等按动量守恒定律推导了气流进入液体后的运动轨迹的方程式。图 2-22 表示他们所考虑的浸入式水平射流的理想轨迹。

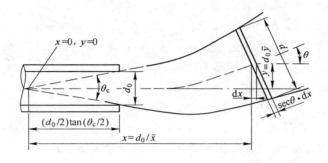

图 2-22　水平浸没射流的轨迹

（2）垂直射流的轨迹：E. T. Turkdogan 提出描述由埋在熔池底部的喷嘴吹入气流时所形成的射流的特性，如图 2-23 所示。他认为：在喷嘴孔口上方较低的区域中，由于液体的阻力及不稳定的气液表面对流层的剪切作用，使气体带入系统中的动能的绝大部分都消耗掉，气流中混入许多细小的液滴，形成气相加液滴的区域。在此区上方，气流中的液滴在向上流动过程中逐渐凝集。同时，射流被碎裂成气泡并被夹带在液流中继续向上运动，直至逸出液面。此区是液相加气泡区。E. T. Turkdogan 还指出，由于气液间的表面张力在形成气相中的液滴时起着相当重要的作用，因而由水模型实验得到的结果与金属熔体－气体系统中的实际的传质过程可能相当不同。因为两系统中的气液间的表面张力差别很大。

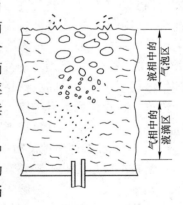

图 2-23　射流碎裂示意图

（3）射流的穿透深度：气流在液相中保持射流的长度称为穿透深度，是喷射冶金过程中一个重要的参数。气流喷入深度浅，即穿透深度小，气液相间冶金反应的面积小。穿透深度小也表明气流速度低动能小，因而气流对熔池的搅拌作用弱。相反，若穿透深度太大，由于气流速度过快，随气流进入熔池的物料粉料在液相中停留的时间短，反应不充分，利用率低。在垂直射流的情况下，过大的穿透深度可能对包底或炉底强烈冲刷，寿命大大降低。因此应该有一个合理的穿透深度。

C　喷粉中粉粒在熔池中的行为

a　喷吹粉料过程的组成环节

（1）以一定的速度向钢液喷吹粉料。

（2）溶解于钢液中的杂质元素向这些粉粒的表面扩散。

（3）杂质元素在粉粒内扩散。

（4）在粉粒内部的相界面上的化学反应。

此外，喷吹粉料的体系内常出现两个反应区，一个是发生在钢液内，上浮的粉粒与钢液作用的所谓瞬时反应，能加速喷粉过程的速率；另一个是发生在顶渣与钢液界面的所谓持久反应，它决定整个反应过程的平衡。但它与一般的渣 – 钢液界面反应不同，其渣量因钢液内上浮的粉粒的进入而不断增多。但也有返回钢液内的可能性，所以顶渣量不是常数，如图 2-24 所示。

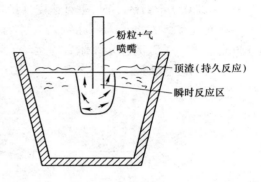

图2-24　钢液中喷粉时的两个反应区

因此，在喷粉条件下，反应过程的速率是瞬间反应和持久反应速率之和。但是瞬间反应的效率仅 20% ~ 50%。主要是因为进入气泡内的粉粒并未完全进入钢液中，并且还受"卷渣"的干扰，加之粉粒在强烈运动的钢液中滞留的时间极短，仅 1 ~ 2s，就被环流钢液迅速带出液面。虽然如此，瞬间反应仍是加速反应的一个主要手段。

b　粉粒在熔体内的停留时间

粉粒进入熔体后的停留时间，将直接影响冶金粉剂的反应程度或溶解并被熔体吸收的程度。从精炼工艺要求出发，对于喷吹造渣剂，要求粉粒在熔体内的停留时间应该能够保证他们完全熔化，并充分进行冶金反应。对于喷吹合金化材料，则要求停留时间能使喷入的合金材料完全熔化并被吸收。

粉粒穿过气液界面进入熔体内一段距离后，因为熔体阻力作用粉粒速度变慢最后趋于零，这时粉粒（或已熔化的液滴）将受浮力作用上浮，或随熔体运动。粉粒越细越容易随熔体运动，停留时间也就越长。同时，粉粒的密度愈大愈容易随熔体运动，因为它们上浮困难。粉粒越大上浮越快，停留时间越短。实际上因为粉粒在上浮过程中同时熔化、溶解和进行冶金反应，其直径不断变小，上浮速度也随之变小。

c　粉粒在熔体中的溶解

粉粒溶解过程的限制环节是溶质在液相边界层的扩散，喷太大的粉粒既不易随钢液流动，又来不及在上浮中溶解，收得率不高又不稳定，但如果粉粒过细，难于穿越气液界面进入熔体内部，有相当一部分粉粒随载气从熔体中逸出，利用率也低。因此，每一种粉料都有相应的合适粒度范围。

2.6.2　喂线

喂线法（wire feeding），即 WF 法，即合金芯线处理技术。它是在喷粉基础上开发出来的，是将各类金属元素及附加料制成的粉剂，按一定配比，用薄带钢包覆，做成各种大小断面的线，卷成很长的包芯线卷，供给喂线机作原料，由喂线机根据工艺需要按一定的速度，将包芯线插入到钢包底部附近的钢水中。包芯线的包皮迅速被熔化，线内粉料裸露出来与钢水直接接触进行化学反应，并通过氩气搅拌的动力学作用，能有效地达到脱氧、脱硫、去除夹杂及改变夹杂形态以及准确地微调合金成分等目的，从而提高钢的质量和性能。喂线工艺设备轻便，操作简单，冶金效果突出，生产成本低廉，能解决一些喷粉工艺难以解决的问题。

2.6.2.1 喂线设备

喂线设备的布置如图 2-25 所示。它由 1 台线卷装载机、1 台辊式喂线机、1 根或多根导管及其操作控制系统等组成。喂线机的形式有单线机、双线机、三线机等。其布置形式有水平的、垂直的、倾斜的三种。一般是根据工艺需要、钢包大小及操作平台的具体情况，可选用一台或几台喂线机，分别或同时喂入一种或几种不同品种的线。

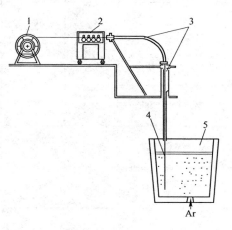

图 2-25　喂线设备布置示意图
1—线卷装载机；2—辊式喂线机；
3—导管系统；4—包芯线；5—钢水包

线卷装载机主要是承载外来的线卷，并将卷筒上的线开卷供给辊式喂线机。一般由卷筒、装载机托架、机械拉紧装置及电磁制动器等组成。开卷时，电子机械制动器分配给线适当的张力，进行灵敏的调节。在每次喂线处理操作后由辊式喂线机的力矩，把线反抽回来，线卷装载机的液压动力电机反向机械装置能自动地调节，保持线上的拉紧张力，便于与辊式喂线机联动使用。

辊式喂线机是喂线设备的主体，是一种箱式整体组装件。其内一般有 6~8 个拉矫输送辊，上辊 3~4 个，底辊 3~4 个。采用直流电机无级调速。设有电子控制设备，可控制无级转速、向前和向后运行，并能预设线的长度可编程序控制和线的终点指示。线卷筒上的制动由控制盘操作。标准喂线机备有接口，可以与计算机连接。

导管是一根具有恰当的曲率半径钢管，一端接在辊式喂线机的输出口，另一端支在钢包上口距钢水面一定距离的架上，将从辊式喂线机输送出来的线正确地导入钢包内，伸至靠近钢包底部的钢水中，使包芯线或实芯线熔化而达到冶金目的。

2.6.2.2 包芯线

钢包处理所使用的线有金属实芯线和包芯线两种。铝一般为实芯线，其他合金元素及添加粉剂则为包芯线，都是以成卷的形式供给使用。目前工业上应用的包芯线的种类和规格很多，见表 2-10。通常包入的元素有：钙、硅钙、碳、硫、钛、铌、硼、铅、碲、铈、锰、钼、钒、硅、铋、铬、铝、锆等。

表 2-10　我国生产的部分芯线品种与规格

芯线种类	芯线截面	规格/mm	外壳厚度/mm	化学成分（质量分数）/%		质量/g·m⁻¹	合金充填率/%
Ca-Si	圆	φ6	0.2	Ca-Si 50	Te 50	68.3	48

芯线种类	芯线截面	规格/mm	外壳厚度/mm	化学成分（质量分数）/%		质量/g·m⁻¹	合金充填率/%
Ca-Si	矩形	12×6	0.2	Ca-Si 55	Te 45	172	56
Fe-B	矩形	16×7	0.3	B 18.47		577.1	80.1
Fe-Ti	矩形	16×7	0.3	Ti 38.64		506.7	74.3
Ca-Al	圆	ϕ4.8	0.2	Ca 36.8	Al 16.5	56.8	
Al	圆	ϕ9.8		Al 99.07		190	
Mg-Ca	圆	ϕ10	0.3	Mg 10	Ca 40	246	52.8

　　包芯线主要参数的选用，需要考虑的是其横断面、包皮厚度、包入的粉料量及喂入的速度。包芯线一般为矩形断面，尺寸大小不等。断面小的用于小钢包，断面大的用于大钢包。包皮一般为 0.2~0.4mm 厚的低碳带钢。包皮厚度的选用需根据喂入钢包内钢水的深度和喂入速度确定。芯线质量：硅钙线约 182g/m，碳芯线约 130g/m，铝芯线约 254g/m。喂入速度取决于包入材料的种类及其需要喂入的数量（例如每吨钢水喂入钙量的速度不宜超过 0.1kg/(t·min)）。喂入速度，硅钙、铝芯线约为 120m/min，碳芯线约为 150m/min。喂入合金元素及添加剂的数量需根据钢种所要求微调的元素数量、钢包中钢水质量以及元素的回收率等来确定。

　　包芯绒的质量直接影响其使用效果，因此，对包芯线的表观和内部质量都有一定要求。

　　(1) 表观质量要求：1) 铁皮接缝的咬合程度。若铁皮接缝咬合不牢固，将使芯线在弯卷打包或开卷矫直使用时产生粉剂泄漏，或在贮运过程中被空气氧化。2) 外壳表面缺陷。包覆铁皮在生产或贮运中易被擦伤或锈蚀，导致芯料被氧化。3) 断面尺寸均匀程度。芯线断面尺寸误差过大将使喂线机工作中的负载变化过大，喂送速度不均匀，影响添加效果。

　　(2) 内部质量要求：1) 质量误差。单位长度的包芯线的质量相差过大，将使处理过程无法准确控制实际加入量。用作包覆的铁皮的厚度和宽度，在生产芯线时芯料装入速度的均匀程度，以及粉料的粒度变化都将影响质量误差。一般要求质量误差小于 4.5%。2) 填充率。单位长度包芯线内芯料的质量与单位包芯线的总质量之比用来表示包芯线的填充率。它是包芯线质量的主要指标之一。通常要求较高的填充率。它表明外壳铁皮薄芯料多，可以减少芯线的使用量。填充率大小受包芯线的规格、外壳的材质和厚薄、芯料的成分等因素影响。3) 压缩密度。包芯线单位容积内添加芯料的质量用来表示包芯线的压缩密度。压缩密度过大将使生产包芯线时难于控制其外部尺寸。反之，在使用包芯线时因内部疏松芯料易脱落浮在钢液面上,结果降低其使用效果。4)化学成分。包芯线的种类由其芯料决定。芯料化学成分准确稳定是获得预定冶金效果的保证。

2.6.2.3 工艺操作要点

钢包喂线处理生产低氧、低硫及成分范围要求较窄的钢种时,需注意下列操作要点:

(1)钢包需采用碱性内衬,使用前钢包内衬温度需烘烤至1100℃以上。

(2)转炉或电弧炉的初炼钢水,应采用挡渣或无渣出钢,或钢包扒渣等操作,以去除钢水中的氧化渣,钢水中 $w(FeO+MnO)$ 必须很低。

(3)大部分铁合金主要在出钢时以块状形式加入钢包中,并用硅铁、锰铁及铝进行脱氧。

(4)出钢时,往钢包中每吨钢水加入6~12kg的合成渣脱硫,并用此渣作为顶渣保护钢水。

(5)从出钢一开始就向钢包吹氩搅拌钢水,应缓慢均匀地搅拌持续10min左右,以便充分脱硫。吹氩的强度,要保证不要把钢水上面约100mm厚的顶渣吹开,以防止钢水与大气接触产生再氧化。

(6)喂线操作,对于只经钢包炉(如LF)精炼的钢水,可在钢包炉精炼后,于钢包炉工位上进行。需经真空处理的钢水,则在真空处理后,于真空工位上大气状态下进行。不需经钢包炉精炼和真空处理的钢水,可在钢包中最终加铝脱氧后10min左右进行,以便提高回收率,准确地控制成分。

(7)喂线速度的控制需根据钢包中钢水的容量、线的断面规格以及钢种所需微调合金的数量和回收率等决定。

(8)喂入线端部的最佳喂入深度是在包底上方100~200mm,喂入线在此熔化和反应。

(9)喂线的终点控制,可采用可编程序控制器设定线的喂入长度(如含30%钙的硅钙粉,一般的喂入量为0.4~0.8kg/t),在设定线的长度喂完后,便自动停止。

(10)在喂线完成后,继续吹氩缓慢搅拌3min左右,良好地保护钢水,防止它与空气、耐火材料或其他粉料发生再氧化。取样分析最终成分后即可运去浇注。

不同容量的钢包喂线工艺参数见表2-11。

表2-11 不同容量的钢包喂线工艺参数

芯线种类	单位消耗/kg·t^{-1}	钢包容量/t	喂线速度/m·s^{-1}	处理时间/min
Si-Ca合金线,Si-Ca-Ba合金线,线径 ϕ11mm	1.3	25~30	1.2~1.5	4~6
		40	1.6~1.8	5~6
		80	2.0~2.3	6~7
		150	2.8~3.0	10
		300	双线2.8~3.0	10

喂线比喷粉具有明显的优点:

(1)操作简单,不需要像喷粉那样复杂的监控装备水平,一个人就能顺利操作。

(2)设备轻便,使用灵活。可以在各种大小容量的钢包内进行。而喷粉只有当钢包容足够大时才能顺利进行。

（3）消耗少，操作费用省。不需昂贵的喷枪，耐火材料消耗少。喂线的氩气消耗量约是喷粉的 1/5~1/4（喂线为 0.04~0.05m³/t（标态），喷粉为 0.16~0.26m³/t（标态））。线的硅钙粉耗量为喷粉的 1/3~1/2（喂线为 0.6~0.8kg/t，喷粉为 1.2~2.0kg/t）。

（4）温降小。喂线操作时间短，且钢水与钢渣没有翻腾现象，一般 80t 左右的钢包喂 0.5~1.5kg/t 的硅钙粉，钢水温度只下降 5~10℃，而喷粉温降达 30℃。

（5）钢质好。经喂线处理的钢水，氢、氧、氮的污染少，而喷粉容易产生大颗粒夹渣和增氢。

（6）功能适应性强。能有效地解决那些易氧化、易受潮和有毒粉料储运及喂入钢水中的问题。用于钢中增碳、增铝方便可靠。

（7）钢水浇注性能好，连铸时堵塞水口的机会比喷粉法少。

（8）操作过程散发的烟气少，车间环保条件比喷粉生产时好。

2.6.2.4　冶金效果

以块状形式把铁合金加入到钢包中微调成分，其收得率低，成分控制准确度差，容易出现钢水成分不合格的废品。而以包芯线的形式微调合金成分，收得率高，再现性强，喂入的元素准确，能把钢水成分控制在很窄的范围内。

用铝脱氧生产铝镇静钢时，会产生高熔点的 Al_2O_3 簇状或角状夹杂，轧制成形时形成串链状夹杂，使钢的横向性能降低，呈各向异性。这种 Al_2O_3 夹杂在钢水浇注温度下为固体颗粒，连铸时容易堵塞水口。对其用钙进行处理，则会改变结构形态，呈球状化，使钢各向同性。同时，这种球状化夹杂在钢水浇注温度下为液态，不致堵塞水口。

喂包芯线钢包处理，不仅对铝镇静钢可以取得较好的冶金效果，而且对低碳硅脱氧钢的氧的活度调节也非常有效。生产实践表明，对于 A42（1010）钢，最终硅含量为 0.2%，要求氧的活度为 0.0015%~0.002%。出钢时原钢水氧的活度为 0.035%。根据回收率，出钢时加入钢水质量的 0.3% 的硅，氧的活度降至 0.0075%，然后用钙进行脱氧，每吨喂入 CaSi 1.5kg（含 Ca 30%，相当每吨喂入钙 0.45kg），便获得所要求的氧的活度 0.0015%。在这种氧活度下，脱硫率可达 70%。所形成的夹杂成分（质量分数）为：SiO_2 45%、CaO 30%、Al_2O_3 20%、MgO 5%，符合钙斜长石塑性化合物，在钢水浇注温度下为液态，连铸时可避免堵塞水口。对于 A37（1006）钢，最终硅含量为 0.1%，要求氧的活度为 0.015%~0.02%。出钢时原钢水氧的活度通常在 0.06% 以上。根据回收率，出钢时加入钢水质量 0.16% 的硅，氧的活度降至 0.018%，然后每吨喂入 0.25kg 的钙（采用含钙 93% 和含镍 5% 的无硅包芯线）即可达到所要求的氧的活度约为 0.011%。喂线处理后所形成的夹杂物，与前述 A42 钢种喂钙处理属同一类型，钢水连铸时也不致堵塞水口。

通过喂线可生产出化学成分范围很窄、用途重要的钢种，并能保证不同炉号的钢材力学性能的均一性。通过喂钙处理，钢中夹杂物能达到很高的球化率，使钢的冷热加工性能改善，薄板和带钢的表面质量提高，高速切削钢的力学性能增强，无缝钢管的氢裂现象减少。通过喂硼处理，可增加钢的淬透性。

2.7 夹杂物的控制

夹杂物控制技术在国外称夹杂物工程（inclusion engineering），它是指根据对钢的组织和性能要求，对钢中夹杂物成分、形态、数量、尺寸及分布在一定工艺条件下进行定量控制。夹杂物控制包括夹杂物总量控制，夹杂物成分、形态及尺寸分布控制。

夹杂物形态控制技术是现代洁净钢冶炼的主要内容之一，不同的钢种对夹杂物的性质、成分、数量、粒度和分布有不同的要求。夹杂物的形态控制就是向钢液加入某些固体熔剂，即变形（性）剂，如硅钙、稀土合金等，改变存在于钢液中的非金属夹杂物的存在状态，达到消除或减小它们对钢性能的不利影响。

众多的研究表明：钢中的氧化物、硫化物的状态和数量对钢的机械和物理化学性能产生很大的影响，而钢液的氧与硫含量、脱氧剂的种类，以及脱氧脱硫工艺因素都将使最终残存在钢中的氧化物、硫化物发生变化。因此，通过选择合适的变形剂，有效地控制钢中的氧硫含量，以及氧化物硫化物的组成，既可以减少非金属夹杂物的数量，还可以改变它们的性质和形状，从而保证连铸机正常运转，同时改善钢的性能。

实际应用的非金属夹杂物的变形剂，一般应具有如下条件：

（1）与氧、硫、氮有较强的相互作用能力；

（2）在钢液中有一定的溶解度，在炼钢温度下蒸气压不大；

（3）操作简便易行，以及收得率高成本低。

钛、锆、碱土金属（主要是钙合金和含钙的化合物）和稀土金属等都可作为变形剂。生产中大量使用的是硅钙合金和稀土合金，可采用喷吹法或喂线法，将其送入钢液深处。

2.7.1 根据化学成分分类

2.7.1.1 简单氧化物

这类氧化物包括 Al_2O_3、SiO_2、MnO、Cr_2O_3、TiO_2、FeO 等。在铝脱氧钢中，钢中的非金属夹杂物主要为 Al_2O_3。在 S-Mn 较弱脱氧钢中，可以观察到 SiO_2、MnO 等夹杂物。

2.7.1.2 复杂氧化物

主要包括各类硅酸盐、铝酸盐、尖晶石（$MgO \cdot Al_2O_3$）类复合氧化物。硅酸盐类夹杂物的通用化学式可写成：$mMnO \cdot nCaO \cdot pAl_2O_3 \cdot qSiO_2$，如锰铝榴石（$3MnO \cdot Al_2O_3 \cdot 3SiO_2$），钙斜长石（$CaO \cdot Al_2O_3 \cdot 2SiO_2$），莫来石（$3Al_2O_3 \cdot 2SiO_2$）。较多存在于弱脱氧钢和 Si-Mn 脱氧钢中。硅酸盐类夹杂物的成分较复杂，其中 MnO、CaO、Al_2O_3、SiO_2 的相对含量取决于脱氧剂、钢液 [O] 含量、炉外精炼采用的炉渣成分等。

铝酸盐类夹杂物主要为钙或镁的铝酸盐，化学式可写为：$mCaO(MgO) \cdot nAl_2O_3$，这里 CaO 或 MgO 与 Al_2O_3 的组成比例变化较多。铝酸盐类夹杂物主要存在于各类铝脱氧钢、向钢液加入钙后形成的钙处理钢，以及采用高碱度炉渣进行炉外精炼的钢中。

尖晶石类氧化物常用化学式 $AO \cdot B_2O_3$ 来表示，其中，A 为二价金属，如 Mg、Mn、Fe 等；B 为三价金属，如 Pe、Cr、Al 等。

2.7.1.3　硫化物

钢中的硫化物主要为 MnS、FeS、CaS 等。由于 Mn、Ca 与 S 具有强的亲和力，向钢水中加入 Mn、Ca 时就会生成硫化物。

2.7.1.4　氮化物

当在钢中加入 Ti、Nb、V、Al 等与氮亲和力较大的元素时，能形成 TiN、NbN、VN、AlN 等氮化物。

2.7.2　根据夹杂物尺寸分类

通常将尺寸大于 $100\mu m$ 的夹杂物称为大型夹杂物；尺寸在 $1 \sim 100\mu m$ 的为显微夹杂物；小于 $1\mu m$ 的为亚显微夹杂物。在纯净钢中的亚显微夹杂物包括氧化物、硫化物和氮化物，总数约为 10^{11} 个/立方厘米，其中氧化物夹杂约有 10^8 个/立方厘米。一般认为这种微小氧化物夹杂对钢质无害，目前对它们在钢中的作用还研究不多。显微夹杂主要是脱氧产物，这类夹杂物的对高强度钢材的疲劳性能和断裂韧性影响很大，其含量与钢中的氧含量有很好的对应关系。大颗粒夹杂在纯净钢中的数量是很少的，主要为外来夹杂物或钢水二次氧化时生成的夹杂物。虽然它们只占钢中夹杂物总体积的 1%，但却对钢的性能和表面质量影响最大。

2.7.3　根据夹杂物的变形性能分类

根据非金属夹杂物在钢热加工过程中的变形性能，可将夹杂物分为如下几种：

（1）脆性夹杂物：指那些不具有塑性的氧化物和氧化物玻璃。当钢经受热加工变形时，这类夹杂物的形状和尺寸不发生变化，但夹杂物的分布有变化。氧化物夹杂在钢锭中成群（簇）出现；钢经热加工变形后，氧化物颗粒沿钢延伸方向排列成串，呈串链状。如刚玉（见图 2-26）、尖晶石和石英等。

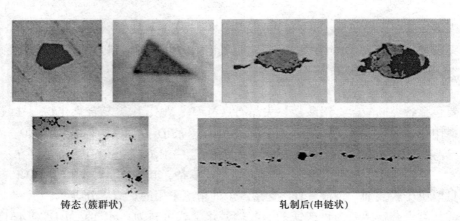

铸态（簇群状）　　　　　　　　　轧制后（串链状）

图 2-26　脆性夹杂物（Al_2O_3）

（2）塑性夹杂物：这类夹杂物在钢经受热加工变形时具有良好的塑性并沿着钢塑性流变的方向延伸成条带状，如硫化锰、低熔点硅酸盐（见图 2-27）。

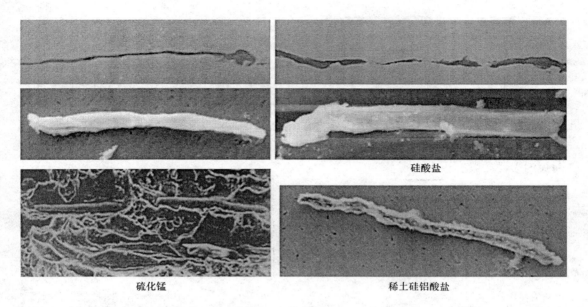

硅酸盐

硫化锰　　　　　　　　　　稀土硅铝酸盐

图 2-27 塑性夹杂物（热加工后）

（3）点状不变形夹杂物：这类夹杂物在钢锭中或在铸钢中呈球形或点状，钢经变形后夹杂物保持球状或点状不变。如硫化钙、铝酸钙（见图 2-28）

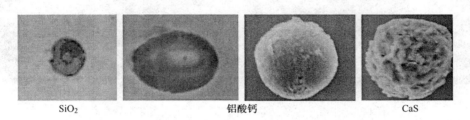

SiO_2　　　　　　铝酸钙　　　　　　CaS

图 2-28 点状不变形夹杂物

（4）半塑性夹杂物：指各种复相的铝硅酸盐夹杂（见图 2-29）。夹杂物的基底铝硅酸盐玻璃（或硫化锰）一般在钢经受热加工变形时具有塑性，但是在夹杂物基底上分布的析出相晶体(如刚玉、尖晶石类氧化物)不具有塑性。当析出相的相对量较大时，脆性的析出相好像是被一层塑性相的膜包着。钢经热变形后，塑性的夹杂物相多少随钢变形延伸，而脆性夹杂物相不变形，仍保持原来形状，只是或多或少地拉开了夹杂物颗粒之间的距离。

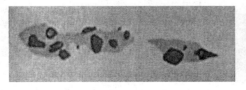
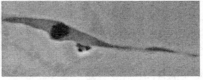

图 2-29 半塑性夹杂物

2.7.4　根据夹杂物来源分类

2.7.4.1　外来夹杂物

外来非金属夹杂物是由于耐火材料、熔渣等在钢水的冶炼、运送、浇注等过程中进入钢液并滞留在钢中而形成的夹杂物。与内生夹杂物相比，外来夹杂物的尺寸大且经常位于钢的表层，因而具有更大的危害。近年来，随着连铸拉速的提高，结晶器保护渣被转入钢液而形成的外来夹杂物的比例在增加（见图2-30），此类夹杂物对汽车、家电用优质冷轧薄板的表面质量有很大危害。

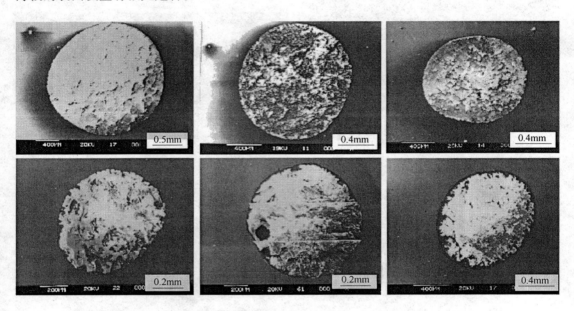

图2-30　来源于连铸结晶器保护渣的钢中大型非金属夹杂物

2.7.4.2　内生夹杂物

内生类夹杂物是指液态或固态钢内，由于脱氧、钢水钙处理等各种物理、化学反应而形成的夹杂物，大多是氧硫氮的化合物。内生夹杂物形成的时间可分为四个阶段：（1）钢液脱氧等化学反应的产物被称为原生（或一次）夹杂物；（2）在浇注凝固前由于钢液温度下降、反应平衡发生移动，而生成的脱氧反应产物被称为二次夹杂物；（3）钢液凝固过程中形成的夹杂物被称为再生（或三次）夹杂物；（4）钢凝固后发生固态相变时，由于组元溶解度的变化而生成的夹杂物被称为四次夹杂物。

 复习思考题

2-1　顶渣控制的目的是什么，有何方法？

2-2　渣洗有何精炼作用？

2-3　搅拌方法有哪些？

2-4 吹氩的精炼原理是什么，吹氩精炼的作用有哪些？

2-5 加热方法有哪些，各有何特点，正确选择精炼加热工艺，应重点考虑哪些因素？

2-6 真空泵的主要性能指标有哪些，蒸汽喷射泵具有哪些优点？

2-7 降低钢中气体有哪些措施？

2-8 "脱碳保铬"的途径有哪些？

2-9 何谓喷射冶金？简述其作用。

2-10 简述喂线工艺操作要点。

2-11 钢中夹杂物如何分类？

3 炉外精炼生产工艺

3.1 RH 法与 DH 法

3.1.1 RH 精炼法

RH 精炼法，以下称 RH 法，是 1957 年由联邦德国 Rheinstahl 公司和 Heraeus 公司共同开发的真空精炼技术与装备，又称真空循环脱气法。设计的最初目的是用于钢液的脱氢处理。50 多年来这项技术已经高度发展和广泛应用，到 2000 年全世界已投产的 RH 法工业装置有 160 余台，可处理的最大钢包容量达 400t。我国早在 20 世纪 60 年代大冶钢厂从联邦德国 MESSO 公司引进了 1 台 RH 装置；20 世纪 70～80 年代武钢二炼钢从联邦德国分别引进了两套 RH 装置，用于硅钢生产；后来宝钢、攀钢、鞍钢、本钢、太钢等也相继建成投产了 RH 装置。

RH 法是国际上出众的、在钢包中对钢液进行连续循环处理的方法，主要适合现代氧气转炉炼钢厂或超高功率电弧炉炼钢厂。

3.1.1.1 RH 法的基本原理

如图 3-1 所示，钢液脱气是在砌有耐火材料内衬的真空室内进行。脱气时将浸入管（上升管、下降管）插入钢水中，当真空室抽真空后钢液从两根管内上升到压差高度。根据气力提升泵的原理，从上升管下部约 1/3 处向钢液吹氩等驱动气体，使上升管的钢液内产生大量气泡核，钢液中的气体就会向氩气泡扩散，同时气泡在高温与低压的作用下，迅速膨胀，使其密度下降。于是钢液溅成极细微粒呈喷泉状以约 5m/s 的速度喷入真空室，钢液得到充分脱气。脱气后由于钢液密度相对较大而沿下降管流回钢包，即钢液实现钢包→上升管→真空室→下降管→钢包的连续循环处理过程。

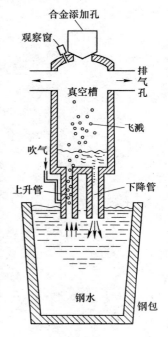

图 3-1　RH 法原理图

3.1.1.2 RH 法主要设备

RH 法设备由以下部分组成：（1）真空室；（2）浸入管（上升管、下降管）；（3）真空排气管道；（4）合金料仓；（5）循环流动用吹氩装置；（6）钢包（或真空室）升降装置；（7）真空室预热装置（可用煤气或电极加热）。一般设两个真空室，采用水平或旋转式更换真空室，真空排气系统采用多个真空泵，以保证一般真空度在 50～100Pa，极限真空度在 50Pa 以下。RH 法装置有三种结构形式：脱气室固定式、脱气室垂直运动式或脱气室旋转升降式。

　　A　RH 法真空室

　　a　RH 法真空室主体设备

　　RH 法真空室是 RH 法精炼冶金反应的熔池，冶金化学反应的表面积决定了 RH 法真空精炼反应速度。近几十年来，RH 法真空室的直径与高度逐渐增大增高。武钢在不同时期建成的 RH 法真空精炼设备的真空室形状变化如图 3-2 所示。

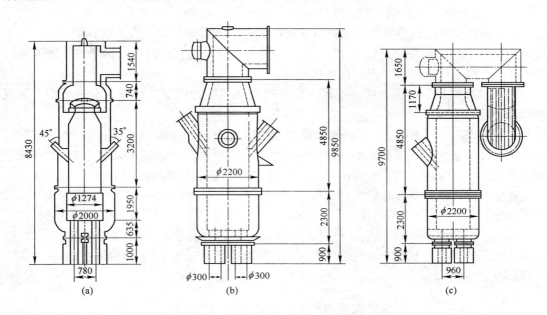

图 3-2　武钢 RH 法真空室形状的变化

(a) 1974 年建设的 1 号 RH 法真空室；(b) 1985 年建设的 2 号 RH 法真空室；
(c) 1993 年改建的新 1 号 RH 法真空室

　　b　RH 法真空室的支撑方式

　　RH 法真空室的支撑方式对设备的作业率、合金添加能力、工艺设备的布置、设备占地面积等有直接影响。RH 法真空室的支撑方式概括有以下三种：（1）真空室旋转升降方式；（2）真空室上下升降方式；（3）真空室固定钢包升降方式。

　　c　RH 法真空室的交替方式

　　为了提高 RH 法真空精炼炉的作业率，目前广泛采用双真空室，甚至三真空室交替方式。真空室交替方式可以分为双室平移式、转盘旋转式、三室平移式。

　　d　真空室的加热

　　真空室的加热方式有两种：煤气烧嘴加热和石墨电极加热，或两者配合使用方式。两种方式特点如下：

　　（1）煤气烧嘴加热结构简单、节省电能，但处理过程中及间隙时间不能加热，加热过程中真空室处于氧化气氛，影响钢水质量。

　　（2）石墨电极加热处理过程中及间隙时间可以加热，加热温度高且稳定，加热过程中真空室处于中性气氛。其缺点是费用较高以及万一电极掉入真空室会带来增碳问题。

B 铁合金加料系统

现代 RH 法真空精炼系统均设有一套适合于生产工艺需要的合金加料系统。一般采用高架料仓布料方式。其主要设备有旋转给料器、真空料斗及真空电磁振动给料器等。

3.1.1.3 RH 法工艺参数

RH 法的主要工艺参数包括处理容量、脱气时间、循环流量、循环系数、真空度等。

（1）处理容量：在 RH 法处理过程中，为了减小温降，处理容量一般较大（大于 30t），以获得较好的热稳定性。国外由于转炉或电炉容量较大，基本上没有很小的 RH 法设备，RH 法处理容量一般都在 70t 以上。大量生产经验表明，钢包容量增加，钢液温降速度降低，脱气时间增加，钢液温度损失增大。

（2）脱气时间：为保证精炼效果，脱气时间必须得到保证，其主要取决于钢液温度和温降速度。

（3）循环流量：RH 法的循环流量是指单位时间通过上升管（或下降管）的钢液量，一般指每分钟多少吨。适当增加气体流量可增加环流量，当钢中氧含量很高时，由于真空下的碳氧反应，可能降低两相流密度，从而导致钢液环流量的降低。胡汉涛、魏季和等人研究提出：随着吹气管孔径扩大，RH 法钢包内液体流态几乎不变，而环流量增大，混合时间缩短。

（4）循环因素：循环因素又称循环次数，是指通过真空室钢液量与处理容量之比。钢液的混合情况是控制钢液脱气速度的重要环节之一，一般为了获得好的脱气效果，可将循环因数选在 3~5。

3.1.1.4 RH 法真空精炼的冶金功能与冶金效果

A RH 法技术特点

RH 法利用气泡将钢水不断地提升到真空室内进行脱气、脱碳等反应，然后回流到钢包中。因此，RH 法处理不要求特定的钢包净空高度，反应速度也不受钢包净空高度的限制。与其他各种真空处理工艺相比，RH 法技术的优点是：

（1）反应速度快，表现脱碳速度常数可达到 3.5/min。处理能力大、周期短，一般一次完整的处理约需 15min，即 10min 处理时间，5min 合金化及混匀时间；用于深脱碳和脱氢处理也可以在 30min 内完成。适于大批量处理，生产效率高，常与转炉配套使用。

（2）反应效率高，钢水直接在真空室内进行反应。

（3）可进行吹氧脱碳和二次燃烧进行热补偿，减少处理温降。

（4）可进行喷粉脱硫，生产超低硫钢。

B RH 法的冶金功能和冶金效果

现代 RH 法的冶金功能已由早期的脱氢发展到现在的深脱碳、脱氧、去除夹杂物等十余项冶金功能，如图 3-3 所示。

脱氢：早期 RH 法以脱氢为主。经 RH 法处理，一般能使钢中的氢降低到 0.0002% 以下。现代 RH 法精炼技术通过提高钢水的循环速度，可使钢水中的氢降至 0.0001% 以下。经循环处理，脱氧钢脱氢率约 65%，未脱氧钢脱氢率约 70%。

脱碳：RH 法真空脱碳能使钢中的含碳量降到 0.0015% 以下。

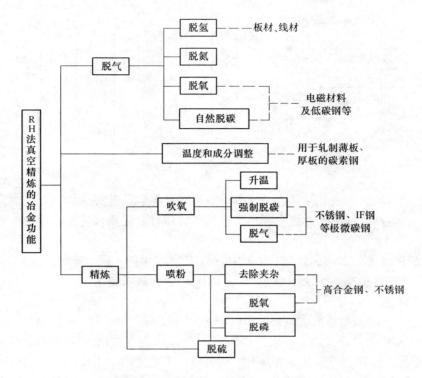

图 3-3 RH 法真空精炼的冶金功能

脱氧：RH 法真空精炼后 $w(\mathrm{T[O]}) \leqslant 0.002\%$，如和 LF 法配合，钢水 $w(\mathrm{T[O]}) \leqslant 0.001\%$。

脱氮：RH 法真空精炼脱氮一般效果不明显，但在强脱氧、大氩气流量、确保真空度的条件下，也能使钢水中的氮降低 20% 左右。

脱硫：向真空室内添加脱硫剂，能使钢水的含硫量降到 0.0015% 以下。采用 RH 法内喷射法和 RH-PB 法，能保证稳定地冶炼 $w[\mathrm{S}] \leqslant 0.001\%$ 的钢，某些钢种甚至可以降到 0.0005% 以下。

添加钙：向 RH 法真空室内添加钙合金，其收得率达 16%，钢水的 $w[\mathrm{Ca}]$ 达到 0.001% 左右。

成分控制：向真空室多次加入合金，可将碳、锰、硅的成分精度控制在 ±0.005% 水平。

升温：RH 法真空吹氧时，由于铝的放热，能使钢水获得 4℃/min 的升温速度。

3.1.1.5 RH 法的基本操作工艺

RH 法操作的基本过程如图 3-4 所示。

3.1.1.6 RH 法各类技术的发展

RH 法具有处理周期短、生产能力大、精炼效果好、容易操作等一系列优点，在炼钢生产中广泛应用。经过 50 多年发展，RH 法已经由原来的单一的脱气设备逐渐扩展为包

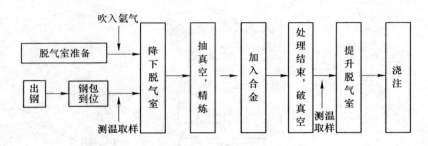

图 3-4   RH 法操作过程简图

含钢液的脱碳、脱氧、成分控制、温度补偿、喷粉脱硫和改变夹杂物形态等的多功能二次精炼装置。在生产超低碳钢方面表现出了显著的优越性，是现代化钢厂中的一种重要的炉外精炼设备。

自 1980 年以来，RH 法技术开发集中在以下三方面：（1）充分利用 RH 法的功能；（2）将 RH 法与其他精炼方法配合使用；（3）RH 法的多功能化。

A   RH-O 法

RH-O 法（RH 顶吹氧）是 1969 年联邦德国蒂森钢铁公司恒尼西钢厂的 Franz Josef Hann 博士等人开发的，该法第一次用铜质水冷氧枪从真空室顶部向循环着的钢水表面吹氧，强制脱碳、升温。用于冶炼低碳不锈钢。由于工业生产中氧枪结瘤和氧枪动密封问题难以解决，而当时 VOD 精炼技术能较好满足不锈钢生产的要求，故 RH-O 法技术未能得到广泛应用。

B   RH-OB 法

RH-OB（RH-oxygen blowing）法是 1972 年在日本新日铁室兰厂根据 VOD 冶炼不锈钢的原理而开发的真空吹氧技术。它是在 RH 真空室的侧壁上安装一支氧枪，向真空室内的钢水表面吹氧。设备上采用双重管喷嘴，埋在真空室底部侧墙上；喷嘴通氩气保护。如图 3-5（a）所示。德国也称为 RH-O 法。后来新日铁室兰厂和名古屋厂开发了将用氩气或乳化油冷却的 OB 喷嘴埋入 RH 法真空室吹氧，增加吹入真空室的氩气和乳化油的用量，从而增大反应界面，增大搅拌力，称为 RH-OB-FD 法。这些方法可以将 RH 法真空室内的钢液加速脱碳，可使 $w[C] < 0.002\%$；可以向 RH 法真空室内加入铝、硅等发热剂对钢液进行升温等。使用铝热法可使钢液升温速度达到 4℃/min。

C   RH 法轻处理

RH 法轻处理工艺是 1977 年日本新日铁大分厂开发的。它是利用 RH 法的搅拌、脱碳功能，在低真空条件（工作压力可在 1.3 ~ 40kPa）下，对未脱氧钢水进行短时间处理，同时将钢水温度、成分调整到适于连铸工艺要求。

其基本过程是：将转炉冶炼的未脱氧钢或半脱氧钢，先在 20 ~ 40kPa 的真空度下碳脱氧（10min 左右），然后在 1.333 ~ 6.666kPa 下加脱氧剂脱氧（约 2min），并进行微调，使钢液成分和温度达到最适合连铸的条件。和一般 RH 处理相比，它的处理时间短，能量消耗和温度下降都较低，铁合金收得率提高（如加铝脱氧时，钢中氧浓度比普通方法（不处理）约低 400×10^{-6}，因而铝的收得率显著提高）。

将该法和 RH-OB 法相结合的 RH-OB 法轻处理法，使转炉实现恒定的终点碳操作成为

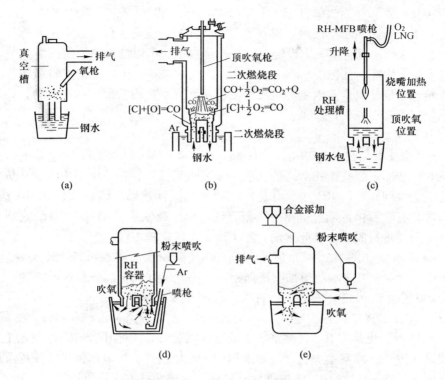

图 3-5　RH 法的改进形式

（a）RH-OB 法；（b）RH-KTB 法；（c）RH-MFB 法；（d）RH-Injection 法；（e）RH-PB（浸渍吹）法

可能。该方法中，终吹的目标碳量可始终定在 0.1%，然后转送到 RH-OB 法中进一步脱碳。轻处理法适用于一般的大量生产的钢材，以降低铁合金消耗，减轻转炉负担并提高质量。

与之对应的是 RH 法本处理，也称深处理，是在不大于 400Pa 下保证一定必要时间，以深脱碳、脱氢或碳脱氧为处理目的的操作工艺。

D　RH-KTB 法

RH 法真空吹氧技术的发展经历了 RH-O→RH-OB→RH-KTB 法三个阶段。RH 法操作上的问题之一是长时间处理时钢液温度的降低，导致金属附着在真空室的内壁上。作为其对策，最初尝试了在真空室内设置电阻加热器和向钢液中投入硅和铝、利用其氧化热的方法等。

RH-KTB 法是 1989 年由日本川崎钢公司开发，其作用是通过 RH 真空室上部插入真空室的水冷氧枪向 RH 真空室内钢水表面吹氧，加速脱碳，提高二次燃烧率，减少温降速度，如图 3-5（b）所示。RH-KTB 法也应用喷粉脱硫技术。有些文献又把它简写为 RH-TB 法。此方法把脱碳产生的 CO 在真空室内燃烧成 CO_2，加热真空室内壁，期望脱碳反应使钢液升温。由此消除了金属的附着，进而得以提高转炉的终点碳，缩短转炉吹炼时间。

E　RH-MFB 法

RH-MFB 法是 1993 年新日铁厂开发的名为"多功能喷嘴"的真空顶吹氧技术。从顶吹喷枪供给燃气或氧气，不仅进行预热，在 RH 法处理中也用燃气进行加热。不使用燃气时，进行吹氧脱碳和加铝吹氧升温。其冶金功能和 KTB 法真空顶吹氧技术相近，是提高钢水温度和防止金属在真空槽内壁附着的方法，同时也适合于极低碳钢的吹炼。

此法是在 RH 法真空室上方设置了上下升降自由、可以按需要使用纯氧或者"纯氧 + LNG"的多功能烧嘴，如图 3-5（c）所示。"纯氧 + LNG"在处理钢液时和等待时通入天然气，天然气燃烧使真空室内壁和钢液升温，清除真空室内壁形成的结瘤物；纯氧则用于铝的氧化使钢液升温并促进脱碳。

F　RH 法喷粉技术

RH 法喷粉技术是在 RH-OB 法，RH-KTB 法设备的基础上增加了喷粉技术，实现了脱硫、脱氧和改变非金属夹杂物形态的功能。一般喷粉技术存在从熔剂中吸氢、从大气中吸氮及可能混渣等问题，而 RH 法具有良好的脱气和搅拌效果。结合喷粉和 RH 法的优点，出现了一些具有喷粉精炼功能的 RH 法新方法。由于喷吹了 $CaO\text{-}CaF_2$ 系脱硫剂，可以在真空脱气的同时进行脱硫。在此之前，用 RH 法脱硫比较困难。

RH-Injection 法如图 3-5（d）所示，也称 RH 喷粉法。即在进行 RH 法处理的同时，用插入 RH 真空室上升吸嘴的下部喷枪向钢水内喷吹氩气和合成渣粉料的方法，主要强化脱硫。RH 喷粉法于 1983 年在日本新日铁大分厂开发。

1985 年在日本新日铁名古屋厂开发的 RH-PB 法（RH-powder blowing，浸渍法），如图 3-5（e）所示，也是在 RH 真空室的下部增设喷吹管，向循环着的钢液喷入精炼用的粉剂。采用这些方法，真空室中脱硫剂粉末和钢液激烈搅拌，显著地促进了脱硫反应，可以得到 $w([S]) < (5 \sim 10) \times 10^{-4}\%$ 的钢水。另外，上述两种方法还可用于夹杂形态的控制，如果使用铁矿粉代替脱硫剂，也可用于超低碳钢的冶炼。

与上述两种方法相类似，1994 年在日本住友金属和歌山厂，开发了由 RH 法真空室的顶部向真空室插入一支水冷喷枪，向真空室钢液表面喷吹合成渣粉剂的 RH-PTB 法（RH-powder top blowing）。该法利用水冷顶枪进行喷粉，喷嘴不易堵塞，不使用耐火材质的浸入式喷粉枪，操作成本较低，载气耗量小。该方法为生产超低碳深冲钢和超低硫钢种开辟了一条新途径。

其他方面，对 RH 法的真空室也作了一系列的改进，如真空室和两根插入管均设计成垂直的圆筒形，这样便利制造和维修；为了处理未脱氧钢，有将真空室高度增大的趋势；增大上升管的内径，或将双管式改成三管式，即改成有两根上升管和一根下降管，这样可提高钢液的循环流量；改弥散型的吹氩环为数根不锈钢的吹氩管（$\phi 3\,mm$），并装于上升管的两处（上下相距 $50 \sim 300\,mm$）吹氩，以稳定吹氩操作和提高上升管的寿命。

3.1.1.7　RH 的技术应用

RH 法精炼装置用于超低碳钢深脱碳和厚板、管线、重轨等钢种脱氢，工艺技术已很成熟。目前，以生产热轧、冷轧带钢为主的钢厂，如韩国浦项钢铁公司、中国台湾中钢等，增建 RH 装置，开始应用于普通热轧低碳钢种、冷轧钢种。

高效、快速精炼是 RH 法比其他精炼工艺所具有的另一突出优势，目前 RH 法用于钢水深脱碳和脱氢均可以在 30min 内完成精炼，用于 LCAK 钢（低碳铝镇静钢）"轻处理"则可以在 20min 内完成。对于 RH 法精炼的成本目前有不同认识，大量采用 RH 法精炼的钢厂，RH 法的主要动力为转炉炼钢回收的蒸汽，连续大量使用 RH 法又可将吨钢耐火材料消耗降低至较低水平，因此 RH 法的实际生产成本并不高。如住友金属和歌山钢厂已实现脱磷预处理转炉 + 脱碳转炉 + RH 法精炼"零"能耗生产。精炼效率高、周期短、生产成本低是目前普通钢种逐步大量采用 RH 的主要原因。

RH 法用于普通热轧带钢生产，则主要与近年来在两方面的炼钢技术进步有关：（1）由于铁水脱硫预处理等技术进步，转炉出钢钢水硫含量显著降低，因此对多数普通热轧带钢钢类，不必再用精炼工序进行脱硫，对超低硫的钢种可采用 RH-PB 法技术；（2）许多 3 座转炉的钢厂采用 3 台 RH 法精炼装置，RH 法精炼比增加至 75% 左右，使普通热轧钢种采用 RH 法成为可能。在大量连续使用 RH 法的条件下，对普通低碳热轧钢类采用 RH 法精炼，与以往采用 LF 法或钢包吹氩精炼工艺相比，能够在生产成本相近情况下，得到更好的精炼质量和连铸连浇效果。

3.1.2 DH 精炼法

DH 精炼法于 1956 年由联邦德国 Dortumund Horder 公司开发，又称真空提升脱气法。其主要设备由真空室、提升机构、加热装置、合金加入系统和真空系统等构成，如图 3-6 所示。

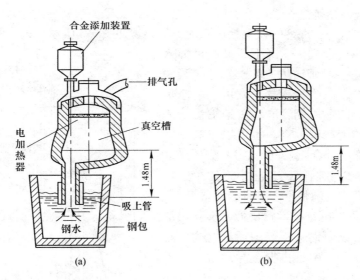

图 3-6 DH 法工作原理
（a）钢包上升到高位置（或真空室下降）钢液被吸入真空室；
（b）钢包下降到低位置（或真空室上升）部分钢液回流到钢包

此法是在钢液已基本精炼完毕后，根据压力平衡原理进行脱气处理。钢液出炉入包后，将真空室下部的吸管插入钢液内，真空室抽气减压至 $14 \sim 67Pa$，与外界大气间形成压力差，钢液就沿吸管上升到真空室内进行脱气。当钢包和真空室的相对位置改变时（钢包下降或真空室提升），脱气后的钢液就会重新返回到钢包内。这样反复改变钢包和真空室的相对位置（每升降一次处理钢液的量为钢包容量的 1/10 ~1/6），就使钢液分批进入真空室接受处理，直至处理结束为止。处理后钢液在大气下浇注或进行气体保护浇注。

DH 法的脱气效果取决于钢液吸入量、升降次数、停顿时间、升降速度和提升行程等。

DH 法具有如下的优点：（1）脱气效果较好；（2）适于大量的钢液脱气处理；（3）真空室可用石墨电阻棒电加热，所以钢液温降较小；（4）由于处理时 C—O 反应激烈，脱气效果好，加速了脱碳过程，可用来生产低碳钢；（5）真空下添加的合金又经过强烈的搅拌，其收得率高达 90% ~ 100%，而且均匀化，能准确地调整钢液成分。

但是 DH 法设备较复杂，操作费用和设备投资、维护费用都较高，逐渐被 RH 法所替代。

3.2　LF 法与 VD 法

3.2.1　LF 法

LF（ladle furnace）法由日本大同特殊钢公司于 1971 年开发，是在非氧化性气氛下，通过电弧加热、造高碱度还原渣，进行钢液的脱氧、脱硫、合金化等冶金反应，以精炼钢液。为了使钢液与精炼渣充分接触，强化精炼反应，去除夹杂，促进钢液温度和合金成分的均匀化，通常从钢包底部吹氩搅拌。它的工作原理如图 3-7 所示。钢水到站后将钢包移至精炼工位，加入合成渣，降下石墨电极插入熔渣中对钢水进行埋弧加热，补偿精炼过程中的温降，同时进行底吹氩搅拌。它可以与电炉配合，取代电炉的还原期，能显著地缩短冶炼时间，使电炉的生产率提高。也可以与氧气转炉配合，生产优质合金钢。同时，LF 法还是连铸车间，尤其是合金钢连铸车间不可缺少的控制钢液成分、温度及调整生产节奏的设备。

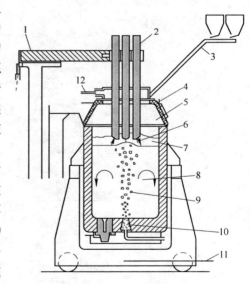

图 3-7　LF 法示意图
1—电极横臂；2—电极；3—加料料槽；
4—水冷炉盖；5—炉内惰性气氛；6—电弧；
7—炉渣；8—气体搅拌；9—钢液；
10—透气塞；11—钢包车；12—水冷烟罩

LF 法因设备简单，投资费用低，操作灵活和精炼效果好而成为钢包精炼的后起之秀，在我国的炉外精炼设备中已占据主导地位。据不完全统计，2002 年全世界共有 LF 钢包炉 300 多台。从 1980 年西安电炉研究所自行设计第一台 40t LF 炉起，至 1999 年重庆钢铁设计研究院自行设计并成套向宝钢一炼钢提供 1 台 300t LF 的顺利建成投产，我国 LF 的国产化取得了长足的进步。到 2007 年年底，我国 LF 法装置达 295 台。使用宝钢一炼钢的 300t LF 炉已成为生产低硫管线钢的重要手段。生产的 X70 钢，LF 法处理的钢中 $w[S] < 0.002\%$。宝钢自 1982 年建成 LF 以来，经 LF 法处理的轴承钢已达到瑞典 SKF 的实物质量水平，年处理量已超过 10 万吨，处理品种达 30 多个；LF 法平均处理时间 30min，每吨钢耗电值在 20kW·h 以下；经

LF 法处理的轴承钢 $w[O] < 0.002\%$，还成功利用 LF 法精炼生产了超低碳不锈钢。

由于常规 LF 法没有真空处理手段，如需要进行脱气处理，可在其后配备 VD 或 RH 等真空处理设备。或者在 LF 原设备基础上增加能进行真空处理的真空炉盖或真空室，这种具有真空处理工位的 LF 法又称作 LFV 法（ladle furnace + vacuum（真空））。

3.2.1.1 LF 法的设备构成

LF 法的主要设备包括：（1）钢包；（2）电弧加热系统；（3）底吹氩系统；（4）测温取样系统；（5）控制系统；（6）合金和渣料添加装置；（7）适应一些初炼炉需要的扒渣工位；（8）适应一些低硫及超低硫钢种需要的喷粉或喂线工位；（9）LFV 为适应脱气钢种需要的真空工位；（10）炉盖及冷却水系统。

A 钢包

LF 法的炉体本身就是浇注用钢包，但与普通钢包又有所不同。钢包上口外缘装有水冷圈（法兰），防止包口变形和保证炉盖与之密封接触，底部装有滑动水口和吹氩透气砖。当钢包用于真空处理时，钢包壳需按气密性焊接的要求焊制。LF 法钢包内熔池深度 H 与熔池直径 D 之比是钢包设计时必须考虑的重要参数，钢包的 H/D 数值影响钢液搅拌效果、钢渣接触面积、包壁渣线部位热负荷、包衬寿命及热损失等。一般精炼炉的熔池深度都比较大。在钢液面以上到钢包口还要留有一定的自由空间高度，即空高，一般为 $500 \sim 600\mathrm{mm}$，在进行真空处理时要达到 $1000 \sim 1200\mathrm{mm}$。

为了对钢液进行充分的精炼，为连铸提供温度和成分合格的钢水，使钢水得到热量补充是十分必要的。但是应当尽量缩短时间，以减少吸气和热损失。提高升温速度，仅靠增加输入功率是不够科学的，还应注意钢包的烘烤、提高烘烤温度、缩短钢包的运输时间。

根据 LF 法容量的不同，钢包底部透气砖的块数一般不同。大钢包如 60t 以上的钢包可以安装两块透气砖。更大一些的可以安装三块透气砖。正常工作状态开启两块透气砖，当出现透气砖不透气时开启第三块透气砖。透气砖的合理位置可以根据经验决定，也可以根据水力学模型决定。

B 电弧加热装置

LF 法电弧加热系统与三相电弧加热装置相似，电极支撑与传动结构也相似，只是尺寸随钢包炉结构而异。由于电极通过炉盖孔插入泡沫渣或渣中，故称埋弧加热。钢包炉加热所需电功率远低于电弧炉熔化期，且二次电压也较低。

LF 法精炼时钢液面稳定，电流波动较小。如果吹气流量稳定并且采用埋弧加热，那么基本上不会引起电流的波动。因此，不会产生很大的因闪烁造成的冲击负荷。所以从断网开始的所有导电部件的电流密度都可以选得比同容量的电弧炉大得多。LF 炉用变压器次级电压通常也设计制作有若干级次，但因加热电流稳定，加热所需功率不必变化很大，所以选定某一级电压后，一般不作变动，故变压器设计不必采用有载调压，设备可以更简单可靠。

从 LF 法的工作条件来说，要比电弧炉好一些，因为 LF 法没有熔化过程，而且 LF 法大部分加热时间都是在埋弧下进行。熔化的都是渣料和合金固体料，因此应选用较高的二次电压。LF 法的加热速度一般要达到 $3 \sim 5\mathrm{℃/min}$。

　　LF 法精炼期，钢水已进入还原期，往往对钢水成分要求较严格。又由于采用低电压、大电流埋弧加热法，有增碳的危险性。为了防止增碳，电极调节系统要采用反应良好，灵敏度高的自动调节系统。LF 炉的电极升降速度一般为 2～3m/min。

　　C　炉盖

　　为保证炉内加热时的还原气氛或（当有真空精炼时）真空密封性，炉盖下部与钢包上口接触应采用密封装置。现在，炉盖大都采用水冷结构型。为保护水冷构件和减少冷却水带走热量，在水冷炉盖的内表面衬以捣制耐火材料，下部悬挂铸造的保护挡板，以防钢液激烈喷溅，黏结炉盖，使炉盖与钢包边缘焊死，无法开启。

　　D　LFV 真空装置

　　LFV 真空装置一般由蒸汽喷射泵、真空管道、充氮罐、真空炉盖（或真空室）、提升机构和真空加料装置等设备组成。

　　蒸汽喷射泵的能力一般要根据处理钢水量、处理钢种、精炼工艺、真空体积等因素来选择。例如，对于中小容量的 LFV（30～50t），处理要求一般纯洁度的钢种，采用桶式结构真空，蒸汽喷射泵的能力一般为 150kg/h；而对于同样容量的 LFV，处理对象相同时，采用罐式结构真空，蒸汽喷射泵的能力为 250kg/h。LFV 的真空度一般为27～67Pa。

3.2.1.2　LF 法的精炼功能

　　LF 法精炼过程的操作可简化为：埋弧加热、惰性气体搅拌、碱性白渣精炼、惰性气体保护。LF 法的精炼功能如图 3-8 所示。

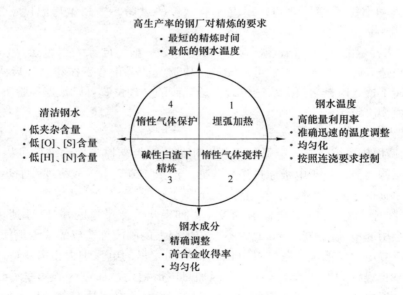

图 3-8　LF 法精炼功能

　　LF 精炼法能够通过强化热力学和动力学条件，使钢液在短时间内得到高度净化和均匀。LF 法的精炼功能如下：

　　（1）埋弧加热功能。采用电弧加热，能够熔化大量的合金元素，钢水温度易于控制，满足连铸工艺要求。LF电弧加热时电极插入渣层中采用埋弧加热法，电极与钢液之间产生的电弧被白渣埋住，这种方法的辐射热小，对炉衬有保护作用，热效率较高，电弧稳定，减少了电极消耗，还可防止钢液增碳。

（2）惰性气体保护功能。精炼时由于水冷炉盖及密封圈的隔离空气作用，烟气中大部分是来自搅拌钢液的氩气。烟气中其他组分是CO、CO_2及少量的氧和烟尘，保证了精炼时炉内的还原气氛，钢液在还原条件下可实现进一步的脱氧、脱硫。

（3）惰性气体搅拌功能。底吹氩气搅拌有利于钢液的脱氧、脱硫反应的进行，可加速渣中氧化物的还原，对回收铬、钼、钨等有价值的合金元素有利；吹氩搅拌也利于加速钢液中的温度与成分均匀，能精确的调整复杂的化学组成；吹氩搅拌还可以去除钢液中的非金属夹杂物和气体。

（4）碱性白渣下精炼。由于炉内良好的还原气氛和氩气搅拌，LF炉内白渣具有很强的还原性，提高了白渣的精炼能力。通过白渣的精炼作用可以降低钢中的氧、硫及夹杂物。

总之，LF法精炼有利于节省初炼炉冶炼时间，提高生产率；协调初炼炉与连铸机工序，满足多炉连浇要求；能精确地控制成分，有利于提高钢的质量以及特殊钢的生产。

3.2.1.3 LF法精炼工艺与操作

A LF法的精炼工艺

LF法的工艺制度与操作因各钢厂及钢种的不同而多种多样。LF法一般工艺流程为：初炼炉（转炉或电弧炉）挡渣（或无渣）出钢→同时预吹氩、加脱氧剂、增碳剂、造渣材料、合金料→钢包进准备位→测温→进加热位→测温、定氧、取样→加热、造渣→加合金调成分→取样、测温、定氧→进等待位→喂线、软吹氩→加保温剂→连铸。

LF法精炼过程的主要操作有：全程吹氩操作、造渣操作、供电加热操作、脱氧及成分调整（合金化）操作等，图3-9所示为LF法常见的操作一例。

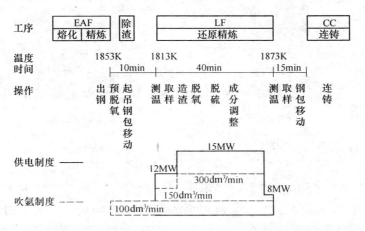

图3-9 LF法操作的一例（钢种：SS400）

要达到好的精炼效果，应抓好以下各个工艺环节：

（1）钢包准备。

1）检查透气砖的透气性，清理钢包，保证钢包的安全；2）钢包烘烤至1200℃；3）将钢包移至出钢工位，向钢包内加入合成渣料；4）根据转炉或电弧炉最后一个钢样的结果，确定加入合金及脱氧剂，以便进行初步合金化并使钢水初步脱氧；5）准备挡渣或无渣出钢。

（2）出钢。

1）根据不同钢种、加入的渣量和合金确定出钢温度。出钢温度应当在液相线温度基础上减去由于渣料、合金料的加入引起的温降，再根据炉容的大小适当增加一定的温度，以备运输过程的温降；2）要挡渣出钢，控制下渣量不大于5kg/t。3）需要深脱硫的钢种在出钢过程中可以向出钢钢流中加入合成渣料。4）当钢水出至1/3时，开始吹氩搅拌。一般50t以上的钢包的氩气流量可以控制在200L/min左右（钢水面裸露1m左右），使钢水、合成渣、合金充分混合。5）当钢水出至3/4时将氩气流量降至100L/min左右（钢水面裸露0.5m左右），以防过度降温。

（3）造渣。

1）LF法精炼渣的基本功能：深脱硫；深脱氧、起泡埋弧；去非金属夹杂，净化钢液；改变夹杂物的形态；防止钢液二次氧化和保温。LF法精炼渣根据其功能由基础渣、脱硫剂、发泡剂和助熔剂等部分组成。渣的熔点一般控制在1300~1450℃，渣在1500℃的黏度一般控制在0.25~0.6Pa·s；2）LF法精炼渣的基础渣一般多选用$CaO\text{-}SiO_2\text{-}Al_2O_3$系三元相图的低熔点位置的渣系，如图3-10所示。基础渣最重要的作用是控制渣碱度，而渣的碱度对精炼过程中的脱氧、脱硫，均有较大的影响。3）精炼渣的成分及作用：CaO调整渣碱度及脱硫；SiO_2调整渣碱度及黏度；Al_2O_3调整三元渣系处于低熔点位置；$CaCO_3$脱硫剂、发泡剂；$MgCO_3$、$BaCO_3$、Na_2CO_3脱硫剂、发泡剂、助熔；Al粒强脱氧剂；Si-Fe脱氧剂；RE脱氧剂、脱硫剂；CaC_2、SiC、C脱氧剂及发泡剂；CaF_2助熔、调黏度。4）在炉外精炼过程中，通过合理地造渣，可以达到脱硫、脱氧、脱磷甚至脱氮的目的；可以吸收钢中的夹杂物；可以控制夹杂物的形态；可以形成泡沫渣（或者称为埋弧渣）淹没电弧，提高热效率，减少耐火材料侵蚀。因此，在炉外精炼工艺中要特别重视造渣。

（4）LF法的成分和温度微调。LFV法在真空工位和加热工位都具备合金化的功能，使得钢水中的C、Mn、Si、S、Cr、Al、Ti、N等元素的含量都能得到控制和微调，而且易氧化元素的收得率也较高。LFV控制钢中元素的范围（质量分数/%）如下：

C	Mn	Si	S	Cr	Al	Ti	N
±0.01	±0.02	±0.02	±0.004	±0.01	±0.02	±0.025	±0.005

LFV法的加热工位可使钢水温度得到有效控制，温度范围可控制在±2.5℃内。钢水在真空脱气后，在浇注或连铸过程中的温降十分均匀稳定。这使钢锭的表面质量或连铸坯表面质量得到有效保证，而且为全连铸和实现多炉连浇创造了十分优越的条件。

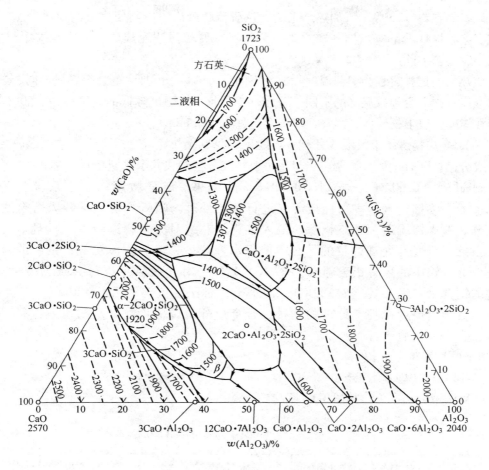

图 3-10　CaO-SiO$_2$-Al$_2$O$_3$ 渣系相图

　　LF 法加热期间应注意的问题是采用低电压、大电流操作。由于造渣已经为埋弧操作做好了准备，此时就可以进行埋弧加热。在加热的初期，炉渣并未熔化好，加热速度应该慢一些，可以采用低功率供电。熔化后，电极逐渐插入渣中。此时，由于电极与钢水中氧的作用、包底吹入气体的作用、炉中加入的 CaC$_2$ 与钢水中氧反应的作用，炉渣就会发泡，渣层厚度就会增加。这时就可以以较大的功率供电，加热速度可以达到 3 ~ 40℃/min。加热的最终温度取决于后续工艺的要求。对于系统的炉外精炼操作来说，后续工艺可能会有喷粉、搅拌、合金化、真空处理、喂线等冶炼操作，所以要根据后续操作确定 LF 法加热结束温度。

　　（5）搅拌。LF 法精炼期间搅拌的目的是：均匀钢水成分和温度，加快传热和传质；强化钢渣反应；加快夹杂物的去除。均匀成分和温度不需要很大的搅拌功能和吹氩流量，但是对脱硫反应，应该使用较大的搅拌功率，将炉渣卷入钢水中以形成所谓的瞬间反应，加大钢渣接触界面，加快脱硫反应速度。对于脱氧反应来说，过去一般认为加大搅拌功率可以加快脱氧。但是现在在脱氧操作中多采用弱搅拌——将搅拌功率控制在 30 ~ 50W/t。

　　在 LF 法的加热阶段不应使用大的搅拌功率。功率较大会引起电弧的不稳定。搅拌功率可以控制在 30 ~50W/t。加热结束后，从脱硫角度出发应当使用大的搅拌功率。对深脱硫工艺，搅拌功率应当控制在 300 ~500W/t。脱硫过程完成之后，应当采用弱搅拌，使夹杂物逐渐去除。

加热后的搅拌过程会引起温度降低。不同容量的炉子、加入的合金料量不同、炉子的烘烤程度不同，会导致温降的不同。总之，炉子越大，温度降低的速度越慢，60t 以上的炉子在 30min 以上精炼中，温降速度不会超过 0.6℃/min。

（6）LF 法精炼结束及喂线处理。当脱硫、脱氧操作完成之后，精炼结束之前要进行合金成分微调，合金成分微调应当尽量争取将成分控制在狭窄的范围内。通过 LF 精炼能够得到 $w[S] < 0.002\%$，$w[O] < 0.0015\%$ 的结果。成分微调结束之后搅拌约 3 ~5min，加入终铝，有一些钢种接着要进行喂线处理。喂线可能包括喂入合金线以调整成分、喂入铝线以调整终铝量、喂入硅钙包芯线对夹杂物进行变性处理。要达到对夹杂物进行变性处理的目的，必须使钢水深脱氧，使炉渣深脱氧；钢中的硫也必须充分低，钢中的溶解铝含量 $w[Al] > 0.01\%$。对深脱氧钢进行夹杂物变性处理，钢中的钙含量一般要控制在 0.003% 的水平，对深脱氧钢，钙的收得率一般为 30% 左右。对于需要进行真空处理的钢种，合金成分微调应该在真空状态下进行，喂线应该在真空处理后进行。

B　LFV 法精炼工艺

a　LFV 法精炼基本工艺

LFV 法精炼基本工艺如图 3-11 所示。

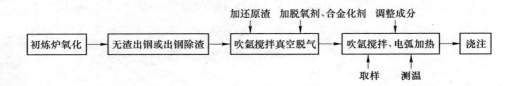

图 3-11　LFV 法精炼基本工艺

b　低硫钢的 LFV 法精炼工艺

低硫钢的 LFV 法精炼工艺如图 3-12 所示。

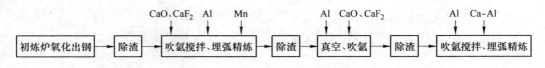

图 3-12　低硫钢的 LFV 法精炼工艺

低硫钢精炼工艺是通过多次加渣料精炼，多次除渣而达到降低硫含量的目的，可使钢中 [S] 降至 0.005% 以下。

LFV 法精炼初炼钢水进入钢包除渣后，根据脱硫的要求造新渣，如果钢种无脱硫要求可以造中性渣，需要脱硫造碱性渣。当钢水温度符合要求，进行抽气真空处理，在真空下按规格下限加入合金，并使［Si］保持在 0.1% ~ 0.15%，以保持适当的沸腾强度，真空处理约 1min。然后根据分析，加入少量合金调整成分，并向熔池加铝沉淀脱氧。如果初炼钢液温度低，则需先进行电弧加热，达到规定温度后才能进入真空工位，进行真空精炼。

真空处理时发生碳脱氧，炉内出现激烈的沸腾，有利于去气、脱氧，但将使温度降低 30 ~ 40℃。所以要在非真空下电弧加热、埋弧精炼。把温度加热到浇注温度，对高要求的钢可再次真空处理，并对成分进行微调。

LFV 法精炼工艺在 LF 处理基础上增加了真空脱碳、真空脱气功能。在整个加热和真空精炼过程中，都进行包底吹氩搅拌，它有利于脱气、加快钢渣反应速度，促进夹杂物上浮排除，使钢液成分和温度很快地均匀。

c　LFV 法的脱碳

对于一般钢种，在 LFV 法的加热工位可进行常压下的氧气脱碳。对于低碳和超低碳不锈钢或者工业纯铁，在 LFV 法真空工位可进行真空吹氧脱碳。对于铁素体不锈钢，可使碳降到 0.008%，而铬的回收率在 97% 以上；对于奥氏体不锈钢，可使碳降到 0.004%，而铬的回收率在 98% 以上；对于工业纯铁，可使碳降到 0.003%。

d　LFV 法的脱气和脱氧

LFV 法采用真空下的吹氩搅拌，可使轴承钢的 $w[H]$、$w[N]$ 和 $w(T[O])$ 的含量分别达到 0.000268%、0.0038%、0.001% 的水平，可使 06CrMoV7 的 $w[H]$ 和 $w(T[O])$ 分别达到 0.00025%、0.0015% 以下的水平。

3.2.1.4　LF 法的处理效果

经过 LF 法处理生产的钢可以达到很高的质量水平：

（1）脱硫率达 50% ~ 70%，可生产出硫含量不大于 0.01% 的钢。如果处理时间充分，硫含量甚至可达到不大于 0.005% 的水平。

（2）可以生产高纯度钢，钢中夹杂物总量可降低 50%，大颗粒夹杂物几乎全部能去除；钢中含氧量控制可达到 0.002% ~ 0.005% 的水平。

（3）钢水升温速度可以达到 4 ~ 5℃/min，温度控制精度 ±(3 ~ 5)℃。

（4）钢水成分控制精度高，可以生产出诸如 $w[C]$ ±0.01%、$w[Si]$ ±0.02%、$w[Mn]$ ±0.02% 等元素含量范围很窄的钢。

3.2.2　VD 法

钢包真空脱气法（vacuum degassing）简称为 VD 法。它是向放置在真空室中的钢包里的钢液吹氩精炼的一种方法，其原理如图 3-13 所示。日本又称为 LVD 法（ladle vacuum degassing process）。

最早的真空脱气设备即为现在人们将其称为

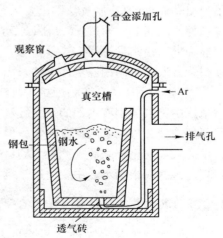

图 3-13　VD 钢包真空脱气的工作原理

VD 的炉外精炼设备，这种真空脱气设备主要由钢包、真空室、真空系统组成，基本功能就是使钢水脱气。存在的一个特别明显的问题是钢水没有搅拌和加热，当钢水容量较大时，钢包底部的钢水难以自上而下地完全发生脱气反应。脱气反应确实发生在钢水表面层，因此较大容量的钢包处理效果较差。向钢包内加入合金会产生较大的温度降，合金也难以均匀。

为了克服钢包不能搅拌的问题，后来在钢包上安装了吹气用的塞棒。更进一步地改进是在钢包底部安装了透气砖，采用了钢包底吹气的方法对钢水进行搅拌；或者在钢包上装配了电磁搅拌装置。尽管对真空脱气设备作了很大的改进，但是就真空脱气设备本身来说还存在如下缺点：

（1）仍没有加热设备。由于没有加热设备，对进行精炼的炉号只好提高初炼炉的出钢温度。即使如此，精炼温度也无法主动控制，所以就得不到稳定的精炼效果。

（2）渣层覆盖钢液。在渣层的覆盖下，脱气主要在吹面形成的"渣眼"处进行，减慢了脱气速度。所以 VD 法脱气速度要比 RH 慢得多。

VD 法一般很少单独使用，往往与具有加热功能的 LF 法等双联。由于 VD 炉精炼设备能有效地去除气体和夹杂，且建设投入和生产成本均远低于 RH 法及 DH 法，因此，VD 法真空精炼炉具有较明显的优势，广泛用于小规模电炉厂家等进行的特殊钢精炼。到 2007 年年底，我国 VD 装置达 32 台。

对 VD 法的基本要求是保持良好的真空度；能够在较短的时间内达到要求的真空度；在真空状态下能够良好地搅拌；能够在真空状态下测温取样；能够在真空下加入合金料。一般说来，VD 法设备需要一个能够安放 VD 钢包的真空室，而 ASEA-SKF 则是在钢包上直接加一个真空盖。

VD 法设备主要有：水环泵、蒸汽喷射泵、冷凝器、冷却水系统、过热蒸汽发生系统、窥视孔、测温取样系统、合金加料系统、吹氩搅拌系统、真空盖与钢包盖及其移动系统、真空室地坑、充氮系统、回水箱。

VD 炉的一般精炼工艺流程：吊包入罐→启动吹氩→测温取样→盖真空罐盖→开启真空泵→调节真空度和吹氩强度→保持真空→氮气破真空→移走罐盖→测温取样→停吹氩→吊包出站。VD 真空脱气法的主要工艺参数包括真空室真空度、真空泵抽气能力、氩气流量、处理时间等。通过 VD 精炼，钢中的气体、氧的含量都降低了很多；夹杂物评级也都明显降低。该结果说明，这种精炼方法是有效的。但是应当指出的是，使用当今系统的炉外精炼方法得到的钢质量比单独采用 VD 精炼要好得多。

VD 法与 RH 法真空精炼相比，在对炉渣搅拌混合方面存在重要的不同，在 VD 法真空精炼中，吹入钢液内部的氩氩气流在对钢液进行强烈搅拌的同时，钢液上面的炉渣也经受强烈搅拌，渣－钢间反应增强，但大量渣滴、渣粒也会由此进入钢液，有时会成为钢中大型夹杂物的重要来源。此外，VD 法装置的处理时间周期明显比 RH 装置长，与高拉速板坯连铸匹配很困难。主要适用于批量较小、铸机拉速低的钢厂。

3.2.3   LF 法与 RH 法或 VD 法的配合

为了实现脱气，与 LF 法配合的真空装置主要有两种：RH 法和 VD 法。目前日本倾向于对 80t 以上的电炉或转炉采用 LF + RH 炉外精炼组合，因为钢包中钢渣的存在并不影响

RH 操作，所以 LF 法与 RH 法联合在一个生产流程中使用是恰当的。小于 80t 电炉或转炉采用 LF + VD 炉外精炼组合（钢包作为真空钢包使用）。与 LF + RH 法相比，由于渣量太大，LF + VD 法的脱气效果略差一些。VD 法的形式又有两种：一种是真空盖直接扣在钢包上，称为桶式真空结构；另一种是钢包放在一个罐中的，称为罐式真空结构。LF + RH 和 LF + VD 法如图 3-14 所示。

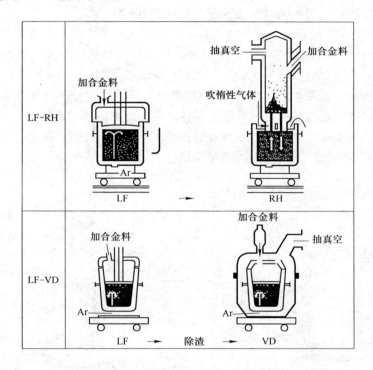

图 3-14 LF 法与 RH 法、VD 法的配合

LF-VD 炉外精炼组合，LF 法在常压下对钢水电弧加热、吹氩搅拌、合金化及碱性白渣精炼。VD 法进行钢包真空冶炼，其作用是钢水去气、脱氧、脱硫、去除夹杂，促进钢水温度和成分均匀化。

抚顺钢厂的 50t LF-VD 炉，钢水从超高功率电炉出钢后，LF 法精炼、喂线、VD 法精炼都在同一个精炼钢包进行，从出钢到浇注需 90 ~ 120min。

3.3 ASEA-SKF 钢包精炼炉

真空脱气设备基本上解决了钢水的脱气问题。为了进一步扩大精炼功能，改进单纯真空脱气存在的弱点，如去硫、均匀成分、处理过程中温降等，并克服在冶炼轴承钢时电炉钢渣混出而产生的夹杂问题，瑞典滚珠轴承公司（SKF）与瑞典通用电气公司（ASEA）合作，于 1965 年在瑞典的 SKF 公司的海拉斯厂安装了第一台钢包精炼炉。ASEA-SKF 钢包精炼炉具有电磁搅拌功能、真空功能和电弧加热功能。它把炼钢过程分为两步：由初炼炉（转炉、电弧炉等）熔化、脱磷，在碳含量和温度合适时出钢，必要时可调整合金元素成分；在 ASEA-SKF 炉内进行电弧加热、真空脱气、真空吹氧脱碳、脱硫以及在电磁感应搅拌钢液下进一步调整成分和温度、脱氧和去夹杂等。1970 年美国的 Allegenry 公司在 ASEA-SKF 炉基础上利用螺旋喷枪进行供氧促进反应，称为 AVR 法。

可以说 ASEA-SKF 炉是电磁搅拌真空脱气设备与电弧炉的结合，第一次完善了现代炉外精炼设备的三个基本功能：加热、真空、搅拌。日本、美国、英国、意大利、巴西、俄罗斯和中国先后从瑞典引进钢包精炼设备，容量从 20t 至 150t。

ASEA-SKF 的布置形式分台车移动式和炉盖旋转式两种。台车移动式较为常见，其结构如图 3-15 所示，由放在台车上的一个钢包、与真空设备连接的真空处理用钢包盖和设置了三相交流电极的加热用钢包盖构成。在加热处理时，钢包车移到加热工位，使用加热钢包盖，由三相电弧以 $1.4 \sim 2.0$℃/min 的升温速度进行加热。在真空处理时，钢包车移到真空处理工位进行真空脱气处理。钢液搅拌由强力的电磁感应进行。

炉盖旋转式 ASEA-SKF 处理过程与台车移动式相似，只是钢包放到固定的感应搅拌器内，加热炉盖和真空脱气炉盖能旋转交替使用，其结构如图 3-16 所示。

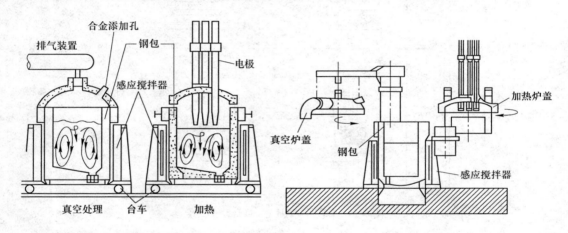

图 3-15　台车移动式布置 ASEA-SKF　　　　　图 3-16　炉盖旋转式布置 ASEA-SKF

ASEA-SKF 钢包精炼炉具有电磁搅拌、真空脱气和电弧加热功能，是一种万能型的炉外精炼方法，可进行脱气、脱氧、脱碳、脱硫、加热、去除夹杂物、调整合金成分等操作。

3.3.1　ASEA-SKF 炉设备

ASEA-SKF 炉可以与电弧炉、转炉配合，承担如还原精炼、脱气、吹氧脱碳、调整温度和成分等炼钢过程所有的精炼任务及衔接初炼炉和连铸工序。因此 ASEA-SKF 炉的结构比较复杂。主要有：盛装钢水的钢包、真空密封炉盖和抽真空系统、电弧加热系统、渣料及合金料加料系统、吹氧系统、搅拌系统、控制系统。先进的 ASEA-SKF 炉采用计算机控制系统，与之相配合的辅助设备有：除渣设备（如有无渣出钢设备时不必配备）、钢包烘烤设备。尤其是为了保证快速而有效地精炼，保证钢水成分和温度的目标控制，真空测温、真空取样、真空加料设备是十分必要的，但是这两个功能的无故障实现仍有很多困难。

3.3.1.1 钢包

钢包外壳由非磁性钢板构成，这样可以防止钢包外壳在交变磁场的作用下产生感应电流而发热，至少感应片附近部分要使用非磁性钢。钢包除了能够盛装钢水外，还要留有一定的自由空间。因为在进行吹气、真空脱气、真空碳脱氧等操作时，在钢水和炉渣中会形成气液两相混合体，使体积膨胀。根据钢包大小的不同，自由空间的大小也不同，一般要求在 1m 左右，大的钢包要留得大一些。

由于 ASEA-SKF 炉使用感应片对钢水进行搅拌，主要靠电磁场穿透钢包壁和钢水将能量输入到钢水内对钢水进行搅拌。钢包形状设计对搅拌功率输入效率影响是很大的。图 3-17 给出了钢包的 D/H 值对电磁搅拌力大小的影响，其中 D 为钢包直径，H 为搅拌线圈的高度。该图说明，随着 D/H 值的增大，搅拌力迅速降低。因此，在进行 ASEA-SKF 炉的设计时，一般将钢包直径与线圈

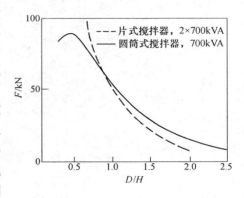

图 3-17 搅拌力 F 大小与钢包内径 D、搅拌器线圈高度 H 之比的关系

高度之比 D/H 设计为 1。这个参数的选择不但考虑了搅拌力的问题，还同时考虑了进行电弧加热时电弧对炉壁的辐射作用。炉壁耐火材料的厚度一般选为 230mm。为了减少电磁能量的损耗，搅拌器与钢包之间的距离应当尽可能小。

3.3.1.2 电磁感应搅拌系统

ASEA-SKF 炉与其他精炼炉最显著的不同点是采用电磁感应搅拌。电磁感应搅拌器由变压器、低频变频器和感应线圈组成。变压器经过水冷电缆将交流电送给变频器，得到 0.5~1.5Hz 的低频交流电，通过整流器变成直流电源供给感应线圈。根据电磁原理，任何电磁感应器都会在钢液中既产生加热效应又造成流动，两者的强弱取决于电磁感应器的频率，频率低则加热效应差而搅拌强。感应搅拌变频器一般采用晶闸管式低频变频器，通过自动或手动方式调节频率。搅拌时钢液的运动速度一般控制在 1m/s 左右。

搅拌器主要有圆筒式搅拌器和片式搅拌器两种。感应搅拌器的不同布置形式可以得到钢液的不同流动状态，产生不同的搅拌效果，如图 3-18 所示。图 3-18（a）为圆筒式搅拌器及其效果，这种搅拌的缺点是产生双回流，增加了流动阻力；图 3-18（b）为一片单向搅拌器产生的钢液流动状态，这种搅拌状态只产生一个单向循环搅拌力，搅拌力较小，图 3-18（c）为两个单片搅拌器以同一位相供电时的搅拌状态，钢液的流动状态类似于圆筒式搅拌器；图 3-18（d）为两个搅拌器串联时产生的单向回流搅拌状态，流动阻力较小，没有死角，搅拌力强，搅拌效果较好。较小的钢包可以使用单片搅拌器，而较大的钢包可以使用两个搅拌器。为了更好地搅拌钢水，现在设计的钢包精炼炉除了电磁搅拌之外，一般还配备吹气搅拌系统。由于钢包需要经常移动，所以搅拌器不能固定在钢包上，而应当有其固定工位。

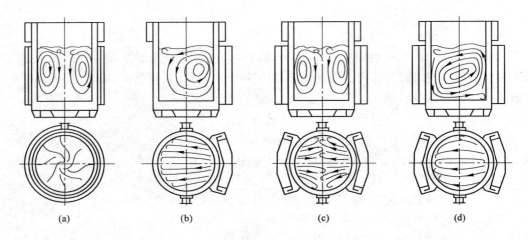

图 3-18   搅拌器类型和钢液流动状态示意图

3.3.1.3   加热系统

ASEA-SKF 炉的电弧加热系统与电弧炉类似，主要包括：变压器、电极炉盖、电极臂、电极及其升降系统等。但与电弧炉相比，ASEA-SKF 炉所需要的加热功率要低一些。所用的石墨电极较细，电极极心圆较小，减小电极极心圆直径可提高 ASEA-SKF 炉壁耐火砖寿命。通过电弧加热，钢液的升温速度为 1.5~4℃/min。马鞍山钢铁公司引进的 ASEA-SKF 炉加热速度可以达 6℃/min，加热功率 150kW/t。按 ASEA 设计的 ASEA-SKF 炉的变压器功率与炉容量之间的关系见表 3-1。ASEA-SKF 加热炉盖与真空处理用的炉盖是分别制作的，加热用的炉盖按照普通电弧炉盖制作即可。

表 3-1   ASEA-SKF 炉变压器功率与炉容量的关系

炉容量/t	20	40	60	100	150	200
变压器功率/kV·A	3200	5400	7000	9700	12200	14000

3.3.1.4   真空系统

ASEA-SKF 炉的真空系统是由一个密封炉盖与钢包一起构成的一个真空室。当钢包加热结束之后，移开加热炉盖，将钢包连同搅拌器一起移至真空盖下，盖上真空盖进行真空处理，其工艺又称瑞典式钢包炉精炼法。对于要进行真空碳脱氧的 ASEA-SKF 炉，应当增添吹氧氧枪机构。使用这种真空盖的好处是不用对电极进行密封，因此真空系统使用的可靠性高，使用寿命也较长。现在的 ASEA-SKF 炉已配备真空测温、取样装置，并具有真空加料功能。

ASEA-SKF 炉的真空盖壳体由压力容器钢制成，盖口为水冷凹槽法兰圈，法兰面贴有氯丁橡胶 O 形密封圈，盖口外侧装有向外张开的月牙形防热片，提起真空盖时，防热片自动向内贴在 O 形密封圈上，以免橡胶密封圈受损。真空炉盖顶设有真空抽气的排气口、吹氧口、窥视电视摄影窗。所有管口和窗孔上均为水冷法兰接口并垫上密封橡胶圈。

通过真空盖向炉内加入合金，其加料口与排气口是同一个通口，需在排气口正上方设置合金加料装置，即真空密封罐。密封加料罐的抽真空与总真空系统相连，由此可在真空下从密封加料罐通过排气口将合金加入炉内。

真空泵与其他真空处理设备一样，多采用多级蒸汽喷射泵。对于不需要真空脱碳的钢包炉，一般只配备一套四级喷射泵，真空度应达到 66.7Pa 或更高；需要真空脱碳时，必须再连接上一个五级泵，使其有充足的抽气能力。为了在生产中能按需要调整真空度，应设置不同级数的分级泵，在真空脱气时就可以根据炉内沸腾情况，随时按需要开闭调整所用的分级泵的级数，以防止钢液过度沸腾。

3.3.1.5　合金及渣料加料系统

ASEA-SKF 炉可在精炼炉内进行脱氧合金化、合金成分微调和深脱硫精炼，因此能够向精炼炉内加铁合金以及合成渣料的加料系统是必不可少的。加料系统主要包括以下装置：

（1）电磁振动料仓。料仓的数目应当根据精炼时加入的铁合金的种类和渣料的种类来决定。大量合金的加入一般在非真空条件下进行，但是合金成分微调要在真空条件下进行，因此应当具备真空加料功能。

（2）自动称重系统。从料仓中下来的渣料和合金料能够被自动称量，然后送入炉盖上的布料器。

（3）布料器。

3.3.2　精炼工艺及操作

3.3.2.1　ASEA-SKF 炉的工艺流程

ASEA-SKF 炉适用于处理轴承钢、碳素钢、合金钢、结构钢和工具钢等，利用真空吹氧脱碳也适用于精炼低碳不锈钢。ASEA-SKF 炉可与任何一种炼钢炉双联，它可以由电炉、转炉和感应炉来提供初炼钢液，也可由几种炉子联合提供初炼钢液。

钢液在初炼炉中完成脱磷任务，当碳含量和温度合适时即可出钢，必要时可以调整合金元素镍和钼。作为初炼炉的炉渣一般为氧化性炉渣，如果初炼炉炉渣不清除或清除不彻底，带入 ASEA-SKF 炉后会使合金烧损增加，脱硫、脱氧效率降低，影响精炼效果，同时对钢包寿命也有不良影响，所以要尽量减少初炼炉的下渣量。然后在 ASEA-SKF 炉内将初炼钢液进行电弧加热、真空脱气、真空吹氧脱碳、脱硫以及在电磁感应搅拌钢液下调整成分和温度、脱氧和去除夹杂物等。ASEA-SKF 的具体精炼工艺流程见图 3-19，精炼流程的选择可根据不同品种的需要，视具体情况决定。一般钢种精炼时间 1.5 ~ 2h，合金钢 2 ~ 3h。

3.3.2.2　ASEA-SKF 炉精炼工艺与操作

A　初炼炉熔渣的清除

初炼炉熔渣的清除有四种方法：（1）在电炉翻炉时将熔渣扒去；（2）采用中间罐；

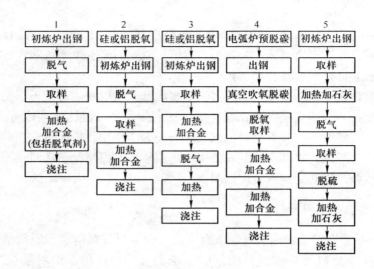

图 3-19　ASEA-SKF 炉精炼工艺流程

（3）压力罐撇渣法；（4）在钢包中采用机械装置扒渣。20 世纪 80 年代电弧炉普遍应用无渣出钢技术，这是适应炉外精炼要求的最佳除渣方法。

　　B　两种基本精炼操作工艺

　　初炼钢液从电炉出钢时温度一般控制在 1620℃。在 ASEA-SKF 炉中的精炼方法基本是中性渣和碱性渣两种操作，如图 3-20 和图 3-21 所示。需要脱硫时采用高碱度渣。

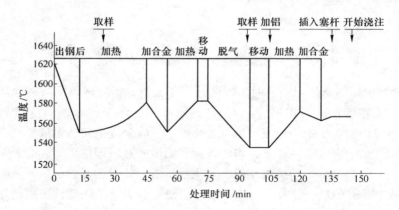

图 3-20　全高铝砖 ASEA-SKF 炉内中性渣操作

　　C　脱硫

　　ASEA-SKF 炉的精炼可有效降低氧含量，电弧加热和感应搅拌可以促进钢渣反应。电弧加热提高了高碱度渣的温度，并促使其具有良好的流动性；感应搅拌促进了高碱度渣与钢液之间的接触，加快了钢渣界面的交换，提高了硫化物夹杂的分离速度。在高碱度渣下，向钢液面下加入与硫有高亲和力的粉状脱硫剂，不但增加反应表面，而且脱硫元素溶解在钢中或蒸发，与硫结合成稳定的硫化物，并被高碱度渣所吸收。因此 SEA-SKF 炉具有有效脱硫的条件。

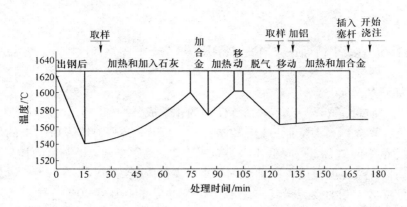

图 3-21 碱性渣脱硫操作

D 真空脱气

ASEA-SKF 炉真空脱气的主要目的是去氢，真空脱气时大部分氢将随着不断生成的 CO 气泡而逸出，氢含量减少速度与碳氧反应速度成正比。为避免钢液过度脱碳沸腾，需要调整真空度，使系统的压力维持一定的大小。

E 真空脱碳

ASEA-SKF 炉已成功地精炼了碳含量不大于 0.025% 的超低碳不锈钢。其真空脱碳的好处是：配上吹氧管即可脱碳，设备简单；脱碳时间短；铬损失少；对炉衬无特殊要求；生产成本低；钢液处理后直接浇注，减少了钢液的二次氧化。

F 钢液的搅拌

感应搅拌在 ASEA-SKF 炉中起着重要作用。它有利于脱气，加快钢渣反应速度，促进脱氧、脱硫及脱氧产物与脱硫产物充分排出，均匀钢液温度和成分。

3.3.2.3 ASEA-SKF 精炼炉在马钢的应用

马钢一炼钢 90t ASEA-SKF 钢包精炼装置具有加热升温、合金微调、造渣精炼、电磁搅拌、吹氩搅拌及真空脱气功能。其精炼工艺流程：初炼钢水→除氧化渣（加渣料造新渣）→加热处理（加热、合金微调、白渣精炼）→真空精炼（脱气、去夹杂）→复合终脱氧→净化搅拌→浇注。上述流程中主要有三个工艺环节，即加热造渣精炼、真空处理、复合终脱氧及净化搅拌。

加热处理过程中，为了降低渣中（FeO），在合金微调结束后，使用碳粉及硅铁粉作为还原剂造还原渣，还原 10~15min 后，炉渣转为白色。加热全程采用电磁搅拌。

真空处理的真空度为 66.7Pa，真空保持时间为 10~15min，真空处理过程中采用吹氩搅拌，氩气流量为 50~100L/min。

真空处理结束后，加 Si-Ba-Ca 进行终处理，并要求加入 Si-Ba-Ca 后，用中档电流进行电磁净化搅拌，净化搅拌时间为 10~15min，以提高钢液洁净度。

马钢一炼钢 90t ASEA-SKF 钢包精炼炉通过不断完善精炼工艺，可使高碳钢（$w[C] = 0.55\% \sim 0.65\%$）洁净度不断提高，钢中 $w(T[O]) < 0.0015\%$，$w[S] < 0.01\%$，夹杂物总量为 0.023%。

3.3.3　ASEA-SKF 炉的精炼效果

ASEA-SKF 炉适用于精炼各类钢种。精炼轴承钢、低碳钢和高纯净度渗氮钢都取得了良好效果:

(1) 增加产量。

(2) 提高钢质量。ASEA-SKF 炉精炼使钢的化学成分均匀, 力学性能改善, 非金属夹杂物减少, 氢、氧含量大大降低。1) 气体含量。ASEA-SKF 炉精炼后钢中的氢含量可小于 0.0002%, 钢中的氧含量可降低 40%~60%。2) 钢中夹杂物。强有力搅拌可基本消除低倍夹杂, 高倍夹杂也明显改善, 轴承钢的高倍夹杂降低约 40%。3) 力学性能。由于气体和夹杂含量降低, 钢的疲劳强度与冲击功一般可提高 10%~20%, 伸长率和断面收缩率可分别提高 10% 和 20% 左右。4) 切削加工性能也有很大改善。

(3) 生产质量较稳定。ASEA-SKF 炉处理后的浇注温度及成品钢的化学成分都比较稳定。

3.4　AOD 法

钢液的氩氧吹炼简称 AOD 法 (argon oxygen decarburization, 氩气 – 氧气 – 脱碳), 主要用于不锈钢的炉外冶炼上。1968 年, 史莱特钢公司建成投产了世界上第一台 15t AOD 炉。1983 年 9 月, 太原钢铁公司建成了我国第一台 18t 国产 AOD 炉。1987 年又投产了第二台 AOD 炉。到 2007 年, 世界上不锈钢总产量中有 70% 以上由 AOD 法生产。

AOD 法是利用氩、氧气体对钢液进行吹炼, 一般多是以混合气体的形式从炉底侧面向熔池中吹入, 但也有分别同时吹入的。在吹炼过程中, 1mol 氧气与钢中的碳反应生成 2mol CO, 但 1mol 氩气通过熔池后没有变化, 仍然作为 1mol 气体逸出, 从而使熔池上部 CO 的分压力降低。由于 CO 分压力被氩气稀释而降低, 这样就大大有利于冶炼不锈钢时的脱碳保铬。氩氧吹炼的基本原理与在真空下的脱碳相似, 一个是利用真空条件使脱碳产物 CO 的分压降低, 而氩氧吹炼是利用气体稀释的方法使 CO 分压降低, 因此也就不需要装配昂贵的真空设备, 所以有人把它称为简化真空法。

3.4.1　AOD 炉的设备结构

AOD 炉设备主要由 AOD 炉本体、炉体倾动机构、活动烟罩系统、供气及合金上料系统等组成。氩氧精炼炉由于没有外加热源, 精炼时间又较短, 所以必须配备快速化学分析及温度测量等仪表。但它的工艺参数比较稳定, 可以使用电子计算机来自动控制精炼操作。

AOD 炉体的形状近似于转炉, 也可用转炉进行改装, 见图 3-22。它是安放在一个与倾动驱动轴连接的旋转支撑轴圈内, 容器可以变速向前旋转 180°, 往后旋转 180°, 炉内衬用特制的耐火制品砌筑, 尺寸大约为: 熔池深度:内径:高度 = 1:2:3。炉体下部设计成具有 20° 倾角的圆锥体, 目的是使送进的气体能离开炉壁上升, 避免侵蚀风口上部的炉壁。炉底的侧部安有 2 个或 2 个以上的风口 (也称风眼或风嘴), 以备向熔池中吹入气体。当装料或出钢时, 炉体前倾应保证风口露在钢液面以上, 而当正常吹炼时, 风口却能埋入熔池深部。炉帽一般呈对称圆锥形，并多用耐热混凝土捣制或用砖砌筑，且用螺栓连接在炉体上。炉帽除了防止喷溅以外，还可作为装料和出钢的漏斗。

目前，氩氧吹炼炉均使用带有冷却的双层或三向层结构的风枪（喷枪）向熔池供气，风枪的铜质内管用于吹入氩氧混合气体进行脱碳，外管常为不锈钢质，从缝隙间吹入冷却剂，一般的冷却剂在吹炼时采用氩气，而在出炉或装料的空隙时间改为压缩空气或氮气，也可以使用家庭燃料油，以减少氩气消耗及提高冷却效果。喷枪的数量一般为 2 支或 3～5 支，但喷枪数量的增多将会降低炉衬的使用寿命。

AOD 炉的控制系统，除了一般的机械倾动、除尘装置外，还有气源调节控制系统。AOD 炉上部的除尘罩采用旋转式；AOD 炉用气源调节控制系统来控制、混合和测量所使

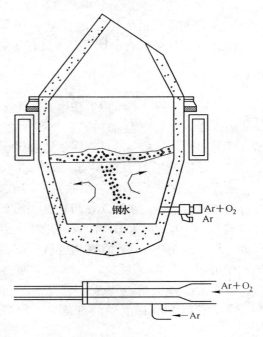

图 3-22 AOD 炉及风枪

用的氩、氧、氮等气体，通过流量计、调节阀等系列使得氩氧炉能够得到所希望的流量和氩氧比例。使得在非吹炼的空隙时间内自动转换成压缩空气或氮气。由于吹氧吹炼时间短，且又没有辅助加热源，因此必须配备快速的光谱分析和连续测温仪等。AOD 炉的铁合金、石灰和冷却材料等的添加系统和转炉上使用的相同，主要有加料器、称量料斗、运送设备等。

一般 AOD 法多与电弧炉组成"电弧炉－AOD 炉"进行双联生产，有时初炼也可以为转炉。电弧炉炉料以不锈钢、车屑和高碳铬铁为主。其生产过程是电炉熔炼废钢、高碳铬铁等原料，熔化后的母液兑入 AOD 进行精炼。进入 AOD 转炉的电炉母液，通过吹入氩氧混合气体，以非常接近 $C\text{-}Cr\text{-}T\text{-}p_{CO}$ 平衡的条件进行精炼。

氩氧吹炼有以下主要优点：

（1）成本较低，钢液的氩氧吹炼可利用廉价的原料，如高碳铬铁、不锈钢车屑等。

（2）氩氧吹炼炉和电炉双联能提高电炉的生产能力，即一台电炉加上一台 AOD 炉，相当于两台电炉。

（3）氩氧吹炼炉设备简单、基建投资和维护费用低。设备投资比 VOD 法少一半以上。

（4）氩氧吹炼炉操作简便，冶炼不锈钢时，铬的回收率高，约达 97%。

（5）钢液经氩氧吹炼，由于氩气的强搅拌作用，钢中的硫含量低，可生产 $w[S] \leqslant 0.001\%$ 超低硫不锈钢。

（6）钢液经氩氧吹炼后，钢中的平均氧含量比单用电炉冶炼的低 40%，因此不仅节省脱氧剂，而且减少钢中非金属夹杂物的污染度，氢含量比单用电炉法冶炼低 25%～65%，氮含量低 30%～50%，钢的质量优于单用电炉冶炼的钢液。

AOD 最大的缺点是氩气消耗量大。其成本约占 AOD 法生产不锈钢成本的 20% 以上。AOD 法炼普通不锈钢氩气消耗约 11 ~ 12m³/t，炼超低碳不锈钢时为 18 ~ 23m³/t，用量巨大。此外，AOD 炉衬寿命低，一般只有几十炉，国内好的也只有一两百炉。

3.4.2　CLU 法

CLU 法是蒸汽 - 氧气混吹法。类似于 AOD 法，但底吹稀释气体改成了水蒸气，并且是从底部吹入。它也是一种进行脱碳保铬的精炼不锈钢的方法。CLU 法是法国的克勒索 - 卢瓦尔公司与瑞典的乌德霍尔姆公司联合开发的，1973 年 10 月在瑞典投产。

CLU 法原理与 AOD 法相同，如图 3-23 所示，把电炉熔化的钢液注入精炼用的 CLU 炉中，从安装在炉子底部的喷嘴吹入 O_2 和水蒸气的混合气体进行精炼。水蒸气在与钢液接触面上吸热分解成 H_2 和 O_2。因为 H_2 作为稀释气体使 CO 分压降低，从而抑制钢中 Cr 的氧化进行脱碳，分解出的氧气可以参加脱碳反应。水蒸气分解是吸热反应，这样可以降低熔池温度，对提高炉衬寿命有利。冶炼过程中没有浓烈的红烟，车间环境条件较好。

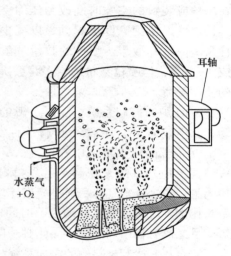

图 3-23　CLU 法示意图

CLU 法的喷嘴由多层同心套管组成，同时吹入 O_2、水蒸气、NH_3、燃料油。NH_3、燃料油作冷却剂，它们喷入炉内裂解出氢，所以其冷却效果比水蒸气的作用更大，对炉衬寿命十分有利。所以 CLU 法比 AOD 法节省氩气，冶炼温度低，易于脱硫，操作费用低，但需要一套气体预处理装置，成本与 AOD 法差不多。

3.4.3　AOD-VCR 法

AOD-VCR 法是把稀释气体脱碳法和减压脱碳法组合起来的方法（1993 年，大同特殊钢），其原理如图 3-24 所示。炉子上面有集尘烟罩和真空用炉盖，在供氧是限制性环节的高碳区域可以大量吹氧，在碳传质控制的低碳范围，在真空条件下可以大量吹气进行脱碳、脱氮。此方法可以吹炼极低碳、极低氮钢，铬的氧化损失少，使用氩气量也减少。VODC 法是德国蒂森特殊钢公司 1976 年发明的，和 AOD-VCR 法一样，由设有真空用炉盖的转炉型炉子构成。是在高碳区域进行 $Ar-O_2$ 稀释气体脱碳、在低碳区域进行减压脱碳的组合方法。

3.4.4　AOD-L 法

为了强化脱碳、缩短冶炼周期、降低氩气消耗、便于 AOD 法采用高碳钢水甚至经脱磷的高炉铁水以及由矿热炉生产的液体铬铁进行精炼，出现了带顶吹氧枪的 AOD 转炉（称之为 AOD-L 精炼炉，也称为复吹 AOD 转炉）。如图 3-25 所示。采用顶枪吹氧，吹入的约 40% 的氧还能在 AOD 炉膛中用于钢水中脱碳产生的 CO 的二次燃烧,产生的热量与在

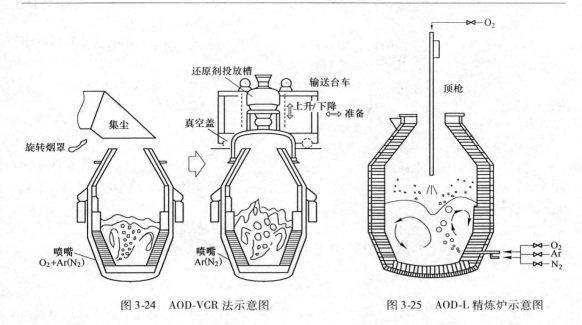

图 3-24　AOD-VCR 法示意图　　　　　图 3-25　AOD-L 精炼炉示意图

侧吹混合气体作用下氧化反应放出的热量一起传入钢液，使钢液温度以更快的速度升高，显著提高熔池的脱碳速率，缩短吹炼时间。因而可降低初炼钢水的出钢温度，同时允许炉料中配入更多的碳及提高废钢和高碳铬铁的使用量。

3.5　VAD 法与 VOD 法

3.5.1　VAD 法

　　VAD 法（即钢包真空电弧加热脱气法），由美国 A. Finkl&Sons 公司和摩尔公司于 1967 年共同研究发明。也称 Finkl-VAD，前西德又称为 VHD 法。与 ASEA-SKF 法基本相同，这种方法加热在低真空下进行，在钢包底部吹氩搅拌，主要设备如图 3-26 所示。加热钢包内的压力大约控制在 $0.2 \times 10^5 Pa$ 左右，因而保持了良好的还原性气氛，精炼炉在加热过程中可以达到一定的脱气目的。但是正是 VAD 的这个优点使得 VAD 炉盖的密封很困难，投资费用高，再加上结构较复杂，钢包寿命低，因而该法自发明以来几乎没有得到什么发展。

　　VAD 法的优点：

　　（1）在真空下加热，形成良好的还原性气氛，防止钢水在加热过程中的氧化。并在加热过程中达到一定的脱气效果。

　　（2）精炼炉完全密封，加热过程中噪声较小，

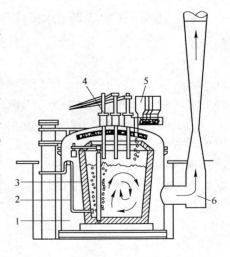

图 3-26　VAD 法精炼炉示意图

1—真空室；2—底吹氩系统；3—钢包；
4—电弧加热系统；5—合金加料
系统；6—抽真空装置

而且几乎无烟尘。

（3）可以在一个工位达到多种精炼目的，如脱氧、脱硫、脱氢、脱氮。甚至在合理造渣的条件下，可以达到很好的脱磷目的。

（4）有良好的搅拌条件，可以进行精炼炉内合金化，使炉内的成分很快地均匀。

（5）可以完成初炼炉的一些精炼任务，协调初炼炉与连铸工序。

（6）可以在真空条件下进行成分微调。

（7）可以进行深度精炼，生产纯净钢。

优点是明显的，但电极密封难以解决的问题也是致命的。这个致命的缺点使得 VAD 法不能得到很快的发展。一旦电极密封的问题解决了，VAD 法会得到很快的发展。但就目前的情况来看，VAD 不是发展的主流。

VAD 精炼设备主要包括：真空系统、精炼钢包、加热系统、加料系统、吹氩搅拌系统、检测与控制系统、冷却水系统、压缩空气系统、动力蒸汽系统等。

3.5.2　VOD 法

如果在 VOD 法真空盖上安装一支氧枪，向钢水内吹氧脱碳，就可以形成真空吹氧脱碳精炼法，即用 VOD 法可冶炼低碳和超低碳不锈钢种。其设备包括：钢包、真空室、拉瓦尔喷嘴水冷氧枪、加料罐、测量取样装置、真空抽气系统、供氩装置等，如图 3-27 所示。VAD 法和 VOD 法两种设备通常安放在同一车间的相邻位置，形成 VAD/VOD 联合精炼设备，使车间具备了灵活的精炼能力。

3.5.2.1　VOD 法的特点

VOD 法就是不断降低钢水所处环境的 p_{CO} 的分压，达到去碳保铬，冶炼不锈钢的方法。这种方法是德国 Edel-stahlwerk Witten 和 Standard Messo 公司于 1967 年共同研制的。这种方法实现了不锈钢冶炼必要的热力学和动力学条件——高温、真空、搅拌。目前，VOD 法是不锈钢，尤其是低碳或超低碳不锈钢精炼的主要方法之一。1990 年日本以不锈钢的高纯化为目的，开发出的由顶吹喷枪吹入粉体石灰或者铁矿石的方法，称为 VOD-PB 法。

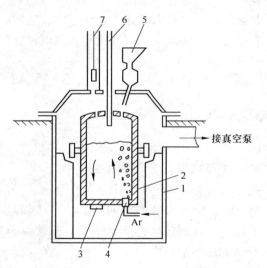

图 3-27　VOD 法装置示意图
1—真空室；2—钢包；3—闸阀；
4—多孔塞；5—供给合金附加材料；
6—氧枪；7—取样和测温装置

VOD 法可以与转炉、电弧炉等配合，初炼炉中将钢熔化，并调整好除碳和硅外的其他成分，将钢水倒至钢包内，送至 VOD 法工位进行脱碳精炼，有时可以在 VOD 内进行脱磷处理。在进行脱碳处理时，降下水冷氧枪向钢包内吹氧脱碳。在吹氧脱碳的同时从钢包底部向钢包内吹氩气进行搅拌。

近年来，不锈钢的主要生产炉型已扩展为顶底复吹转炉、AOD 法和 VOD 法。VOD 法的生产工艺路线也由电炉（或转炉）– VOD 法演变为电炉 – 复吹转炉 – VOD 法，与顶底复吹转炉和 AOD 法相比，VOD 法设备复杂，冶炼费用高，脱碳速度慢，初炼炉需要进行粗脱碳，生产效率低。优点是在真空条件下冶炼，钢的纯净度高，碳氮含量低，一般 $w([C]+[N])<0.02\%$，而 AOD 法则在 0.03% 以上，因此 VOD 法更适宜于生产 [C]、[N]、[O] 含量极低的超纯不锈钢和合金。

3.5.2.2　VOD 法的主要设备

A　VOD 钢包

钢包应当给钢水留有足够的自由空间，一般为 1~1.2m，VOD 法处理的钢种都是低碳和超低碳钢种，因此钢水温度一般较高，所以要选用优质耐火材料，尤其渣线部位更应注意。钢包都要安装滑动水口。

B　VOD 真空罐

真空罐的盖子上要安装氧枪、测温取样装置、加料装置。真空罐盖内为防止喷溅造成氧枪通道阻塞和顶部捣固料损坏，围绕氧枪挂一个直径 3m 左右的水冷挡渣盘，通过调整冷却水流量控制吹氧期出水温度在 60℃ 左右，使挡渣盘表面只凝结薄薄的钢渣，并自动脱落。

C　VOD 真空系统

用于 VOD 法的真空泵有水环泵 + 蒸汽喷射泵组两种。水环泵和蒸汽喷射泵的前级泵（6~4 级）为预抽真空泵，抽粗真空。蒸汽喷射泵的后级泵（3~1 级）为增压泵，抽高真空，极限真空度不大于 20Pa。

D　VOD 氧枪

早期使用的 VOD 氧枪一般是自耗钢管。所以在吹炼时要不断降低氧枪高度，以保证 O_2 出口到钢水面的一定距离，提高 O_2 的利用率。如果氧枪下端距离过大，废气中的 CO_2 和 O_2 浓度增加。经验证明，使用拉瓦尔喷枪可以有效地控制气体成分；可以增强氧气射流压力；当真空室内的压力降至 100Pa 左右时，拉瓦尔喷枪可以产生大马赫数的射流，强烈冲击钢水，加速脱碳反应而不会在钢液表面形成氧化膜。

3.5.2.3　VOD 法的基本功能与效果

A　VOD 法的基本功能

VOD 法适用于不锈钢、纯铁、精密合金、高温合金和合金结构钢的冶炼，尤其是超低碳不锈钢和合金的冶炼。其基本功能有：（1）吹氧升温、脱碳保铬；（2）脱气；（3）造渣、脱氧、脱硫、去夹杂；（4）合金化。

B　VOD 法精炼效果及与 AOD 法比较

VOD 炉和 AOD 炉作为冶炼低碳或超低碳不锈钢的精炼装置。能脱碳保铬，脱气效率高。VOD 法脱氢、脱氮效果比 AOD 法好。精炼效果见表 3-2。

表 3-2　VOD 法与 AOD 法比较

项　目	VOD 法	AOD 法
钢水条件	$w[C]=0.3\%~0.5\%$，$w[Si]\approx0.5\%$	$w[C]=0.3\%~0.5\%$，$w[Si]\approx0.5\%$
成分控制	真空下只能间接操作	常压下操作方便

项　目	VOD 法	AOD 法
温度控制	真空下控制较为困难	用吹气比例及加入冷却剂控制
脱氧	$w[O]=0.004\% \sim 0.008\%$	$w[O]=0.004\% \sim 0.008\%$
脱硫	$w[S]\approx0.01\%$	$w[S]<0.01\% \sim 0.005\%$
脱氢、脱氮	$w[H]<0.0002\%$，$w[N]<0.01\% \sim 0.015\%$	$w[H]<0.0005\%$，$w[N]<0.03\%$
钢的总回收率	比 AOD 法低 3% ~ 4%	96% ~ 98%
适应性	不锈钢精炼及其他钢种的真空脱气	原则上冶炼不锈钢专用，也可用于 Ni 基合金的冶炼
操作费用	真空下低于 AOD 法氩气费用的 1/10	要用昂贵的氩气和大量的 Fe-Si
设备费	比较贵	比 VOD 法便宜 1/2
生产率	较低	大约是 VOD 法的 2 倍

3.5.2.4　VOD 法工艺流程

VOD 法精炼法的操作特点是在高温真空下操作，扒净炉渣，$w[C]$ 为 0.4% ~ 0.5% 的钢水注入钢包并送入真空室，从包底边吹氩气、边减压。氧枪从真空室插入进行吹氧脱碳。按钢水鼓泡状况，抽真空程度介于 1 ~ 10kPa。脱碳后继续吹氩进行搅拌，必要时加入脱氧剂与合金剂。VOD 法能为不锈钢的冶炼过程提供十分优越的热力学和动力学条件，是生产低碳不锈钢，特别是超低碳不锈钢的主要方法之一。

工艺流程上常组成"EAF（或转炉）-VOD"（早期）、"EAF-AOD-VOD"或"电炉-复吹转炉-VOD"等生产流程来生产超低碳、氮钢种。"EAF（或转炉）-VOD"生产工艺：电弧炉初炼出钢→钢包中除渣→真空吹氧降碳→高真空下碳脱氧→还原→调整精炼→吊包浇钢。

3.6　CAS 法

在大气压下，钢包吹氩处理钢液时，在钢液面裸露处由于所添加的亲氧材料反复地接触空气或熔渣，易造成脱氧效果和合金收得率的显著降低。因此，日本新日铁公司 1975 年开发了吹氩密封成分微调工艺，即 CAS 法（密封吹氩合金成分调整）工艺。此后，为了解决 CAS 法精炼过程中的温降问题，在前述设备的隔离罩处再添加一支吹氧枪，称为 CAS-OB 法，OB 法即吹氧的意思，这是一种借助化学能而快速简便地升温预热的装置。

CAS 法处理时，首先用氩气底吹，在钢水表面形成一个无渣的区域，然后将隔离罩插入钢水罩住该无渣区，以便从隔离罩上部加入的合金与炉渣隔离，也使钢液与大气隔离，从而减少合金损失，稳定合金收得率。CAS 法主要用来处理转炉钢液。

CAS 法的基本功能有：（1）均匀钢水成分、温度；（2）调整钢水成分和温度（废钢降温）；（3）提高合金收得率（尤其是铝）；（4）净化钢水、去除夹杂物。

CAS-OB 法是在 CAS 法的基础上发展起来的。它在隔离罩内增设顶氧枪吹氧，利用罩内加入的铝或硅铁与氧反应所放出的热量直接对钢水加热。其目的是对转炉钢水进行快速升温，补偿 CAS 法工序的温降，为中间包内的钢水提供准确的目标温度，使转炉和连铸协调配合。

3.6.1 CAS 炉及 CAS-OB 炉的主要设备

3.6.1.1 CAS 炉设备

CAS 炉设备由钢包底吹氩系统，带有特种耐火材料（如刚玉质）保护的精炼罩，精炼罩提升架，除尘系统，带有储料包、称重、输送及振动溜槽的合金化系统，取样、测温、氧活度测量装置等组成，如图 3-28 所示。

3.6.1.2 CAS-OB 炉设备

CAS-OB 法除了 CAS 法设备外，再增加上氧枪及其升降系统、提温剂加入系统、烟气净化系统、自动测温取样、风动送样系统等设备，如图 3-29 所示。

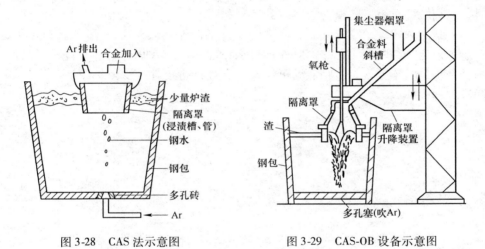

图 3-28　CAS 法示意图　　　　　图 3-29　CAS-OB 设备示意图

CAS-OB 法工艺装置的特点：

（1）采用包底透气塞吹氩搅拌，在封闭的隔离罩进入钢水前，用氩气从底部吹开钢液面上浮渣，随着大量氩气的上浮使得罩内无渣，并在罩内充满氩气形成无氧区。

（2）采用上部封闭式锥形隔离罩隔开包内浮渣，为氧气流冲击钢液及铝、硅氧化反应提供必需的缓冲和反应空间，同时容纳上浮的搅拌氩气，提供氩气保护空间，从而在微调成分时，提高加入的铝、硅等合金元素的收得率。

（3）隔离罩上部封闭并为锥形，具有集尘排气功能。由钢板焊成，分为上下两部分，上罩体内衬耐火材料，下罩体内外均衬以耐火材料，以便浸入钢液内部，通常浸入深度为 100~200mm。耐火材料为高铝质不定型材料。隔离罩在钢包内的位置应能基本笼罩住全部上浮氩气泡，并与钢包壁保持适当的距离。

（4）CAS-OB 法氧枪多采用惰性气体包围氧气流股的双层套管消耗型吹氧管。套管外涂高铝质耐火材料，套管间隙为 2~3mm。中心管吹氧，套管环缝吹氩气冷却，氩气量大约占氧气量的 10% 左右。氧气流股包围在惰性气体中，形成了集中的吹氧点，在大的钢液面形成低氧分压区，从而抑制钢液的氧化。外内管压力比在 1.2~3，吹氧管烧损速度约为 50 毫米/次，寿命为 20~30 次。

3.6.2 CAS 法工艺

CAS 法工艺利用高强度吹氩形成的剧烈流动，使熔池表面产生一个大的无渣裸露区域。在裸露区域，将精炼罩浸入钢液，减小供氩强度，使钢液流动减弱，精炼罩外部回流的熔渣从外部包围精炼罩，保护供氩，以防止二次氧化。在精炼罩内部，可产生无熔渣覆盖的供氩自由表面，及钢液表面与精炼罩空间形成氩气室，为精炼罩上的套管添加脱氧剂和合金提供了有益的条件和气氛。

CAS 法工艺操作过程比较简单，脱氧和合金化过程都在 CAS 法设备内进行。由于该工艺的灵活性，所以可以采用以内控条件为基础的其他操作方式，例如，在出钢期间利用硅进行预脱氧和锰及其他合金元素的预合金化。CAS 法工艺操作的关键是排除隔离罩内的氧化渣。若有部分渣残留在罩内，合金收得率应会下降，且操作不稳定。实践证明渣层过厚时，隔离罩的排渣、隔渣能力得不到充分利用。

一般 CAS 法操作约需要 15min，典型的操作工艺流程如图 3-30 所示。钢包吊运到处理站，对位以后，强吹氩 1min，吹开钢液表面渣层后，立即降罩，同时测温取样，按计算好的合金称量，不断吹氩，稍后即可加入铁合金进行搅拌。吹氩结束后将隔离罩提升，然后测温取样。

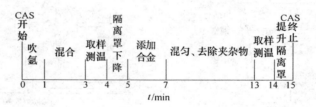

图 3-30   CAS 法操作工艺流程时间分配

3.6.3 CAS-OB 法工艺

控制浇注温度是生产高质量铸坯及连铸机无故障操作的前提条件。在 CAS 处理之后，为了能够浇注那些低于开浇温度的钢液，必须开发一种简便的快速有效的预热装置。其解决办法就是联合使用 CAS 法设备和吹氧枪，以便借助化学能来加热。CAS-OB 法工艺的原理如图 3-27 所示，在精炼罩的提升架上附加了一个使自耗氧枪上升和下降的起重装置。打开挡板之后，利用定心套管将氧枪导入精炼罩。当作能量载体的铝由合金化系统送到钢液中，经吹氧而燃烧。钢液由化学反应的放热作用加热。

CAS-OB 法工艺的开始阶段与 CAS 法工艺完全相同。当依据温度预报需要预热钢液时，在精炼罩浸入钢液之后，首先要进行钢液脱氧及合金化。此外，还要准备预热所需的铝，并在降下吹氧枪之后在吹氧期间以一定比例连续往钢液里添加剂。

CAS-OB 法工艺从吹氩到提烟罩整个操作过程约 23min，其中主吹氩约需 6min，典型的 CAS-OB 法工艺操作过程如图 3-31 所示，亦可根据操作条件的不同来修改此从操作方式。

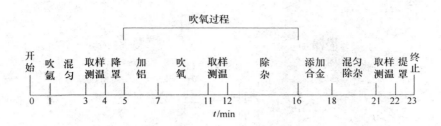

图 3-31 CAS-OB 法工艺流程时间分配

CAS 法、CAS-OB 法的优点如下:

(1) 均匀调节钢液成分和温度,方法简便有效;

(2) 此法提高合金收得率,节约合金,降低成本。宝钢 CAS-OB 法铝的收得率由常规吹氩的 37.3% 提高到 67.1%;

(3) 微调成分。碳的精确度可达 $15 \times 10^{-3}\%$;锰的精确度可达 $30 \times 10^{-2}\%$;

(4) 夹杂物含量明显减少,钢液纯净度高;

(5) 设备简单,无需复杂的真空设备,基建投资省,成本低。

3.6.4 CAS-OB 法类似方法

与 CAS-OB 法类似的方法有鞍钢三炼钢厂研制的 ANS-OB 钢包精炼工艺,该工艺具有氩气搅拌、成分调整和温度调整功能。本溪钢铁公司炼钢厂 1999 年从德国 TM 公司引进了 AHF 炉外精炼工艺,也是一种与 CAS-OB 法相似的钢包化学加热精炼工艺。类似的方法还有由日本住友金属工业公司在 1986 年开发的 IR-UT 法(即升温精炼法),特点是它与 CAS-OB 法的吹氩方式不同,氩气采用顶枪从钢液顶部吹入,还能以氩气载粉精炼钢水。隔离罩呈筒形,顶面有凸缘,可盖住罐口。该技术在对钢水加热的同时,进行脱硫和夹杂物形态的调整操作。IR-UT 钢包精炼如图 3-32 所示。

IR-UT 钢包冶金站由以下几部分组成:钢包盖及连通管;向钢水表面吹氧用的氧枪;搅拌钢水及喷粉用的浸入式喷枪;合金化装置;取样及测温装置;连通管升降卷扬机;加废钢装置;喂线系统(任选设备);石灰粉或 Ca-Si 粉喷吹用的喷粉缸(任选设备)。浸入式搅拌枪与钢包底部透气砖相比,在工艺上可提供更大的灵活性。该喷枪具有以下特点:

(1) 搅拌气体流量控制范围大;

(2) 具有用搅拌枪向钢水喷粉,进行脱硫及控制夹杂物形态的能力;

(3) 无需在钢包底设置多孔透气砖,可免除钢包底部漏钢的危险,无需在钢包上连接软管;

(4) 能对连铸机返回的整体钢包进行再次加热,而带有透气砖的钢包加热有较大困难,因为包底温度低会导致透气砖近处钢水凝固而堵塞。

IR-UT 钢包冶金站采用上部敞口式的隔离罩,它与 CAS-OB 法采用的上部封闭的隔离罩相比有以下优点:(1) 可使整个设备的高度降低;(2) 喂线可在隔离罩内进行,免除与表面渣的反应;(3) 在钢水处理过程中容易观察和调整各项操作,如吹氧、搅拌、合金化及隔离罩内衬耐火材料的侵蚀等。

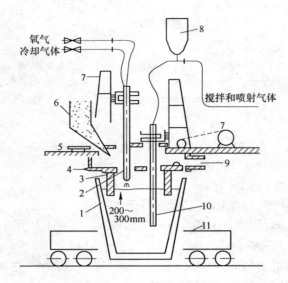

图 3-32 IR-UT 法设备示意图

1—钢包；2—吹氧枪；3—隔离罩裙；4—包盖；5—平台；6—合金称量料斗；
7—升降机构；8—喷粉罐；9—排气口；10—搅拌枪；11—钢包车

使用隔离罩是 CAS 法、CAS-B 法和 IR-UT 法的重要特征,已出现的吹氧化学加热法无一不是用隔离罩的。隔离罩的作用是隔开浮渣在钢水表面造成的无渣壳面并提供加入微调合金空间,形成保护区和为加热钢水提供化学反应空间。此外也具有一定的收集排出烟气的作用。

IR-UT 法可以在精炼的同时加热钢液,可弥补钢液温度的不足。由于采用化学热法,故升温速度快,加热时间少于 5min,整个处理时间不少于 20min,同时省掉电弧加热设备。IR-UT 法除氧枪外还设有加合金称量斗小车及加料器,从钢包一侧加入合金料,另一侧设喷射罐与搅拌枪相连,搅拌枪吹入氮气或氩气。钢包上部设有罩裙和包盖,设有喷射石灰或硅钙粉的罐和软管,供测量温度和取样用的一套(双体)枪和提升机械。其容量为 10 ~ 250t。

吹氧化学加热法还有氏兰法和美式法。氏兰法基本属于 CAS-OB 法类型,采用氩枪搅拌钢水,枪形为非直线的 J 形,可使喷嘴位置正处于隔离罩下方。吹氧枪为耐火材料消耗型。美式法为伯利恒公司推出,使用浸入式吹氩枪搅拌钢水。铝以铝线形式用喂线机射入钢水深部。

3.7 钢包喷粉工艺

钢包喷粉处理的功能主要有:脱氧、脱硫、控制夹杂物形态和微合金化等。

钢包喷粉冶金的基本原理就是利用气体（Ar 或 N_2）为载体将粉料（硅钙、石灰、碳化钙、焦炭粉及其他合金粉剂）直接喷射到钢液深部,冶金物料由传统的炉前分批分量的常规加入改为气动连续输送。因此钢包喷粉精炼可显著地改变冶金反应的热力学和动力学条件。主要优点有:（1）反应比表面积大,反应速率快;（2）合金添加剂利用率高;（3）由于搅拌作用,为新形成的精炼产物创造了良好的浮离条件;（4）能较准确地调整钢液成分,使钢的质量更稳定。此外,钢包喷粉处理还具有设备简单、投资少、操作费用低、灵活性强等特点,是提高钢质量的有效方法之一。其缺点是增加了钢液的热量损失。

国内外较早采用的钢包喷粉法是 1963 年法国开发的 IRSID 法（又称为法国钢铁研究院法）。该法将粉剂借助于喷粉罐（粉料分配器）与载流气体混合形成粉气流，并通过管道和有耐火材料保护的喷枪将粉气流直接导入钢液中。目前国内外采用较多的钢包喷粉方法有：德国的 TN 法、瑞典的 SL 法。

3.7.1 TN 喷粉精炼法

TN 法（蒂森法）是联邦西德于 1974 年研究成功的一种钢水喷吹脱硫及夹杂物形态控制炉外精炼工艺，其构造如图 3-33 所示。TN 法的喷射处理容器是带盖的钢包。喷吹管是通过包盖顶孔插入钢水中，一直伸到钢包底部，以氩气为载体向钢水中输送 Ca-Si 合金或金属 Mg 等精炼剂。喷管插入熔池越深，Ca 或 Mg 的雾化效果越好。根据美国钢铁公司的经验，每吨钢喷吹 0.27kg 金属 Mg 或 2.1kg Ca-Si 合金，可使钢中 $w[S]$ 从 0.02% 降到平均含量为 0.006%，有些炉号能达到 0.002%。脱硫剂可用 Ca、Mg、Ca-Si 合金和 CaC_2。其中以金属钙最有效。TN 法适合于大型电炉的脱硫，也可以与氧气顶吹转炉配合使用。

TN 法的优点有：

（1）喷粉设备较简单。主要由喷粉罐、喷枪及其升降机构、气体输送系统和钢包等组成。

（2）喷粉罐容积较小，安装在喷枪架的悬臂上，可随喷枪一起升降和回转，因此粉料输送管短，压力损失小，同时采用硬管连接，可靠性强。

（3）可在喷粉罐上设上、下两个出料口，根据粉料特性的不同，采用不同的出料方式。密度大、流动性好的粉料可用下部出料口出料（常用），密度小、流动性差的粉料，如石灰粉、合成渣粉等，可用上部出料口出料。

3.7.2 SL 喷粉精炼法

SL 法（氏兰法）是瑞典于 1979 年开发的一种钢水脱硫喷射冶金方法。如图 3-34 所示。

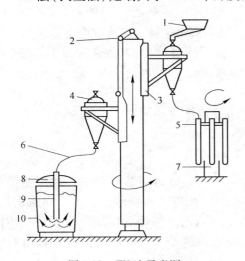
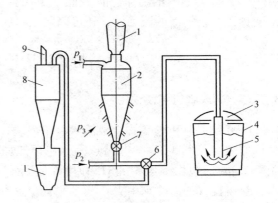

图 3-33　TN 法示意图

1—粉剂给料系统；2—升降机构；3—可移动
悬臂；4—喷粉罐；5—备用喷枪；6—喷吹管；7—
喷枪架；8—钢包盖；9—工作喷枪；10—钢包

图 3-34　SL 法示意图

1—密封料罐；2—分配器；3—钢包盖；4—钢包；5—喷枪；
6—三通阀；7—阀门；8—分离器收粉装置；9—过滤器；
p_1—分配器压强；p_2—喷吹压强；p_3—松动压强

SL 法具有 TN 法的优点，可以喷射合金粉剂，合金元素的回收率接近 100%。因此能够准确地控制钢的成分。SL 法对提高钢质量的效果也非常显著。SL 法与 TN 法相比，SL 法设备简单，操作方便可靠。

SL 法喷粉设备除有喷粉罐、输气系统、喷枪等外，还有密封料罐、回收装置和过滤器等。SL 法的优点有：

（1）喷粉的速度可用压差原理控制（$\Delta p = p_1 - p_2$），以保证喷粉过程顺利进行，当喷嘴直径一定时，喷粉速度随压差而变化，采用恒压喷吹，利于防止喷溅与堵塞。

（2）设有粉料回收装置，既可回收冷态调试时喷出的粉料，又可回收改喷不同粉料时喷粉罐中的剩余粉剂。

3.7.3　钢包喷粉冶金工艺参数及效果

钢包喷粉的工艺参数有吹氩（或氮）压力与流量、喷枪插入深度、粉料用量及配比、喷粉速度和喷吹时间等。确定合理的钢包喷粉冶金工艺参数应全面考虑钢种冶炼要求、设备特点、粉料输送特性及生产条件等因素。

钢包喷粉的冶金效果如下：

（1）脱硫效率高。在脱氧良好条件下，钢包喷吹硅钙、镁的脱硫率可达 75%～87%。喷吹石灰和萤石时，脱硫率达 40%～80%。

（2）钢中氧含量明显降低。钢包喷粉也能起到较好的脱氧效果，钢材中氧含量平均值为 0.002%，但喷粉处理后，氢含量有所增加，在 0.00012%～0.000182%；氮增至 0.00179%～0.00271%。钢中增氢主要与加入的合成渣的水分含量有关；增氮量与合成渣加入量和喷粉强度有关。若渣量少而喷粉强度大，钢水液面裸露会吸收空气中氮。

（3）夹杂物含量明显降低，并改善了夹杂物形态。其中 Al_2O_3 夹杂物下降尤为明显，最高约达 80%，平均达 65% 左右；通过电子探针与扫描表明，球形夹杂物中心为 Al_2O_3，被 CaS、CaO、MnS 等所包裹；夹杂物属 $mCaO \cdot nAl_2O_3$ 铝酸钙类。这种夹杂物粒径小，只有 $15\mu m$ 以下，轧制过程不易变形呈分散分布，对提高钢材横向冲击性能十分有利。

（4）改善钢液的浇注性能。通过喷吹硅钙粉，使钢液中的 Al_2O_3 夹杂变性为低熔点的铝酸钙，改善钢液的流动性，还可以防止水口结瘤堵塞。

3.8　其他精炼方法

3.8.1　CAB 吹氩精炼法

CAB 法是带钢包盖加合成渣吹氩精炼法，是新日铁 1965 年开发成功的一种简易炉外精炼方法（见图 3-35）。其特点是钢包顶部加盖吹氩并在包内加合成渣。由于加盖密封，吹氩 1min 后包内气氛中的 O_2 即可降低到 1% 以下，从而能够做到以较大吹氩量搅拌钢水，获得良好的去除钢中夹杂物效果而不必担心钢水翻腾造成氧化。据报道，采用 CAB 法工艺生产低碳铝镇静钢和中碳铝硅镇静钢，处理 8min 后，钢液中尺寸大于 $20\mu m$ 的 Al_2O_3 系夹杂物几乎全部被去除干净。

CAB 法要求合成渣熔点低、流动性好、吸收夹杂能力强。吹氩时钢液不与空气接触，避免二次氧化。上浮夹杂被合成渣吸附和溶解，不会返回钢液中。钢包有包盖可大大减少降温。合成渣处理钢液，必须进行吹氩强搅拌，促进渣钢间反应，以利于钢液脱氧、脱硫及夹杂物去除。

3.8.2 带搅拌的真空钢包脱气法

作为强化搅拌的方法，1958 年曼内斯曼公司开发了用喷枪吹氩搅拌的方法；美国 A. Finkl&Sons 公司开发了用塞棒型吹氩管吹氩的方法（Finkle 法见图 3-36a）。其后这项技术进一步发展为采用耐火材料喷枪，以氩气为载气喷粉的喷吹技术。通过向设置在真空条件下的钢包内喷粉，进行脱气和夹杂物的形态控制，这一方法称为 V-KIP 法（见图 3-36b）。

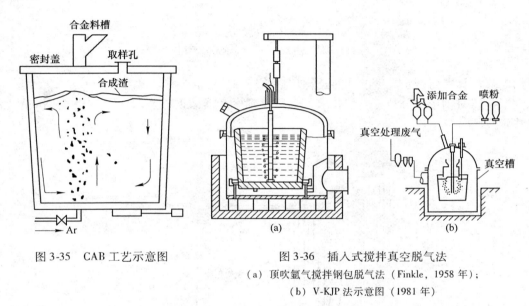

图 3-35 CAB 工艺示意图

图 3-36 插入式搅拌真空脱气法
（a）顶吹氩气搅拌钢包脱气法（Finkle，1958 年）；
（b）V-KJP 法示意图（1981 年）

另一种吹氩搅拌法，是通过设置在钢包底部的透气砖吹氩，1950 年由加拿大开发，称为 GAZAL 法（钢包吹氩法）。该方法可作为简便的小容量钢包用于脱气法。使用透气砖的氩气搅拌法，是钢包内钢水最简便的搅拌手段，在后来实用化的 VOD 法、VAD 法、LF 法、CAS 法等方法中，几乎所有的钢包精炼法都装备了它。

3.8.3 铝弹投射法

日本住友金属工业公司 1972 年开发的铝弹投射法（alumillium bullets shooting method，ABS 法），使用弹状物来代替线状物，将铝弹以一定速度打入钢水深处，使铝在钢水中熔化。本方法也适用于钙的加入。用该方法加入钙，包括前后的钢水处理，称为 SCAT 法（sumitomo calcium treatment），如图 3-37 所示，于 1975 年投入使用。

3.8.4 NK-AP 法

NK-AP（NKK arc-refining process）于 1981 年在日本 NKK 福山制铁所开发，使用插入式喷枪代替透气砖，可以进行气体搅拌和精炼粉剂的喷吹。AP（arc proce）工艺是在包

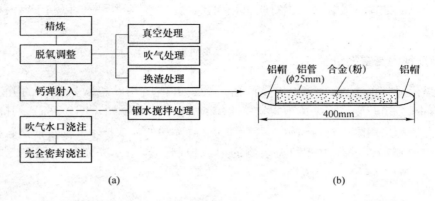

图 3-37　投射法

(a) SCAT 法流程；(b) 合金弹示意图

中用电弧加热提高钢水温度的同时进行炉渣精炼和喷粉的工艺。常与 RH 工艺相配合，既保证了连铸对钢水成分和温度的要求，也可达到生产清洁钢的要求。图 3-38 是 NK-AP 精炼法示意图。

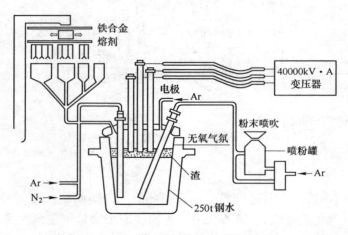

图 3-38　NK-AP 精炼法示意图

3.8.5　REDA 法

REDA 法于 1995 年由新日铁开发，此方法构造如图 3-39 所示。可以说既是 DH 法的改进也是 RH 法的改进，即将 DH 法真空槽的浸渍管加粗，插在钢水中，在真空槽里减压排气，从钢包底部通过透气砖向稍偏于其中心的部分慢慢吹氩。此方法构造简单，易于管理维护，吹少量的氩气就可以得到大的搅拌功，显著地扩大了钢水-Ar(g) 界面，因而对于脱气以及极低碳钢的吹炼有很大的效果。可得到 $w([C]+[N])<0.0025\%$ 的钢。

3.8.6　多功能 LF 法

LF 法也和其他钢包精炼法一样向多功能化方向发展，如图 3-40 所示，是一种集电弧加热、气体搅拌、真空脱气、合成渣精炼、喷吹精炼粉剂及添加合金元素等功能于一体的精炼法，也称多功能 LF 法。

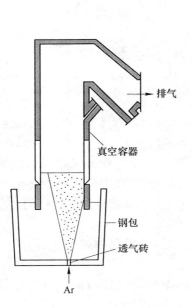

图 3-39　REDA 法示意图

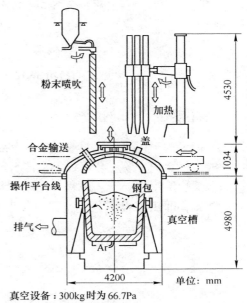

真空设备：300kg 时为 66.7Pa
粉末喷吹：100kg 熔剂/min

图 3-40　多功能 LF 法

 复习思考题

3-1　试述 RH 法与 DH 法的工作原理。

3-2　RH 法的基本设备包括哪些部分，其冶金功能与冶炼效果如何？

3-3　何谓 LF 法，LF 法工艺的主要优点有哪些？说明其处理效果。

3-4　LF 法的主要设备包括哪些？

3-5　LF 法精炼渣的基本功能如何，其组成怎样？

3-6　VD 法处理过程为什么要全程吹氩，VD 法精炼对钢包净空有什么要求？

3-7　什么是 VD 法和 VOD 法，它们各有什么作用？

3-8　试述 LF 法与 RH 法、LF 法与 VD 法的配合及效果。

3-9　比较 LF 法、ASEA-SKF 法、VAD/VOD 法，说明 LF 法被广泛使用的主要原因。

3-10　为什么 AOD 法、VOD 法适于冶炼不锈钢？试比较 AOD 法与 VOD 法特点及应用。

3-11　简述 CAS 法、CAS-OB 法的精炼原理与精炼功能。

3-12　TN 法、SL 法各有何优点？

4 炉外精炼与连铸的合理匹配

4.1 合理匹配的必要性及原则

4.1.1 匹配的必要性

现代化炼钢厂的工艺流程，一般包括多个独立的工艺环节，它们各自有要完成的任务和目标。一般氧气转炉主要工艺流程为：铁水预处理→转炉吹炼→炉外精炼→连铸，即长流程工艺。电弧炉炼钢主要工艺流程为：废钢预热→超高功率（偏心底出钢）电弧炉→炉外精炼→连铸，即短流程工艺。流程中各工序间必须合理匹配，任何一个环节出现延误、脱节或没达到下一工序的技术要求，都将影响整个工厂的生产。炉外精炼的合理匹配要求如下：

（1）在功能上能相互适应，相互补充；能满足产品的质量要求，且经济、实用、可靠。

（2）在空间位置上要紧凑，尽量缩短两个环节间衔接的操作时间，且不干扰其他操作。

（3）各环节的设备容量、相互适应；生产能力要相当；要适当考虑各环节在发挥潜在能力时也能相互适应。

（4）在操作周期上要能合理匹配，既不会经常相互等待，又有一些缓冲调节的余地，实现连续浇注。

大规模的现代化炼钢厂炉容量大、生产节奏快、操作技术和设备设施复杂，工艺环节之间的配合相当困难。因此，在可能的情况下应尽量简化操作，在满足产品质量要求的前提下减少生产环节，也尽量减少生产过程中工艺环节之间的"硬连接"式的配合，而采用有缓冲的工艺流程。

炼钢厂一般把炼钢、精炼、连铸等主要生产环节放置在相连几个跨间的主厂房内，按照产品方案中钢种的质量要求及原料、工艺等具体条件和特点选择相应的配套设备。如有足够的铁水、产品中有大量超低碳类纯净钢种的钢厂，一般选择氧气转炉并配合 RH 类真空精炼设备，但它投资较大。如果没有铁水而只有废钢则一般选择电炉这种投资较小、生产规模也比较灵活的工艺。当产品为板材时选择板坯连铸机；生产棒线材则一般选用方坯连铸机，并且要根据成品的质量要求和轧机配备等条件来选择适当的机型和断面尺寸等。连铸机的小时产量要和冶炼炉的产量相匹配，才有条件做到较长时间的连续浇注。

冶炼超低硫类钢种时，一般除要配备铁水脱硫设备外，还须配备有钢水喷粉冶金类的精炼设备以进一步脱除钢水中的硫。当然，采用 LF 或喂线也能进行钢水脱硫。实际中一种质量要求常会有多种设备和手段能够达到目的，但其操作成本或能达到的深度不同，操作的难易、周期的长短不等，所以还要根据各厂的实际情况综合考虑，做出多方案对比，才能最后选定一种比较合适的方案。

现代钢铁企业生产中，一个炼钢厂常要根据市场的要求生产很多质量高低不等、特点不同的钢种，因此一个炼钢车间也常会配备多种不同的精炼设备，它们的功能也有部分是重叠的，以保证能用最经济的工艺路线生产出合乎客户要求的产品。

4.1.2 匹配原则

目前许多电炉和转炉炼钢厂采用了一对一的单通道设备配置模式，即1座冶炼炉+1套精炼设备+1台连铸机，用该模式专业化地生产一种类型的产品。这种配置较易做到前后工序设备容量相同、生产能力一致；在空间布置上紧凑，物流顺行、不干扰；在操作周期上通过合理分担各工序的任务和目标及适当地选择有关设备的参数，做到时间相近或一致。在一对一的情况下，钢水的精炼周期和一炉钢水的浇注周期一般都应该略短于冶炼炉的生产周期才有可能长时间地连续生产。采用这种模式，车间的生产容易组织协调，设备能达到最高的生产速率、最高的作业率，得到好的技术经济指标及效益。这种设备匹配的车间单位生产能力的投资同比也最省。

连铸机的机型、连铸坯的尺寸、断面等主要由产品品种、质量和轧机等条件所决定。冶炼炉、精炼装置和连铸机的合理匹配指的是，在已定的条件下所提供的钢水，除达到最终产品的化学成分要求外，最重要的是能按要求的时间、温度和数量及时地送到连铸机上。

实际上冶炼与连铸之间的配合调度是一个很复杂的问题，有许多种不同的情况，如冶炼周期大于或小于连铸机的浇注周期、冶炼设备和连铸机之间有无缓冲装置、冶炼装置和连铸机所配置的数量不同。这些使配合调度多种多样，在进行总体设计时要通过做调度图表考虑各种情况的合理安排，尽量减少等钢液或钢液等连铸机的时间。设计时要尽可能做到：

（1）连铸机的浇注时间与冶炼、精炼的冶炼周期保持同步；

（2）连铸机的准备时间应小于冶炼、精炼的冶炼周期；

（3）当冶炼周期和浇注周期配合有困难时要考虑增加钢包炉（LF法）来调节。

对于大容量的氧气转炉炼钢厂来说，同一套设备由于冶炼的钢种不同或产品的质量要求不同以及铸坯断面尺寸、拉速的改变，浇注周期会有很大的差别。冶炼和连铸之间的时间匹配要困难得多，再加上从经济效益、节约生产成本方面的考虑。一座生产的大型转炉常配备两套以上不同功能、不同作用的精炼设备及相应的多台连铸机。生产中，当某些品种的精炼周期和浇注周期过长时，就采用相对于炼钢炉双周期的操作制度。这样虽然建设投资增加了，但对于车间的长期生产来说提高了车间大多数设备的作业率，降低了某些品种的生产成本，总的来说还是经济的、合理的。

4.2 炉外精炼车间工艺布置

4.2.1 炉外精炼技术的选择依据

21世纪以来，炉外精炼进入自主创新、系统优化、全面发展阶段。据不完全统计炉外精炼设备总数已超过1000台。从炉外精炼设备的发展情况来看，具有加热功能、投资较少的LF法发展最快，RH循环脱气装置精炼的钢水质量最具保证，近年来由于质量要求和品种开发需要，RH 也被广泛采用。

炉外精炼技术的选择依据具体考虑因素：

（1）生产的最终产品及其质量要求。

（2）初炼炉的技术参数、冶炼工艺特点与炉外精炼设备的配合方式。旧车间增设炉外精炼设备时，还应考虑诸如车间高度、起重机的能力、原有设备的布置及工艺流程等因素。

（3）当地条件：如原料的特性及来源、能源及其供应方式、运输方式等。

（4）经济与社会效益，如基建及设备投资、运转费用及生产成本、环境保护和产品需求情况等。

精炼工艺的选择应以适应钢的质量要求为首要目的。有的炼钢车间为了适应多种钢的需要甚至设有两种以上的炉外精炼设备。

炉外精炼技术发展迅速，世界主要产钢国家炉外精炼设备类型和数量统计资料表明，LF 法最多，其次是 RH 法、VD 法、AOD 法、VOD 法等。值得关注的是，近几年国内外高水平转炉钢厂炉外精炼采用 LF 工艺呈现减少趋势，而 RH 目前已发展成为大型转炉钢厂中应用非常广泛的炉外精炼工艺。

几种典型精炼工艺或手段的功能与效果比较：

（1）几乎任何一种精炼工艺均有钢水的搅拌以促进渣钢反应，均匀化学成分，均匀钢水温度以及加快添加料的熔化与均匀化，所以搅拌已成为精炼过程的必备手段。最常用的是真空或非真空下的钢水吹氩搅拌处理，这也是钢水连铸之前必不可少的准备处理。不论是普碳钢类连铸或特殊钢种连铸，也不论钢水量的多少均应进行钢包吹氩。

（2）真空精炼（或称钢水真空处理）对脱除气体最为有利，尤其对脱氢甚为有效。真空处理可以使大部分特殊钢脱氢、脱氧、脱除部分氮和降低夹杂，并且可以在真空下脱碳生产超低碳钢种。真空处理（包括 DH 法、RH 法、VD 法）中 DH 法、RH 法占有优势。DH 法设备较复杂，而且是间断性的，20 世纪 80 年代以来较少采用。RH 设备目前得到广泛发展，在日本，一些工厂多采用 RH 法处理，无论电弧炉或转炉钢水大多采用初炼炉（EAF 法或 BOF 法）→LF 法→RH 法→连铸流程。国内许多转炉钢厂为了进一步提高钢的质量，也新建了 RH 装置。

（3）真空吹氧脱碳，RH-OB 法是日本开发的钢水循环真空处理过程吹氧脱碳技术，RH-PB 法是循环脱气过程中吹入粉剂，RH-KTB 法是通过真空室上部插入的水冷氧枪向 RH 法真空室内钢水表面吹氧，加速脱碳，提高二次燃烧率，降低温降速度。它们都是 RH 法技术的发展，适于冶炼超低碳钢种，初炼炉可为转炉或电弧炉。

（4）VOD 法与 AOD 法是冶炼不锈钢的炉外精炼技术。前者又可与 VAD 法设备联合，组成 VOD-VAD 法两用装置，共用一套真空抽气系统和真空室（真空罐），使总体设备简化，既可以减少厂房面积，又可以适应不同钢种的工艺需要。我国特殊钢厂引进和自行设计制作的该种设备多是这种联合式的。以 EAF 法为初炼炉，VOD 法或 AOD 法为二次精炼，使熔炼超低碳型不锈钢更易成功。不仅提高 Cr 回收率，且节约低碳、微碳合金，降低炼钢成本，成为熔炼超低碳型不锈钢工艺的必用设备。

（5）具有电弧加热功能的精炼设备。常用者有三种：ASEA-SKF 法钢包炉，LF 法型钢包炉，VAD 法真空加热脱气装置。由于具有加热调温作用，一则可以减轻初炼炉出钢后钢水提温的负担，使初炼炉发挥高生产率的特点（高功率，超高功率电炉的快速熔化与氧化精炼，转炉缩短吹炼时间）；二则使连铸可获得适当的浇注温度，使熔炼与浇注之间得到缓冲调节作用，提高连铸机生产率与钢水收得率。

我国已建成 40～300t 不同容量的 LF 炉。LF 法成为高功率 EAF 法与连铸间匹配的主要精炼设备。但转炉-LF 法的生产流程亦有它的特点，它可以完成调（升）温、调整成分（如增碳、合金化）、脱硫及协调熔炼与连铸工序的衔接等，使转炉也可以生产优质钢类，提高了钢质量，对增加转炉冶炼钢种起到了促进作用。还可以降低转炉出钢温度，延长转炉炉衬寿命。因此，目前几乎所有的钢厂都配有 LF 炉。

（6）炉外精炼时调整钢水温度（即补偿热损失）的技术。钢水精炼过程中散热量较多，为了适应后期浇注的需要，补偿热量损失十分重要。上述几种带电弧加热的设备是电加热方法的一种，此外还有直流电弧加热与等离子弧加热方法。钢包中用化学热加热方法具有设备简便和热效率高的优点，而且升温较快。CAS-OB 法是化学热法加热成功的技术，升温速度可达 5～10℃/min，还有与之原理基本相同的 ANS-OB 法、IR-UT 法。比较几种钢水再加热方法，化学热法的优势是显著的。

从适用钢种来看，LF 因其很强的渣洗精炼和加热功能，适宜于低氧钢、低硫钢和高合金钢生产；VD 法因其脱气和去除夹杂物功能，适宜于重轨、齿轮、轴承等对气体和夹杂物控制严格的钢种；RH 法脱碳、脱气能力强，适宜于大批量精炼处理生产超低碳钢、IF 钢；CAS-OB 法适宜于普碳钢、低合金钢生产；AOD 法、VOD 法等专门用于生产不锈钢。实际生产中，经常采用不同功能的精炼炉组合使用，如 CAS-RH 法、LF-RH 法、LF-AOD-VOD 法等。

4.2.2 炉外精炼方法的选择

选择炉外精炼方法的基本出发点是市场和产品对质量的不同要求。例如，对重轨钢必须选择具有脱氢功能的真空脱气法；对于一般结构用钢只需采用以吹氩为核心的综合精炼方法；对不锈钢一般应选择 AOD 精炼法；对参与国际市场竞争的汽车用深冲薄板钢和超纯钢则必须从铁水"三脱"到 RH 法真空综合精炼直至中间包冶金的各个炉外精炼环节综合优化。

合理选择还必须考虑工艺特性的要求和生产规模、衔接匹配等系统优化的综合要求；大型板坯连铸机的生产工艺要求钢水硫含量低于 0.015% 的水平，就必须考虑铁水脱硫的措施。大型钢厂为了提高产品质量，同时又提高精炼设备作业率，追求从技术经济指标的全面改善中获得整体效益，从而采用了全量铁水预处理、全量钢水真空处理模式。

不规范的炼钢炉冶炼工艺，将使钢水精炼装置成为炼钢炉的"事故处理站"，使炉外精炼的效率大大降低，甚至不能正常发挥炉外精炼技术的功效。

在选配炉外精炼方式的同时，对影响精炼过程的因素必须考虑，如原材料的波动性（如用低质废钢、铁合金以及熔态还原法获得的原料和合金等）以及工艺上的灵活和连续性等。此外，为了获得最佳精炼效果和过程的动态控制，杂质元素精确在线测定和最终快速测定是必要的。

炉外精炼方法及设备选择应保证生产工艺系统的整体优化，每项技术、每道工序的优化功能是在前后各个工序为其创造必要的衔接条件的前提下才能充分发挥。

　　总之，炉外精炼技术本身是一项系统工程，炉外精炼方法及设备选择要以市场对产品质量要求作为出发点，明确基本工艺路线，做到功能对口，在工艺方法、生产规模以及工序之间的衔接、匹配上经济合理；还必须注意相关技术和原料的配套要求，主体设备与辅助设备配套齐全，保证功能与装备水平符合要求。

　　炉外精炼的合理匹配模式决定于钢铁厂的生产规模、产品结构和历史发展过程，很难用几种具体模式概括。

4.2.3　炉外精炼的布置

　　炉外精炼的平面布置必须朝更紧凑、更利于快速衔接和保持应有的缓冲调节功能的方向优化。要加强对精炼工序功能的理解与合理利用，发挥其在流程中的作用。避免一些企业对精炼装置的类型选择不当。一些企业虽然选对了与产品相适应的精炼装置，但平面布置的位置不合适，影响使用效率和多炉连浇。有的精炼工艺软件的系统性、适应性的研究还有差距。这对各钢铁企业生产工艺、产品质量的稳定有很大影响。

　　同时还要加强对炉外精炼技术经济性的认识。通过对同一质量水平的产品进行比较，还是有更高效、低耗、优质、低成本的炉外精炼工艺。有的企业增设了 RH 法装置，但不经常使用，有的企业用 LF 作为"保险"装置，放任前面工序的不规范操作。这样做只会增加成本，没有效益。

　　一些企业只注重精炼设备，却不讲究平面布置的合理性。如在常用工艺流程需要两台精炼设备顺序运行并与冶炼、连铸相衔接时，出现多次吊运的干扰，或者两台吊车同时运行时的干扰，从而造成低效率、高消耗的问题。而且，一旦平面图布局确定，就较难改变。有的厂重视并巧妙优化平面图布局，符合紧凑、无干扰的快速衔接要求。如武钢炼钢总厂四分厂的 RH 布置在出钢线并采用卷扬提升，不影响出钢钢包更换，节省了时间、投资、消耗，创造了良好的经济效益。

 复习思考题

4-1　炉外精炼的合理匹配的要求和原则如何？

4-2　炉外精炼技术的选择应考虑哪些因素？

4-3　比较说明常用的真空处理装置和具有电弧加热功能的精炼设备的特点。

5 钢 的 浇 注

5.1 模 铸

5.1.1 模铸方法及特点

根据钢液由钢包注入钢锭模的方式不同，将模铸分为上注和下注两种方法。

5.1.1.1 上注法

钢液由钢锭模上口直接注入模内的浇注方法，称为上注法（见图5-1）。上注法每次只能浇注一支钢锭，必需的设备是钢包、钢锭模、保温帽、中注管和底板。上注法的优点有：铸锭准备工作简单；耐火材料消耗少；钢液收得率高；钢锭成本低；钢中夹杂物含量较低；模内钢液高温区始终位于钢锭上部，有利于减少翻皮、缩孔和疏松等缺陷。上注法的缺点有：一次只能浇注一支或2~4支（采用中间罐）钢锭；开浇时容易引起飞溅，造成结疤、皮下气泡等缺陷；钢液冲刷模底、容易烧坏钢锭模和底板；钢锭模消耗较高。

5.1.1.2 下注法

钢液经中注管、汤道从模底进入模内的浇注方法，称为下注法（见图5-2）。下注法一次能够铸成数根至数十根钢锭，必需的设备是钢包、钢锭模、保温帽、中注管、汤道和底盘等。下注法的优点：首先是能同时浇注多根钢锭，一般是中、小型钢锭，可多达64根，最适于无大型开坯机的工厂；其次是钢液在模内上升较平稳、表面质量较好。下注法

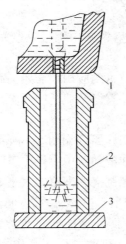

图5-1　上注法示意图

1—盛钢桶；2—钢锭模；3—底盘

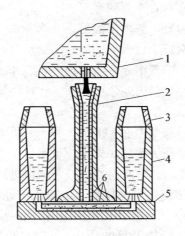

图5-2　下注法示意图

1—盛钢桶；2—中注管；3—保温帽；
4—钢锭模；5—底盘；6—汤道

的主要缺点是铸锭准备工作繁重；耐火材料消耗较多，每吨钢为 20～25kg；钢液收得率比上注法低；由于钢液对中注管砖和汤道砖的冲刷和浸蚀，将增加钢锭中夹杂的含量。

上注法和下注法各有特点，应根据钢种、钢锭大小、压力加工方法、钢的用途以及车间设备条件和作业面积等加以选择。

5.1.2　模铸设备

5.1.2.1　盛钢桶

盛钢桶是盛放钢液、进行浇注的主要设备，又称钢包，如图 5-3 所示。它由钢板外壳、耐火材料（黏土砖及高铝砖）内衬和钢流控制装置等部分组成。

盛钢桶的容量应与炼钢炉的最大出钢量相匹配，一个标准的盛钢桶除能容纳全炉钢液和部分渣液外，还应有 10% 左右的余量，以适应钢液量的波动。大型盛钢桶的炉渣应是金属量的 3%～5%，小型盛钢桶的渣量为 5%～10%，除此之外，盛钢桶上口还应留有 200mm 以上的净空，作为精炼容器时要留出更大的净空。

盛钢桶的外形常采用截头圆锥体，其内型尺寸的高度与平均直径之比约等于 1。这种形式的

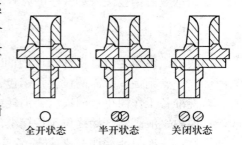

全开状态　　半开状态　　关闭状态

图 5-3　滑动水口工作原理

盛钢桶，其散热损失最小，并有利于非金属夹杂物的上浮。为吊运的稳定，耳轴的位置应比满载重心高 200～400mm。为便于清除残钢残渣，盛钢桶桶壁应有 10%～15% 的倒锥度。

盛钢桶内衬与高温钢液、炉渣长时间接触，受到注流冲刷和炉渣侵蚀，尤其是用于炉外精炼的盛钢桶，受到的侵蚀更严重。内衬被侵蚀不仅降低了盛钢桶的寿命，还增加钢液中的夹杂物含量。因此盛钢桶内衬需选用合适的耐火材料，它对改善钢质量、稳定操作和提高生产效率有着重要的意义。

盛钢桶内衬一般由保温层、永久层和工作层组成。盛钢桶内钢流控制系统有两种类型：一种是塞杆水口，另一种是滑动水口。

近年来，随着钢液在盛钢桶内精炼和脱气处理等新技术的应用，需要提高出钢温度和延长钢液在盛钢桶内的停留时间。在这种情况下，塞杆装置已不能适应要求，故生产中已普遍采用滑动水口。

滑动水口装置由上、下水口和上、下滑板组成，其工作原理如图 5-3 所示。上水口和上滑板均固定在盛钢桶底壳上，下水口和下滑板则固定在滑动盒中。操作时，通过滑动机构的作用，使上、下水口相通或关闭以进行浇注，并可控制浇注钢流的大小。

为防止注流在上水口和上滑板孔中冻结，提高盛钢桶水口自开率，可以采用两种方式：一种是在下滑板上安装透气砖，通过吹氩搅动钢液防止冻结。这种方法效果较好，并具有促进夹杂物上浮的作用。另一种是预先在上水口和上滑板注孔中填充镁砂、硅钙合金粉等材料或专门的引流砂以防止冻结，但有时仍不能自开。此外，填料也会污染钢水。

5.1.2.2　钢锭模

钢锭模是钢液凝固成锭的模型，其断面形状及尺寸间的关系，对钢锭质量和下一步的锻轧加工及成品质量，均有重要的影响。

根据热加工要求的不同，钢锭模的断面形状有圆形、正方形、多边形、扁形四种，而其边形又有直边、凹边、凸边、波纹边等多种。正方形和扇形锭适用于轧制；多边形锭因棱角多，增加钢锭外壳强度使之不易开裂，多用于锻造；圆锭易产生裂纹，多用于浇注黏度较大而不易开裂的高合金钢，以便在车床上剥皮清理表面缺陷。直边形钢锭模制造容易，钢锭热加工时不易产生折叠，故使用最广；凸边有利于防止锭角烧蚀，但凸面承受的应力为钢液静压力与钢锭收缩应力之和，易产生锭面纵裂；凹边钢锭表面上承受的应力等于钢液静压力与钢锭收缩应力之差，故可防止锭面纵裂，但其角部纵裂和烧蚀又难以避免；波纹边钢锭兼有凸凹边的优点，但锭模制造困难，波峰易烧坏，实际应用不多。

为脱模方便，对于镇静钢钢锭来说，为减小上部钢液的冷凝速度以保证充填缩孔，钢锭模均有锥度，即

$$锥度 = \frac{D_1 - D_2}{H} \times 100\% \tag{5-1}$$

式中，D_1 和 D_2 分别为钢锭下部和上部的宽度，H 为其高度。当 D_1 大于 D_2 时称为正锥度；相反，D_1 小于 D_2 时，锥度为负值，即为倒锥度。前者一般应用于沸腾钢锭，后者多用于镇静钢锭。

一般轧制镇静钢钢锭的倒锥度为 2% ~4%，锻造钢锭倒锥度为 3% ~5%；一般轧制沸腾钢钢锭的正锥度为 1% ~2%。锥度过大，将使钢锭大、小头加热不均，并降低轧机的生产率。

钢锭高度与其平均宽度的比例（H/D）影响钢锭质量。降低此比值，能大大减小中心疏松的发展，非金属夹杂物和气体易上浮排除，但偏析较严重。增大钢锭高宽比时，由于模内钢液静压力增加，会助长镇静钢锭的纵裂倾向和加深钢锭的缩孔，也会使沸腾钢锭中的气体排出较困难，蜂窝气泡带接近钢锭表面，进一步加工时易产生裂纹缺陷。

一般轧制钢锭的高宽比值为 2.8 ~3.3，锻造钢锭的高宽比值为 1.5 ~2.5，沸腾钢钢锭的高宽比值为 3 ~5。

钢锭模一般用生铁铸成，其使用寿命常在 60 ~80 次。钢锭模损坏的主要原因是温度应力产生裂纹、注流偏斜对模壁冲刷而产生蚀坑等。实践证明，采用球墨铸铁铸造的钢锭模，其使用寿命较长。

5.1.2.3　保温帽

保温帽由生铁外壳和耐火材料内衬构成。保温帽内衬对钢液起保温作用，使其中的钢液在较长时间内处于高温状态，不断填充锭身因冷凝而产生的收缩空隙，从而获得致密的钢锭。保温帽的效果与内衬材料有关，应当采用绝热能力强的材料。目前，较广泛使用高温混凝土，由骨料（废耐火砖或高铝矾土）和矾土水泥两种材料混合浇灌而成，具有成型简便、使用寿命长等优点。保温帽部分所容纳的钢液重量约占钢锭重量的 12% ~20%，小钢锭取上限，大钢锭取下限。

近年来，为简化铸锭生产工序，已逐渐广泛使用隔热板在上小下大的锭模中浇注镇静

钢。隔热板由粒状绝热耐火材料（如石英砂）、纤维绝热材料（石棉等）和黏合剂（如硅酸钠）加工制成。使用时，预先制好的隔热板用射钉枪钉于钢锭模头部的内壁上。

5.1.2.4　底板和中注管

采用下注法浇注时，盛钢桶内钢液通过中注管由分流砖、流钢砖流入各个钢锭模中。中注管由漏斗砖、注管砖和铸铁外壳组成。底板用生铁铸成，下注底板铸出下凹的坑槽，以安放分流砖和流钢砖。分流砖上口与中注管相接，侧口与流钢砖相同。按底板沟槽的分布可分树枝型底板（见图 5-4）和放射型底板（见图 5-5）等类型，前者适用于浇注数量多而重量小的钢锭，后者则适用于浇注数量较少而重量较大的钢锭。

上注法底板的作用只是承托钢锭模，其表面无沟槽。

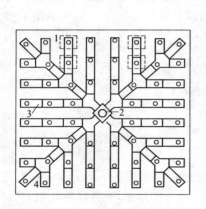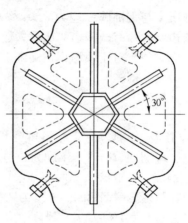

图 5-4　树枝型底板　　　　　　　　　　图 5-5　放射型底板
1—锭模位置；2—中心分流砖；
3—流钢砖；4—钢液注入口

5.1.3　镇静钢钢锭

镇静钢钢锭本体致密无分散气泡，偏析程度较小，其内部质量优于沸腾钢，轧成的钢材具有较为良好和均匀的机械性能。因此，对力学性能要求较高的合金钢和高、中碳钢以及部分低碳钢都冶炼成镇静钢。

用模铸法浇注镇静钢时，一般均采用带保温帽的上大下小的钢锭模。由于整模和脱模工作量都比较大，在某些情况下，实际条件会限制生产镇静钢的比例。近年来，炼钢厂已开始采用上小下大的钢锭模，在头部吊挂保温（绝热）板浇注镇静钢。

5.1.3.1　镇静钢钢锭结构

镇静钢是完全脱氧的钢，结晶过程较平稳，其钢锭结构决定于凝固条件，而其偏析又与钢锭结构有密切关系。

镇静钢钢锭结构的纵剖面如图 5-6 所示，其主要结构为激冷层、柱状晶带和等轴晶带，此外，上部有缩孔，下部有锥形体。

激冷层由细小等轴晶组成，它的厚薄与钢液浇注温度和模壁温度有关。钢液过热度高时，激冷层薄。太薄的激冷层其表面容易产生裂纹，亦即浇注温度高使钢锭表面容易产生裂纹。激冷层厚度一般为 5~15mm。

激冷层形成后，由于传热速度减慢，结晶面上的过冷度减小，但仍存在温度梯度。此时，没有新的晶核生成，只有与结晶面垂直的晶体长大，因而开始形成柱状结晶。

在柱状晶生成过程中，由于钢液内部的温差，模内钢液存在着缓慢的对流运动。一方面，对流的同时伴随着结晶面上的晶体下沉，并将粗大的硅酸盐夹杂带下。当对流的钢液从下向上转变方向时，晶体及其所带下的粗大硅酸盐夹杂，由于重力和离心力作用，而留在钢锭底部。另一方面，钢液对流向上时，将一部分含硫、磷、碳等杂质多的母液带到钢锭头部。所以，若柱状晶带生长时间长，则可将较多的溶解在钢液中的杂质集中在钢锭头部保温帽内。在粗大的等轴晶带成长时，钢液的过热基本消失，对流也就停止。

锭心钢液结晶时，因为钢液凝固速度远小于激冷层的凝固速度，所以不但生成的晶核数量少，而且有足够的时间长成较大的晶体。这些较大的晶体因为纯度高、比重大，有一部分下沉到钢锭底部（同样也带下很多硅酸盐夹杂），与柱状晶生成时沉入底部的晶体一起，组成钢锭底部锥形体。由于锥形体的上下层晶体彼此挤压，晶体周围被硫、磷、碳所富集的母液被挤出上浮，所以钢锭底部锥形体是由含硫、磷、碳等杂质少、含硅酸盐夹杂多的细小等轴晶组成。钢锭越粗，倒锥度越大，其底部锥形体就越高。

在钢锭模内，钢液从下向上垂直凝固。当下层冷钢液凝固收缩时，上层热钢液向下充填。因此，钢锭头部形成缩孔和疏松。倒锥度越大，越有利于把缩孔集中到钢锭头部(保温帽内)。

从上述可知，镇静钢钢锭上部硫化物夹杂多，下部硅酸盐夹杂多，而以中间部分质量最好。一般钢锭的质量问题主要在上部，而特大型钢锭(数十吨以上)的质量问题则往往在下部。

5.1.3.2　钢锭的偏析带

用硫印的方法检查钢锭纵剖面，可以观察到钢锭有三个明显的偏析带（见图5-7）：A

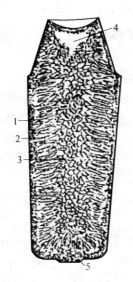

图 5-6　镇静钢钢锭结构
1—激冷层；2—柱状晶带；3—粗大
等轴晶；4—缩孔；5—锥形体

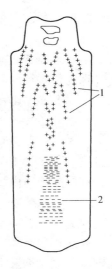

图 5-7　镇静钢锭的偏析带
1—正偏析；2—负偏析

形偏析带、V 形偏析带和底部锥形负偏析带。

A 形偏析是由硫化物（主要是 MnS）组成，存在于枝状晶带和粗大等轴晶带的交界处。它是在柱状晶生成过程中被热对流运动从两相区冲刷到结晶面上的含较多杂质的母液，当柱状晶停止生长而热对流运动停止时被固定在此处形成的。当出现穿晶结构（即柱状晶发展至锭心）时，A 形偏析则存在于柱状晶带范围内。这时，由于 A 形偏析接近锭心，这种钢锭经穿孔后，钢管内壁易形成折叠。所以，穿晶结构的钢锭不宜轧制无缝钢管。

A 形偏析在钢锭或初轧坯的横截面上表现为方形偏析或点状偏析。

V 形偏析存在于缩孔和疏松之下，由于凝固收缩保温帽部分钢液向下填充，含偏析物较多的钢液沿着已凝固晶体前沿下流，形成 V 形偏析带。保温帽保温越好，钢锭本体 V 形偏析越能减轻。在钢锭或初轧坯的横截面上 V 形偏析表现为中心偏析。

浇注温度对钢锭偏析有很大影响。浇注温度高时，模内温度梯度保持时间长，钢液对流时间长，柱状晶带宽，A 形偏折向内向上集中，底部锥形体也被压扁；浇注温度低时，柱状晶带窄，偏析则向外向下分散。前者是使偏析尽量集中，后者则使偏析尽量分散。所以，根据实际情况控制浇注温度的高低，可在一定程度上解决偏析问题。

5.1.3.3　镇静钢的缺陷及防止方法

钢锭是炼钢过程的最后产品，但还必须经过锻轧才能成材。为提高钢材的质量和合格率，要求钢锭内部坚实，组织致密，成分均匀和表面良好。然而，由于工业生产技术条件的限制，以及在炼钢和凝固过程中所固有的物理化学变化，实质上不可能得到绝对纯净、致密、均匀而无缺陷的钢锭。质量高低，只能是相对比较或对一定用途的产品要求而言。

正确地识别钢的缺陷，并了解其性质和产生原因，对评价钢的质量及探讨防止缺陷的方法，都是十分必要的。

A　钢锭表面缺陷

钢锭表面缺陷包括裂纹、结疤、夹砂、气孔等，在钢锭热加工过程中，这些缺陷都会产生表皮开裂现象。

（1）表面裂纹。表面裂纹可能在钢锭最初的结晶阶段形成，也可能在完全凝固后冷却时形成，前者称为热裂纹，后者称为冷裂纹。表面裂纹是钢锭外壳在凝固时线收缩受到阻碍（因而受到拉力）或线收缩不均匀（因而受到的阻力也不均匀）时形成的。

（2）翻皮。下注镇静钢时，模内钢液面上往往有一层氧化薄膜，随着液面的上升，这层氧化膜逐渐变大变厚。当它与模壁接触而黏附于其上时会被上升的钢液翘起并卷入钢液之中，形成翻皮。在热加工时，翻皮将造成钢材开裂。

造成翻皮的这层薄膜是由氧化物组成的。含铝、钛、铬等元素的钢种，在浇注过程中较易产生翻皮。

（3）结疤。结疤常发现在钢锭下部，主要是开始浇注时钢液冲到模底引起飞溅，溅到模壁上的钢液被氧化和冷却，不能再与钢液融合，以致镶嵌在钢锭表面而成结疤。此外结疤也可能是钢流分散、钢液洒落到模壁或铸流不正等原因造成的。结疤会造成轧制后坯料表面局部分层。

为防止发生结疤，开始浇注时，必须缓放钢流，当模底形成液池后再加快浇注速度，使溅钢尚未氧化前，就被上升的钢液融合。

（4）气孔。钢锭的表面气孔通常是指暴露于钢锭表面的内眼可见的孔眼，而隐藏在钢锭表皮下面的针状孔眼则称为皮下气泡。表面或皮下气孔都应予以清除，以免轧制时不能焊合而造成钢坯表面裂纹。

气孔产生的原因大致有，翻皮或溅钢中的氧与钢液中的碳作用生成 CO 气泡；模壁上过厚的涂料来不及完全燃烧就被钢液覆盖而造成气孔；浇注系统潮湿。所以，充分注意浇注系统耐火制品的清洁干燥，防止浇注过程的喷溅；可避免钢锭的气孔缺陷。

B　钢锭内部缺陷

（1）缩孔残余。正常情况下，钢锭切除帽口时，均可将缩孔切除。但当浇注工艺或锭模设计不当，会使缩孔深入锭身或产生二次缩孔，切头时不能除净，而遗留下它的残余部分。一般说来，高碳钢由于体积收缩大，更需要注意残余缩孔，浇注时最好使用体积较大的保温帽。

（2）疏松。疏松是钢的不致密性的表现。这种情况多出现于钢锭的上部及中部，这些地方因集中了较多的杂质和气体，故在经酸浸后的切片上有许多洞穴。在横向切片上，疏松有的分布在整个截面，有的集中在中心，即相当于钢锭最后结晶的等轴晶区。前者称为一般疏松，后者称为中心疏松。不同程度的疏松对钢材塑性和韧性有不同程度的影响，尤其是横向塑性会相应降低。一般情况下，经过压力加工可使钢材的疏松程度减轻。但若中心疏松严重，也可能使锻轧件产生内部破裂。

（3）偏析。钢的切片经酸浸后可能见到的偏析，一般有以下几种形态：

1）树枝状偏析。在凝固过程中，由于选分结晶的结果，钢锭中构成树枝状晶轴与晶间的成分不均匀。随着偏析程度的不同，对钢材质量的影响也不同。当钢中树枝状偏析极为严重，从而恶化钢的工艺性能和机械性能，那就不能认为这是铸态结晶的正常结构，而应列为钢的缺陷。

2）方形偏析。方形偏析是钢锭结晶时，在柱状晶与锭心等轴晶区之间，聚集较多的杂质和孔隙而形成。此处主要是碳、磷、硫的偏析区。当压力加工后，由于变形程度不同，方形偏析有时会出现不十分规则的形状。由于偏析处有孔隙存在，常在此处聚集氢气造成脆裂。

严重的方形偏析对钢材质量有显著影响，特别是切削加工量较大的零件，由于去掉外层较致密的金属，使薄弱的方形偏析区暴露在零件表面上，降低其物理力学性能。

3）点状偏析。点状偏析形成的原因与疏松类似，多与钢中气体含量及钢液结晶条件有关。容易出现点状偏析的钢种，往往是钢液较黏稠，非自发形核率高，粗大的树枝晶难以发展，故可通过适当提高浇注温度，增大温度梯度，采用矮胖锭型及液渣保护浇注等措施，以减少点状偏析。

4）中心碳偏析。产生中心碳偏析，一般是在采用石墨渣保护浇注时，浇注速度太快，使上升钢液冲破渣层，将石墨粉卷入钢液。当钢液凝固时，受石墨粉增碳的钢液充填入锭身上部。

（4）内裂。钢的低倍组织缺陷中的裂纹，其表现形式很多，如轴心晶间裂纹、白点、发纹等，形成的原因也各异。

1）轴心晶间裂纹。轴心晶间裂纹是钢锭凝固结晶时产生的热裂纹，在热压力加工时未能焊合而遗留在钢材中。轴心晶间裂纹多见于奥氏体钢，也见于马氏体不锈钢和结构钢。此外，在不含合金元素的结构钢中发现过这种缺陷。这种缺陷通常出现在钢锭的中上部，相当于 V 形偏析处。钢锭的高宽比越大、锥度越小以及钢材锻压比越小，就越容易出现轴心晶间裂纹。

2）发纹。发纹形成的根源主要是钢中非金属夹杂物和气体，一般钢中多为硫化物、硅酸盐及链状分布的氧化物所引起的，而不锈钢中是由氮化物所引起的。在切削加工时，这些夹杂物发生剥落或经酸浸后脱落，形成细长的发纹。钢锭的皮下气泡或皮下夹杂往往是表面发纹形成的重要原因。

（5）碳化物不均匀分布。枝晶偏析是引起钢显微组织不均匀的根源，凡是增加枝晶偏析的因素，都会增大碳化物分布的不均匀程度。

1）带状碳化物。枝晶偏析引起的呈微区偏聚的共析碳化物，经压力加工后，顺延展方向分布成条带状，称为带状碳化物。带状碳化物的不均匀程度，除与凝固条件密切相关外，热加工和热处理过程中的高温扩散、适当的终轧温度以及较快的冷却速度，均能减小这种不均匀程度。

2）网状碳化物。沿奥氏体晶界析出的呈网状分布的碳化物叫做网状碳化物。它与碳化物的偏聚程度有关，还因热加工终止温度太高以及热处理时冷却太慢而加剧。

3）碳化物液析。过共析钢凝固过程中，当树枝状晶轴之间富集碳和合金元素的残余钢液最后凝固时，在这些微小区域里发生共晶转变，这种亚稳共晶莱氏体中的碳化物，即称为碳化物液析。压力加工后，这种共晶碳化物呈大块角状分布于钢中。它作为疲劳源是降低轴承寿命的重要原因。

4）碳化物不均匀度。碳化物不均匀度是指高速钢和 Cr12 等高碳高合金工具钢中共晶碳化物分布不均匀的程度。在一般凝固条件下，枝晶间的钢液经共晶转变成莱氏体时，常得到呈网络状不均匀分布的大块鱼骨状共晶碳化物。

5.1.4　镇静钢浇注工艺

钢锭生产中存在的各种质量问题，都与浇注操作密切相关。尽管有的钢种其性质容易引起某种缺陷，如高碳、高硅钢容易出现缩孔，不锈钢表面缺陷多，合金结构钢易产生裂纹等，但只要掌握好浇注操作，钢质量就能得到较大程度的改善。

5.1.4.1　控制浇注温度和浇注速度

浇注温度和浇注速度是两个重要工艺参数，它们在某种程度上影响钢锭缩孔、翻皮、夹杂、气泡、偏析、裂纹等缺陷的产生和发展。应当根据不同的钢种、锭型、钢液量和浇注方法，以确定浇注温度和浇注速度。

浇注温度是顺利完成浇注任务的基础。确定浇注温度的基本依据是钢的熔点，而对钢的熔点影响最大的是含碳量。钢中含碳量小于 1.0% 时，含碳量每增加或降低 0.1%，钢的熔点相应降低或升高 6.5℃。

为使钢液有足够的流动性，开始浇注的温度一般比钢的熔点高 80～100℃。确定浇注温度时应考虑到具体钢种的特性和质量问题。凡是柱状晶发达、偏析倾向性大、气体敏感性强、夹杂要求严格以及收缩量大的钢种，均要求以适当低的温度浇注。高锰钢对耐火材料有强烈的浸蚀作用，易切削钢因硫高而容易产生热裂，所以浇注温度也都不宜太高。但是，上述钢种的浇注温度也不能过低，否则可能造成钢锭表面缺陷（如重皮、结疤等），甚至造成短锭废品。此外，当浇注含易氧化元素钛、铝等合金结构钢和高铬合金钢时，为改善钢锭表面质量，浇注温度应适当地提高。

浇注速度是指单位时间注入锭模的钢液重量或单位时间锭模内钢液面上升的高度。浇注速度应密切地配合浇注温度来确定。快速浇注，相当于提高模内钢液温度；慢速浇注，则相当于降低模内钢液温度。钢液温度适当时，浇注速度才有调整的余地。应根据"低温快注"的原则控制浇注速度。

当下注时，通常可按照钢液在模内上升的现象来控制浇注速度。例如，用焦油木框保护浇注时，凡上升液面沸腾、冒泡、翻花等均为注温过高或浇注速度过快的标志；液面结膜翻折则为浇注温度过低或浇注速度过慢的标志；采用石墨渣保护浇注时，钢液上升正常与否，应以石墨渣全面覆盖或中心呈现红心和液面上升均匀平稳为准。

5.1.4.2　浇注操作

用上注法浇注时，盛钢桶水口中心必须对准锭模中心，使钢流落在两对角线的交叉点上，避免冲刷模壁和减少结疤。在开浇后 3~5s 内，就将注流均匀地开到满流并保持圆柱形，若注流呈喇叭形，则钢流易被氧化，注流会洒到模壁上，恶化表面质量。实践证明，大水口快注钢锭本体部分，有利于改善钢锭表面质量和缩短注锭时间。

当钢液上升到接近锭模与保温帽接缝处时，应开始缓慢而均匀地减速，防止钢液翻腾，并避免接缝内挤入钢液造成悬挂现象。保温帽部分要求细流填注，钢液能良好地充填钢锭本体，使缩孔集中到保温帽内。保温帽注满后，应及时向钢液面上加入足量的保温剂（如粒度为 1~3mm 的焦炭屑）。

下注法的操作基本上与上述相同。浇注时，水口中心对准中注管中心，避免注流冲刷中心注管砖和造成漏钢事故。若用石墨渣作保护剂，则在浇注前把袋装的石墨渣放入模内。

5.1.4.3　钢锭的冷却和退火

凝固后的钢锭温度仍然很高，对于某些合金钢锭，若随后的冷却速度太快，将因内外冷却速度相差悬殊，在钢锭内部发生很大的内应力引起开裂；必须将红热钢锭直接送到加工车间的加热炉或均热炉中。不能热送钢锭时，对于裂纹敏感的钢锭，应该根据钢种和钢锭大小，采取适当的缓冷制度。

因此，钢锭的冷却方法一般可分为模冷、坑冷和炉冷（热送）等几种。对于冷却过程发生相变的钢种，为消除内应力和为表面剥皮创造软化条件，都采用不同方式的退火。热送退火多用于马氏体钢，冷送退火多用于半马氏体钢和铁素体钢。

5.1.4.4　钢锭的检查和精整

钢锭送往加工车间前，应检查其质量。表面有缺陷的钢锭，需经适当修整后，才能送往轧、锻工序加工。修整时，应根据钢锭物理性能和表面缺陷的特征等，选择适当的精整方法。

表面夹杂（渣）、结疤和裂纹等缺陷不严重的钢锭，一般用风铲或火焰清理；硬度和韧性大的钢种，需用砂轮打磨。砂轮清理时，易产生局部过热现象，如处理不当，可能重新产生裂纹。含铬、镍、钛、铝等元素较多，是钢液黏度很大的钢种，可在车床上剥去钢锭表皮，以清除表面缺陷和查明皮下裂纹。对于布氏硬度（HB）值大于 265 的钢，剥皮前应进行软化退火。

热送钢锭时，加工前无法对钢锭进行检查和精整，则应在加工之后，对钢坯进行检查，必要时进行精整。

5.1.5　沸腾钢及半镇静钢钢锭

沸腾钢是脱氧不完全的钢。在浇注时，随着温度的降低，在锭模内钢液中发生碳氧反应形成沸腾。钢液凝固后，未排出的气体在锭内形成气泡，由于补偿了凝固收缩，沸腾钢钢锭头部没有集中的缩孔，轧制切头率低（3% ~5%）。

半镇静钢的脱氧程度介于镇静钢和沸腾钢之间，即除了用锰铁脱氧外，也加入少量的硅和铝，其含硅量通常为 0.06% ~0.08%。因此，半镇静钢在模内凝固时，不像沸腾钢那样强烈地排出气体，模内沸腾强度较弱，故其结构介于镇静钢和沸腾钢钢锭之间。由于钢锭中仍有分散的气泡，可部分补偿钢锭的收缩，所以其切头率也比镇静钢钢锭低。

5.1.5.1　沸腾钢钢锭

沸腾钢限于生产低碳钢，各钢种 $w[C]$ 均小于 0.27%。在 $w[C]$ 过高（大于0.35%）时，钢液在模内沸腾微弱，不能得到良好的沸腾钢锭。实践指出，在 $w[C]$ 过低（$w[C] < 0.0226$）的情况下，也会发生类似现象。同理，沸腾钢中也不能加入脱氧能力强的元素。例如，因硅抑制碳氧反应，故不仅不能加硅脱氧，而且控制残硅量要尽量低。但是，为克服硫的有害影响和提高钢的强度，允许 $w[Mn]$ 达到 0.3% ~0.5%（Mn/S≥12）。因此，这就决定沸腾钢的品种有限。

沸腾钢碳、硅含量低，其特性是延展性和焊接性好，在满足大量需要的产品方面，如板材、线材等，它有很大的长处。试验工作指出，低能钢中较高的含氧量，是促进时效的一个重要原因，所以沸腾钢是时效倾向大的钢种。

沸腾钢用上小下大的不带保温帽的钢锭模或瓶口式钢锭模进行浇注，其结晶过程虽与镇静钢相同，但由于模内沸腾，所形成的钢锭内部结构不同于镇静钢。

A　沸腾钢钢锭的结构

沸腾钢钢锭的结构，除与封顶方法有关外，还受到钢液氧化性、注温和注速的影响。图 5-8 为沸腾钢钢锭纵剖面图，它从表面到中心有五个带：坚壳带、蜂窝气泡带、中间坚固带、二次气泡带和锭心。

（1）坚壳带。坚壳带由无定向的致密而细小等轴晶粒构成。因为钢液受到模壁的激冷，而模内沸腾使

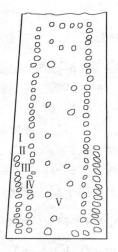

图 5-8　沸腾钢钢锭纵剖面
Ⅰ—坚壳带；Ⅱ—蜂窝气泡带；Ⅲ—中间坚固带；Ⅳ—二次气泡带；Ⅴ—锭心

钢液发生强烈的循环，附在晶粒之间的气泡被带走，所以形成无气泡的坚壳带。钢液对流循环区越宽，则坚壳带越纯净而致密。

（2）蜂窝气泡带。蜂窝气泡带由垂直于模壁的长形气泡分布在柱状晶带内而形成。在柱状晶生长过程中，选分结晶使碳氧富集于柱状晶粒间的母液内，继续发生反应生成气泡；同时，钢液温度下降，钢中气体如氢、氮等不断析出并向 CO 气泡内扩散。这样，随着柱状晶的生长，其中的气泡也逐渐长大，最后形成长形气泡。一般情况下，蜂窝气泡带分布在钢锭下半部。由于钢锭上部的气流较大，业已形成的气泡易被冲走，故不存留蜂窝气泡。

（3）中间坚固带。当浇注完毕，钢锭头部进行封顶后，钢锭内部形成气泡需要克服的外部压力突然增大，碳氧反应受到抑制，气泡停止生成。这时，结晶过程仍继续进行，从而形成没有气泡的、由柱状晶粒组成的中间坚固带。

（4）二次气泡带。由于结晶过程中碳氧浓度不断积聚，以及晶粒的凝固收缩在柱状晶之间形成小孔隙，促使碳氧反应在此处再次发生，但生成的气泡已不能排出，按表面能最小规则呈圆形气泡留在钢锭内，形成二次气泡带。

（5）锭心。锭心带由粗大等轴晶组成。在继续结晶过程中，碳氧浓度高的地方仍有碳氧反应发生，生成许多分放的小气泡。这时，锭心温度下降，钢液黏度很大，气泡便留在锭心带，有的可能上浮到钢锭上部汇集成较大的气泡和气囊。

沸腾钢钢锭中的气泡全部抵消了金属的冷凝收缩，并使其头部略有上涨。

B　沸腾钢钢锭的缺陷及防止方法

（1）坚壳带过薄。在加热炉中加热时，钢锭表面将被氧化，若坚壳带厚度过薄，蜂窝气泡会暴露出来被炉气氧化，轧制时不能焊合而形成裂纹。通常，要求坚壳带厚度不小于 15～20mm。增加钢液中氧和碳浓度的比值，控制适当的注温以及减慢注速，都有利于模内沸腾，从而得到较厚的坚壳带。

（2）偏析。严重的偏析现象因过分的模内沸腾造成。模内沸腾造成钢液循环流动，并将浓聚偏析元素的母液从结晶地区带走。随着结晶不断地向锭心发展，若钢液循环较强烈，母液中杂质浓度不断增高，则从钢锭的外缘到锭心和从下部到上部，偏析程度将不断增大。因此，沸腾钢钢锭头、中、尾三段性能颇不一致；中段较好，头段硫化物等较多，尾段氧化物较严重。

（3）上涨和下陷。上涨是指钢锭顶面比最初浇注的液面高出一部分，若高出部分超过 150mm 时就可认为是缺陷。上涨钢锭头部充满气泡或存在气囊，轧制时容易造成钢坯分层。下陷是指钢锭顶面比最初浇注的钢波面低凹。下陷造成钢锭切头率增加。

上涨和下陷决定于模内钢液的沸腾强度。当钢液氧化性过强时，模内沸腾过于剧烈，过多的气泡使钢液体积膨胀。注毕时液面很高，待沸腾正常后，钢中气泡减少，则造成液面下降。当钢液氧化性过弱时，模内沸腾不利，气泡从钢液中排出过少，封顶以后钢锭内保留较多的气体，其压力超过顶面凝壳张力时，即造成钢锭头部上涨。

由于钢锭坚壳带厚薄和头部外形均决定于钢液的氧化性或模内沸腾强度，所以二者之间的相互关系是：钢液氧化性过强，则坚壳带厚，头部下陷；钢液氧化性过弱，则坚壳带薄，头部上涨。

（4）锭心底部的低倍氧化物夹杂。锭心底部低倍氧化物夹杂的成因，一般认为是因锭内氧化物浮渣被对流循环钢液卷入钢锭下部所致。采用瓶口模浇注沸腾钢，可减弱沸腾，从而可减少浮渣被卷入的可能性，此是减少钢板分层的措施之一。但减弱沸腾是有限度的，否则会使坚壳带太薄。沸腾的强弱程度可用瓶口的大小来调节。

C　沸腾钢浇注

沸腾钢锭的质量与钢液在模内良好沸腾有极大的关系。沸腾激烈，则气泡排出多，坚壳带厚，但偏析严重；沸腾微弱，则气泡难以排出，皮下气泡多，坚壳带薄。因此，采取适当的注温和注速，调整沸腾强度和封顶操作，乃是沸腾钢浇注工艺的中心内容。

因为模内沸腾在较低温度下才能大量发生，所以浇注温度不能太高。然而，浇注温度太低，又有形成钢锭上涨和表面不良的危险。

浇注过程中，注速应根据不同阶段的特点来控制。开浇时，为防止钢液飞溅，应当缓流浇注；当模内钢液有一定高度后，则加快浇注速度；浇注末期为使气体充分排出以减少钢锭上涨，在注温许可的情况下，应减速浇注。

在浇注过程中，如钢液温度过高，模内沸腾很差时，应降低注速，并向钢流吹氧或向模内撒氧化铁皮，以降温增氧，强化沸腾；如钢液中锰低氧高，沸腾过剧时，则应向钢液均匀加铝以调节钢液含氧量；对于碳低、温度低和模内沸腾微弱的钢液，应向模内加助沸剂（如氟化钠、苏打等），利用其热解挥发性能促进沸腾。

钢液注满锭模后，当模内沸腾已不十分激烈时，即应进行封顶操作。其后，因顶面冷凝快，锭内气体不能由此外逸，为防止其倒逸，应在浇完后，在中注管内加入适量废钢或矿石，使其中的钢液加速凝固。

浇注沸腾钢可用下注法，也可用上注法。上注法多用于浇注大型扁锭，可减少钢锭尾部的低倍氧化物夹杂。为了使模内钢液在浇注初期能良好沸腾，要求用上注法浇注的沸腾钢钢液含碳量小于 0.10%，含锰量小于 0.40%。如果含碳量为 0.08% ~0.25% 的沸腾钢也要用上注法，则应在浇注过程中采取强化沸腾措施，如加助沸剂等。目前，上注沸腾钢的注速可达 1.5 ~2.5m/min。

5.1.5.2　半镇静钢钢锭

半镇静钢含有较高的氧和氮，其蓝脆和时效倾向性较大。半镇静钢是粗晶粒钢，中温蠕变性能比相应的镇静钢好；如果要求细晶粒半镇静钢，可加入少量钒、铌，以细化晶粒。钒和铌与氮的亲和力大，而脱氧作用很弱。

半镇静钢钢锭偏析程度比沸腾钢钢锭小，因而钢材各部位的性能较之沸腾钢均匀。半镇静钢可含一定量的合金元素，故品种较多。目前，半镇静钢不仅用于生产 $w[C] = 0.10\%$ ~0.35%、$w[Mn] = 0.326\%$ ~1.5% 的结构钢种，也用于生产锅炉钢板、造船钢板和钢轨等。近年来，随着炼钢生产技术的发展，半镇静钢技术经济方面的优越性日益受到重视。

A　半镇静钢的脱氧和钢锭结构

半镇静钢钢锭结构与镇静钢钢锭近似。图 5-9 所示为半镇静钢钢锭结构示意图，其中图 5-9（a）所示为脱氧过度的半镇静钢钢锭，它有明显的大缩孔而无皮下气泡；图 5-9（c）和图 5-9（d）所示为脱氧不足的半镇静钢钢锭，在大部分或整个钢锭高度上都有皮下气泡；图 5-9（b）为正常的半镇静钢钢锭结构。

获得良好半镇静钢钢锭结构的关键是控制钢液的脱氧程度，然后再在锭模内加少量铝补充脱氧。

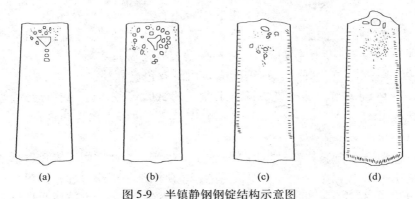

图 5-9　半镇静钢钢锭结构示意图

（a）脱氧过度的半镇静钢钢锭；（b）正常的半镇静钢钢锭；（c）脱氧不足的
半镇静钢钢锭；（d）脱氧不足的半镇静钢钢锭

B　半镇静钢钢锭的缺陷

（1）缩孔。半镇静钢钢锭的缩孔因脱氧过度而造成。若钢锭顶部有足够厚的致密层，轧制时采用较大的压缩比，这种缩孔能焊合，不一定造成废品。脱氧不足时，钢锭头部形成的大气囊，也会造成类似缩孔的缺陷。

（2）偏析。半镇静钢钢锭的偏析情况如图 5-10 所示，除有 V 形和 A 形正偏析区和在钢锭底部中心有锥形负偏析区外，在钢锭顶面以下、缩孔以上的长形气泡区内有一个负偏析区，在缩孔的周围和底部有一个正偏析区。这是因为长形气泡形成时，将偏析物向下推至缩孔区域所致。由于半镇静钢钢锭的最大偏析区没有被切除，所以钢材的机械性能会有较大的波动，以致其使用范围受到限制，近年来采用真空浇注，对消除偏析有很大作用。

图 5-10　半镇静钢
钢锭偏析示意图

C　半镇静钢的浇注

半镇静钢多采用上注法浇注。不论采用上注法或是下注法，所应遵循的原则是"低温快注"。快速上注，使模内钢液搅动大，有利于气泡的排除，并使皮下气泡的发展受到限制，从而可改善钢坯的表面质量；同时还将减少浮渣被卷入钢锭内部的机会，从而可减少轧件的分层废品。低温浇注，除能保证快注条件下钢锭不产生裂纹外，还有利于钢锭迅速凝固，从而可减轻钢锭内的偏析。一般情况下，半镇静钢浇注完毕后由其自然封顶，但也可向顶面打水加速冷凝。

目前，除特殊用途的钢种之外，模铸方法已被连铸所取代。

5.2　连　续　铸　钢

5.2.1　连铸技术的发展

5.2.1.1　国外连铸技术发展历程

早在 19 世纪中期美国人塞勒斯（1840 年）、赖尼（1843 年）和英国人贝塞麦（1846

年）就曾提出过连续浇注液态金属的设想。随后还有其他人对此技术进行过研究。由于当时科学水平的限制，未能用于工业生产。直到 1933 年，现代连铸技术的奠基人—容汉斯（Siegflied Junghans）提出并发展了结晶器振动装置之后，才奠定了连铸在工业上应用的基础。从 20 世纪 30 年代开始，连铸已成功用于有色金属生产。二次世界大战后，苏联、美、英、奥地利等国相继建成一批半工业性的试验设备，进行钢的连铸研究。1950年，容汉斯和曼内斯曼（Mannesmann）公司合作，建成世界上第一台能浇注 5t 钢水的连铸机。

从 20 世纪 50 年代起，连铸开始用于钢铁工业生产。在此期间连铸装备水平低，发展速度慢，生产规模小，以单流立式连铸机为主，主要用来生产小方坯，钢包容量多为10 ~ 20t。到 20 世纪 50 年代末，世界各地建成的连铸机不到 30 台，连铸坯产量仅有 110 万吨左右，连铸比（连铸坯产量占钢产量的比例）约为 0.34%。

20 世纪 60 年代，连铸进入了稳步发展时期。在机型方面，60 年代初出现了立弯式连铸机。世界第一台弧形连铸机于 1964 年 4 月在奥地利诞生。特别是在 1963 ~ 1964 年，曼内斯曼公司也相继建成了方坯和板坯弧形连铸机。弧形连铸机的问世使连铸技术出现了一次飞跃，并很快发展成为连铸的主要机型，对连铸的推广应用起了很大的作用。在改善铸坯质量方面，这个时期已研制成功了保护渣浇注、浸入式水口和注流保护等新技术，这为连铸的发展创造了条件。此外，由于氧气转炉已用于钢铁生产，原有的模铸工艺已不能满足炼钢的需要，这也促进了连铸的发展。在此期间，英国谢尔顿厂率先实现全连铸生产，共有 4 台连铸机 11 流，主要生产低合金钢和低碳钢，浇注断面为 140mm × 140mm 和 432mm ×632mm 的铸坯。1967 年由美钢联工程咨询公司设计并在格里厂投产 1 台采用直结晶器、带液芯弯曲的弧形连铸机。到 20 世纪 60 年代末，全世界连铸机已达到 200 余台，年生产铸坯能力达 4000 万吨以上，连铸比达 5.6%。

20 世纪 70 年代，世界范围的两次能源危机促进了连铸技术的大发展，连铸进入了迅猛发展时期。到 1980 年连铸坯产量已逾 2 亿吨，相当于 1970 年的 5 倍，连铸比上升为25.8%。连铸生产技术围绕提高连铸生产率、改善连铸坯质量、降低连铸坯能耗这几个中心课题，已有长足的进展，先后出现了结晶器在线调宽、带升降装置的钢包回转台、多点矫直、压缩浇注、气水冷却、电磁搅拌、无氧化浇注、中间包冶金、上装引锭等一系列新技术、新设备。与此同时，增大连铸坯断面，提高拉速，增加流数，涌现出一批月产量在25 万吨以上的大型板坯连铸坯机和一大批全连铸车间。

20 世纪 80 年代，连铸进入完全成熟的全盛时期。世界连铸比由 1981 年的 33.8% 上升到 1990 年的 64.1%。连铸技术的进步主要表现在对铸坯质量设计和质量控制方面达到了一个新水平。从钢水的纯净化、温度控制、无氧化浇注、初期凝固现象对表面质量的影响、保护渣在高拉速下的行为和作用、结晶器的综合诊断技术、冷却制度的最佳化、铸坯在凝固过程中的力学问题、消除和减轻变形应力的措施、控制铸坯凝固组织的手段等一系列冶金现象的研究，到生产工艺、操作水平和装备水平的不断提高和完善，总结出了完整的对铸坯质量控制和管理的技术，并逐步实现了连铸坯的热送和直接轧制，在薄板坯连铸和薄带钢连铸的研究和开发方面也取得了新的进展。

20 世纪 90 年代，近终形连铸受到了世界各国的普遍关注，近终形薄板坯连铸（铸坯厚度为 40 ~ 80mm）与连轧相结合，形成紧凑式短流程，其发展速度之快非人们所料。除德国西马克公司开发的紧凑式连铸连轧工艺技术（简称 CSP）和德马克公司开发的在线带钢生产工艺技术（简称 ISP）已日趋成熟外，奥钢联开发的 CONROLL 工艺技术（简称 CONROLL）、意大利达涅利公司开发的 FTSRQ 技术、美国蒂森公司和韩国三星重工业公司共同开发的 TSP 技术也陆续被采用，并相互渗透，迅猛发展。据不完全统计，自 1989 年 7 月第一条应用 CSP 技术建设的薄板坯连铸轧钢生产线在美国纽柯公司克劳福兹维尔工厂建成投产以来，已先后建成 50 多条生产线，年产能力达 5000 万吨以上。薄板坯连铸机上应用了最先进的连铸技术，如各种变截面结晶器、铸轧技术、电磁制动、结晶器液压振动、漏钢预报以及适应结晶器形状和浇注速度的浸入式水口、保护渣等。

在薄板坯连铸连轧技术不断发展完善的同时，薄带钢连铸也在积极的开发中，目前世界上已有 40 多套薄板带钢半工业或工业性试验机组。薄板坯连铸连轧和薄板带钢等近终形连铸作为 20 世纪钢铁生产的重大变革工艺技术，必将会有很大的发展。

进入 21 世纪，传统连铸的高效化生产（高拉速、高作业率、高连浇率、高质量）在各工业发达国家取得了长足的进步，特别是高拉速技术已引起人们的高度重视。通过采用新型结晶器及新的结晶器冷却方式、新型保护渣、结晶器非正弦振动、结晶器内电磁制动及液面高精度检测和控制等一系列技术措施，目前常规大板坯的拉速已由 0.8 ~ 1.5m/min 提高到 2.0 ~ 2.5m/min，最高可达 3m/min；小方坯最高拉速可达 5.0m/min，使连铸机的生产能力大幅度提高，生产成本降低，给企业带来极大的经济效益。高速连铸技术在今后仍会继续发展。连铸技术的开发与应用已成为衡量一个国家钢铁工业发展水平的标志。

5.2.1.2 国内连铸技术的发展概况

我国是研究和应用连铸技术发展较早的国家之一，早在 20 世纪 50 年代就已开始研究和工业试验。1957 年上海钢铁公司中心试验室的吴大珂先生设计并建成第一台立式工业试验连铸机，浇注 75mm×180mm 的小断面铸坯。由徐宝隍教授主持设计的第一台双流立式连铸机于 1958 年在重钢三厂建成投产。1960 年唐山钢厂建成了一台浇注 150mm×150mm 方坯的 1 流立式连铸机，后改为 1 机 2 流浇注 140mm×140mm 方坯。而后徐宝隍教授又主持设计了第一台方坯和板坯兼用弧形连铸机，于 1964 年 6 月 24 日在重钢三厂诞生投产，其圆弧半径为 6m，浇注板坯的最大宽度为 1700mm，这是世界上最早的生产用弧形连铸机之一。此后，由上海钢研所设计的一台 4 流弧形连铸机于 1965 年在上钢三厂投产，该连铸机的弧形半径为 4.56m，浇注断面为 270mm×145mm，这也是世界最早一批弧形连铸机之一，以后又有一批连铸机相继投产。20 世纪 70 年代我国成功地应用了浸入式水口和保护渣技术。到 1978 年，我国自行设计制造的连铸机有近 20 台，连铸坯年产量约为 112.70 万吨，连铸比仅为 3.5%。同期世界连铸机总数为 400 台左右，连铸比为 20.8%。

改革开放 20 世纪 70 年代末一些企业开始引进国外连铸技术和设备。例如 1978 年和 1979 年，武钢二炼钢厂从联邦德国引进单流弧形板坯连铸机 3 台，在消化国外技术的基础上，围绕设备、操作、品种开发、管理等方面进行了大量开发与完善工作，于 1985 年实现了全连铸生产，产量突破了设计能力。首钢二炼钢厂在 1987 年和 1988 年相继从瑞士康卡斯特公司引进投产了 2 台 8 流小方坯连铸机，1993 年产量已超过设计能力；并在消化引进技术的基础上，自行设计制造又投产了 7 台 8 流小方坯连铸机，成为国内拥有连铸机机数和流数最多的生产厂家。宝钢、武钢、太钢和鞍钢等大型钢铁企业也先后从国外引进了先进的连铸机，这些连铸技术和设备的引进都促进了我国连铸的发展。1998 年在大、中型企业中，有 74 个全连铸分厂（车间），全年钢总产量 11434.6 万吨，连铸坯产量 7729.83 万吨，连铸比达 67.6%。2001 年全国生产钢 15163 万吨，全国连铸比达 89.68%，首次超过世界连铸平均水平 87.6%。

进入 21 世纪以来，我国连铸技术处于高速发展时期。利用以高质量铸坯为基础、高拉速为核心，实现高连浇率、高作业率的高效连铸技术，对现有连铸机的技术改造取得了很大进展，采用国产技术的第一台高效板坯连铸机在攀钢投产。至 2003 年年底，我国高效、较高效连铸机累计已达 75% 以上，目前新建的连铸机均为高效或较高效连铸机，而且我国高效连铸技术在小方坯领域已跻身世界先进行列。除此之外，邯钢、珠江钢厂、包钢、唐钢、马钢、涟源钢厂引进了近终形薄板坯连铸连轧生产线。马钢三炼钢的异型坯（H 型钢）连铸机投产后，创造了巨大的经济效益。据统计，到 2005 年年底，我国在生产的连铸机累计已达 677 台 2207 流，连铸比达 96.44%，绝大部分钢铁企业实现了全连铸。

目前，我国钢铁工业处于兴旺时期，连铸技术的设计、制造、工艺和管理都积累了丰富的经验。今后我国冶金企业将继续坚持不懈地推进以全连铸为方向，以连铸为中心的炼钢生产的组合优化，淘汰落后的工艺设备，开发高附加值的品种，提高质量，加大节能降耗的力度和进行环保技术的改造，提高炼钢与轧钢热衔接协调匹配。我国连铸技术的各项指标正在全面进入世界先进行列。

5.2.2　连续铸钢的优越性

图 5-11 所示为模铸工艺流程与连铸工艺流程的比较。可以看出二者的根本差别在于模铸是在间断情况下，把一炉钢水浇注成多根钢锭，脱模之后经初轧机开坯得到钢坯的；而连铸是把一炉（或多炉）钢液连续地注入结晶器，得到无限长的铸坯，经切割后直接生产铸坯。基于这一根本差别，连铸和模铸比较，就具有明显的优越性。具体包括以下几个方面：

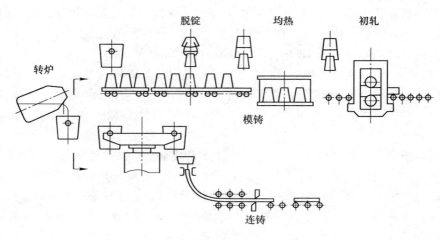

图 5-11　模铸与连铸工艺流程比较

（1）简化了生产工序，缩短了工艺流程。由图 5-11 可以看出，连铸工艺省去了脱模、整模、钢锭均热、初轧开坯等工序。由此，基建投资可节约 40%，占地面积减少 30%，劳动力节省约 70%。薄板坯连铸机的出现又进一步简化了工序流程。与传统板坯连铸（厚度为 150 ~ 300mm）相比，薄板坯（厚度为 40 ~ 80mm）连铸省去了粗轧机组，从而减少厂房面积约 48%，连铸机设备重量减轻约 50%，热轧设备重量减少 30%。从钢水到薄板的生产周期大大缩短，传统板坯连铸约需 40h，而薄板坯连铸仅为 1 ~ 2h。

（2）提高了金属收得率。采用连铸工艺的直接经济效益，首先是提高了金属收得率。

通常采用模铸工艺钢锭开坯方式，切头切尾损失达 10% ~ 20%，从钢液到成坯的收得率大约为 84% ~ 88%；而连铸的切头切尾损失为 1% ~ 2%，从钢液到成坯的收得率为 95% ~ 96%，故可提高金属收得率 10% ~ 14%。金属收得率的提高必然导致综合成材率的提高。一般说来，模铸时综合成材率约为 80%，而连铸时综合成材率可达 95% 以上。据测算，连铸比每提高 10%，可使综合成材率提高 0.8% ~ 1.5%。如果以提高 10% 计算，年产 100 万吨钢的钢厂，采用连铸工艺就可增产 10 万吨钢。从钢水到薄板流程而言，采用传统连铸金属收得率为 93.6%，而薄板坯连铸为 96%。年产 80 万吨钢的钢厂采用薄板坯连铸工艺就可多生产约 2.4 万吨热轧板卷。带来的经济效益是相当可观的。

（3）降低了能源消耗。连铸的节能主要体现在省去开坯工艺的直接节能，以及由于提高成坯率和成材率的间接节能两方面。据有关资料介绍，连铸时因省略开坯工艺，生产 1t 钢坯比模铸节能 627 ~ 1046kJ，相当于 21.4 ~ 35.7kg（标准煤）。再加上提高综合成材率的节能，按我国目前能耗水平测算，1t 连铸坯综合节能约 130kg 标准煤。若连铸坯采用热送和直接轧制工艺，能耗还可进一步降低，并能缩短加工周期（从钢水到轧制成品沿流程所经历的时间是：冷装 30h，热装 10h，直接轧制 2h）。

（4）生产过程机械化、自动化程度高。在炼钢生产过程中，模铸是一项劳动强度大、劳动环境恶劣的工序。尤其是对氧气转炉炼钢的发展而言，模铸已成为提高生产率的限制性环节。采用连铸后，由于设备和操作水平的提高以及采用全程计算机控制和管理，劳动环境得到了根本性的改善，而且有利于提高劳动生产率。连铸操作自动化已成为现实。

（5）连铸钢种扩大，产品质量日益提高。目前几乎所有的钢种都可用连铸生产。连铸的钢种已扩大到包括超纯净度钢、高牌号硅钢、不锈钢、Z 向钢、管线钢、重轨、硬线、工具钢以及合金钢等 500 多个。模铸锭由于凝固时间长，元素偏析显著，特别是钢锭头部和尾部化学成分差别更大；而连铸坯断面比较小，冷却速度大，树状枝晶间距小，偏析程度较轻，尤其是沿铸坯长度方向化学成分均匀。从模铸锭与连铸坯沿长度方向上钢轨钢中心硫的分布情况来看，连铸坯轧材的均一性较模铸锭高。随着炼钢工艺的发展和一系列连铸新技术的应用，目前连铸坯产品质量的各项性能指标大都优于模铸钢锭的轧材产品。

总的来说，镇静钢连铸技术已经成熟。而沸腾钢连铸时，由于结晶器内产生沸腾不易控制，因此开发了沸腾钢的代用品种，其中有美国的吕班德（Riband）钢、日本的准沸腾钢，德国的低碳铝镇静钢，与适当的炉外精炼相配合，可保证连铸坯生产冷轧板的质量。

现阶段连铸尚不能完全代替模铸的生产，主要是因为有些钢种的特性还不能适应连铸的生产方式，或采用连铸时难以保证钢的质量（如前面提到的沸腾钢以及热敏感性很强的高速钢等），包括一些小批量产品、试制性产品，还有一些必须经锻造的大型锻造件（如万吨船只的主轴），以及一些大规格的轧制产品（如受压缩比限制的厚壁无缝钢管）等。所以仍需要保留部分模铸的生产方式，并在大力发展连铸的同时，继续高度重视模铸生产，努力提高钢锭的质量。

5.2.3　连铸机的分类及其特点

5.2.3.1　按照布置形式分类

连铸机按照布置形式可分为以下几种，如图 5-12 所示。

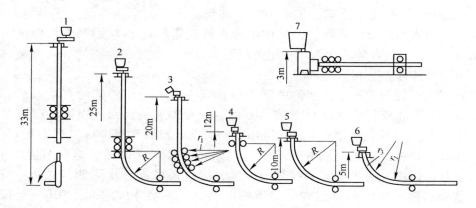

图 5-12　连铸机型简图

1—立式；2—立弯式；3—直结晶器多弯点弯曲；4—直结晶器弧形；

5—弧形；6—多半径弧形（椭圆形）；7—水平式

（1）立式连铸机是应用最早的一种形式。其设备沿结晶器中心线垂直安装。主要优点：钢流易于控制，铸坯四面冷却均匀，冷却强度易于控制。此外铸坯在运行过程中不受矫直应力，铸坯质量好。主要缺点是铸机很高，向空中或是地下发展均较困难，加上设备重量大，投资较多。这些都限制了立式连铸机的发展。因此近年来新建的连铸机大多不用立式。但也有人认为，某些特殊钢种，质量要求较高只能采用立式连铸机浇注。

（2）立弯式连铸机为解决立式连铸机高度太大的矛盾，发展了立弯式连铸机。它的上部与立式连铸机相同，仅下部不同。铸坯通过拉坯机以后，用顶弯装置将铸坯弯曲，然后在水平位置矫直出坯。立弯式的主要优点是：水平方向出坯使铸坯定尺长度不受限制，也便于与轧机相连，为实现连铸连轧创造条件。其缺点是高度降低有限，设备重量比立式略有增加，而且不适于浇注大断面的铸坯。

（3）弧形连铸机它是在立弯式连铸机的基础上发展起来的一种新型连铸机。弧形连铸机的特点是，结晶器和二次冷却区布置在半径相同的弧线上，弧形铸坯经过二次冷却区以后，在水平切线位置经矫直机矫直，然后切成定尺。它的主要优点是在不缩短二次冷却区长度的前提下，显著地降低铸机的高度，同时省去翻钢机、顶弯机等设备。由于设备重量减轻，可以减少投资。此外它还具有立弯式水平出坯的长处。不足之处是钢液在内外弧两侧的凝固条件不同，夹杂物向内弧偏析，加上铸坯在浇注过程中有弯曲变形，容易产生裂纹，从而影响铸坯质量。此外，弧形结晶器和二冷设备等的加工制造及安装调整均比立式连铸机困难。但是，弧形连铸机由于优点明显仍然得到迅速发展。近年来新建的连铸机主要是弧形连铸机。

（4）椭圆形连铸机是弧形连铸机的另一种形式。椭圆形连铸机的二次冷却区是由不同曲率半径的几段弧线组成的，进一步降低铸机的高度。与弧形连铸机比较，它的二次冷却区的设备加工制造及安装调整均较困难，而且由于各段曲率不同，设备没有互换件。

（5）水平连铸机的结晶器、二次冷却区、拉矫机、切割装置等设备安装在水平位置上。水平连铸机的中间罐和结晶器是紧密相连的。中间罐水口与结晶器相连处装有分离环。拉坯时，结晶器不振动，而是通过拉坯机带动铸坯作拉—反推—停不同组合的周期性运动来实现。

水平连铸机是高度最低的连铸机。其设备简单、投资省、维护方便。水平连铸机结晶器内钢液静压力最小，避免了铸坯的鼓肚变形；中间罐与结晶器之间的密封连接，有效地防止了钢液流动过程的二次氧化；铸坯的清洁度高，夹杂物含量少，一般仅为弧形铸坯的1/8～1/16。另外，铸坯无需矫直，也就不存在由于弯曲矫直而产生裂纹，铸坯质量好，适合浇注特殊钢、高合金钢，因而受到普遍的关注。

5.2.3.2　按浇注铸坯断面分类

方坯连铸机：断面不大于 150mm × 150mm 称为小方坯，断面大于 150mm × 150mm 称为大方坯。在小方坯连铸中，把 120mm × 120mm 作为一个分界线，此值以上采用浸入式水口和保护渣浇注，此值以下采用敞开浇注或气体保护浇注。把矩形断面的长边与宽边比小于 3 的也称为方坯连铸机。

板坯连铸机：铸坯断面为长方形。其宽厚比一般在 3 以上。

圆坯连铸机：铸坯断面为圆形，直径中 60～400mm。

异型坯连铸机：浇注异形断面如工字梁。

方、板坯兼用连铸机：在一台铸机上，既能浇板坯又能浇方坯。

5.2.3.3　按拉速分类

可分为高拉速连铸机和低拉速连铸机两类。它们的主要区别在于高拉速时铸坯带液芯矫直，低拉速时铸坯全凝固矫直。

5.2.3.4　按钢水静压头分类

静压力较大的称作高头型连铸机，如立式、立弯式连铸机。静压力较小的称作低头连铸机，如弧形、椭圆、水平连铸机。

复习思考题

5-1　模铸主要有哪些设备，它们的作用分别是什么？

5-2　简述我国连铸的发展历史。

5-3　连铸主要有哪些设备，它们的作用分别是什么？

5-4　简述连续铸钢的优越性。

5-5　连铸机的分类方法有哪几种？它们的类型分别有哪些？

6 连铸机的设备

6.1 钢包及钢包回转台

6.1.1 钢包

钢包又称钢水包、大包等，主要用于盛装和运载钢水及部分熔渣，在浇注过程中可通过开启水口大小来控制钢流。钢包还可作为精炼炉的重要组成部分，即在钢包中配置电极加热、合金加料、吹氩搅拌、喂丝合金化、真空脱气等各种精炼操作，通过钢包精炼处理可使钢水的温度调整精度、成分控制命中率及钢水纯净度进一步提高，以满足浇注生产对钢水质量的需要。

钢包除具有盛装、运载、精炼、浇注钢水等功能外，还应具有倾翻、倒渣和落地放置的功能。钢包的容量应与炼钢炉的最大出钢量相匹配。考虑到出钢量的波动，留有10%的余量和一定的炉渣量。大型钢包的炉渣量应是金属量的3%~5%，小型钢包的渣量为5%~10%。除此之外，钢包上口还应留有200mm以上的净空，作为精炼容器时要留出更大的净空。

钢包是一个具有圆形截面的桶状容器，其形状尺寸及确定应满足以下要求：

（1）钢包的直径与高度之比。钢包容量一定时，为了减少钢包的散热损失和便于夹杂物的上浮，应使钢包的内表面面积缩小，因此钢包的平均内径与高度之比一般选择0.9~1.1。

（2）锥度。为了便于钢水浇注后能从钢包内倒出残钢、残渣以及取出包底凝块，一般钢包内部制成上大下小，并具有一定的锥度，钢包壁应有10%~15%的倒锥度；大型钢包底应向水口方向倾斜3%~5%。

（3）钢包外形。为了便于钢水中气体和非金属夹杂物的上浮和排除，并降低开浇时的钢流冲击力，要求钢包的外形不能做成细高形状。

6.1.2 钢包滑动水口

滑动水口通常由座砖、上水口砖、上滑板砖、下滑板砖和下水口砖组成。对于三层式滑动水口，在上下滑板之间还有一块中间滑板。滑板砖是滑动水口系统的关键组成部分。

滑动水口安装在钢包或中间包底部，借助机械装置，采用液压或电动使滑板做往复直线或旋转运动。根据上下滑板孔的相对位置，调节浇注钢水流量，如图6-1所示。

6.1.3 钢包长水口

长水口用于钢包与中间包之间，保护钢流不受二次氧化，防止钢流飞溅以及敞开浇注的卷渣问题，对提高钢质量有明显效果。使用长水口还可以减少中间包钢水温降，对合理

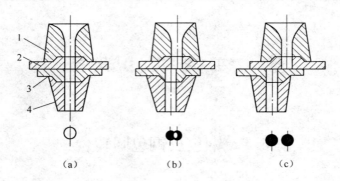

图 6-1　滑动水口控制原理示意图

（a）全开；（b）半开；（c）全闭

1—上水口；2—上滑板；3—下滑板；4—下水口

控制钢水过热度，改善铸坯低倍组织和操作条件都有利。

长水口主要包括两类，图 6-2 所示为具有吹氩环的长水口和具有透气材料的长水口。具有吹氩环的长水口是氩气通过吹氩环吹向钢包滑动水口下水口与长水口连接处，起密封作用；具有透气材料的长水口的上端部镶有多孔透气材料，一般为弥散型透气材料，氩气通过弥散型透气材料向内吹，起密封保护作用。除上述类型外，还有一些相类似结构的长水口，结构形式稍有不同。

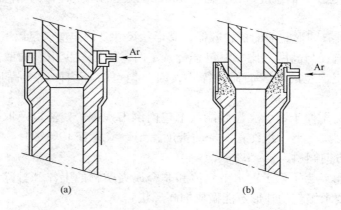

图 6-2　长水口类型

（a）具有吹氩环的长水口；（b）具有透气材料的长水口

长水口保护装置（见图 6-3）有：

（1）卡口型保护装置。保护装置的长水口与钢包滑动水口下水口的连接方式为卡口式。

（2）液压型保护装置。液压型长水口保护装置的长水口由液压系统装卸。

（3）叉型长水口保护装置。保护装置的特点是长水口用具有配重的叉型装置固定。

6.1.4　钢包回转台

钢包回转台是现代连铸中应用最普遍的运载和承托钢包进行浇注的设备，通常设置于

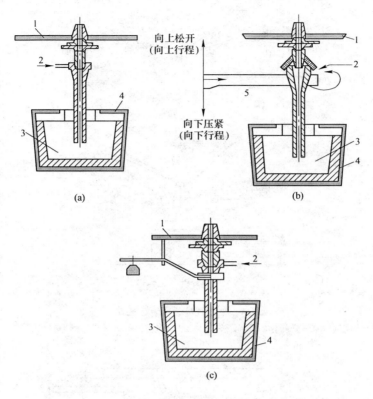

图6-3 长水口保护装置
（a）卡口型；（b）液压型；（c）叉型
1—钢包；2—氩气；3—钢水；4—中间包；5—浇注位置

钢水接收跨与浇注跨柱列之间。所设计的钢包旋转半径，使得浇钢时钢包水口处于中间包上面的规定位置。用钢水接收跨一侧的吊车将钢包放在回转台上，通过回转台回转，使钢包停在中间包上方供给其钢水。浇注完的空包则通过回转台回转，再运回钢水接收跨。

钢包回转台按转臂旋转方式不同，可以分为两大类：一类是两个转臂可各自单独旋转；另一类是两臂不能单独旋转。按臂的结构形式可分为直臂式和双臂式两种。因此，钢包回转台有：直臂整体旋转整体升降式（见图6-4（a））；直臂整体旋转单独升降式；双臂整体旋转单独升降式（见图6-4（b））和双臂单独旋转单独升降式（见图6-4（c））等形式；还有一种可支撑多个钢包的支撑架，也称为钢包移动车。蝶形钢包回转台是属于双臂整体旋转单独升降式，它是目前回转台最为先进的一种形式。

蝶形钢包回转台结构（见图6-5）有两个用来支撑钢包的叉形臂，每个叉形臂的叉口上安装有两个枢轴式接受鞍座，在每个鞍座下装有称量用的称量梁，用以接收钢包并显示钢水重量。为给钢水保温，回转台旋转盘上方的立柱上还安装有钢包加盖装置，可以单独旋转和升降。

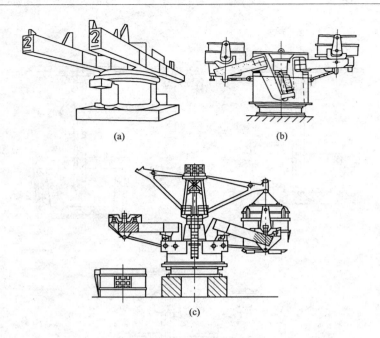

图 6-4　钢包回转台类型图

(a) 直臂整体旋转整体升降式；(b) 双臂整体旋转单独升降式；(c) 双臂单独旋转单独升降式

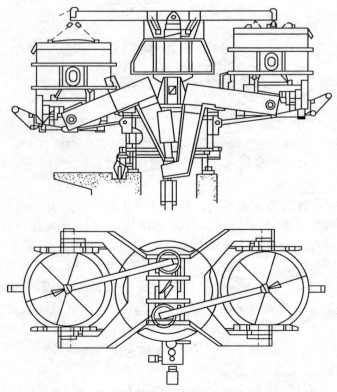

图 6-5　蝶形钢包回转台结构

6.2 中间包及中间包车

6.2.1 中间包

6.2.1.1 中间包结构

中间包（也称为中间罐或中包）是位于钢包和结晶器之间用于钢液浇注的装置，一般常用的中间包断面形状为圆形、椭圆形、三角形、矩形和 T 形，如图 6-6 所示。中间包的形状应力求简单，以便于吊装、存放、砌筑、清理等操作。按其水口流数可分单流、多流等，中间包的水口流数一般为 1~4 流。

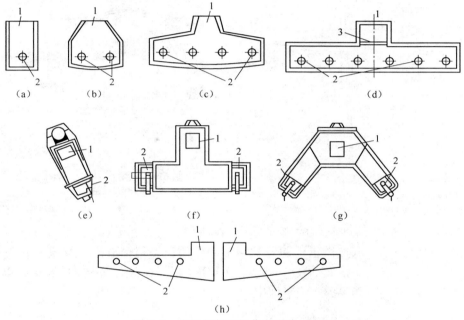

图 6-6　中间包断面的各种形状示意图

(a)，(e) 单流；(b)，(f)，(g) 双流；(c) 4 流；(d) 6 流；(h) 8 流

1—钢包注流位置；2—中间包水口；3—挡渣墙

中间包的立体结构如图 6-7 所示。它的外壳用钢板焊成，内衬砌有耐火材料，包的两侧有吊钩和耳轴，便于吊运；耳轴下面还有座垫，以稳定地坐在中间包车上。

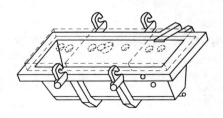

图 6-7　中间包立体结构示意图

中间包的结构主要由本体、包盖及水口控制机构（滑动水口机构、塞棒机构）等装置组成，如图 6-8 和图 6-9 所示。

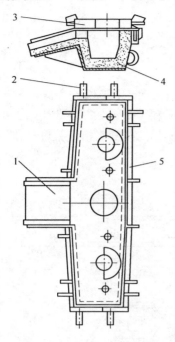

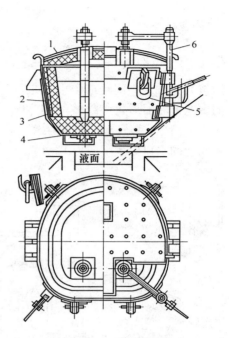

图 6-8　矩形中间包简图

1—中间包包盖；2—耐火衬；3—壳体；

4—耐火材料；5—壳体

图 6-9　三角形中间包简图

1—溢流槽；2—吊耳；3—中间包盖；4—水口；

5—吊环；6—水口控制结构（塞棒机构）

中间包的作用有：减少钢液的静压力，使注流稳定；有利于脱氧产物和非金属夹杂物上浮，净化钢液；在多流连铸机上起分配钢液的作用；均匀钢液温度和成分；多炉连浇时，中间包储存一定量的钢液，换包时起缓冲作用；根据连铸对钢质量的要求，也可将部分炉外精炼手段移到中间包内实施，即中间包冶金。

6.2.1.2　中间包塞棒

连铸中间包塞棒原系由多节袖砖和塞头组成。由于安装不善和耐火材料质量不佳，容易发生断棒和掉头事故。目前，多数钢厂已使用整体塞棒代替原来的塞棒。塞棒机构的结构如图 6-10 所示，主要由操纵手柄、扇形齿轮、升降滑杆、上下滑座、横梁、塞棒、支架等零部件组成。

操纵手柄与扇形齿轮联成一体，通过环形齿条、拨动升降滑杆上升和下降，带动横梁和塞棒芯杆，驱动塞棒做升降运动。

中间包的塞棒机构是通过控制塞棒的上下运动，达到开闭水口、调节钢水流量的目的。塞棒机构的开浇成功率较高，能抑制浇注后期钢流漩涡的产生，但钢流控制精度较低、塞棒使用寿命短、操作人员需靠近钢水进行操作，安全性较差。

6.2.1.3　中间包滑动水口

中间包采用滑动水口，虽然有安全可靠、利于实现自动控制等优点，但机构比较复

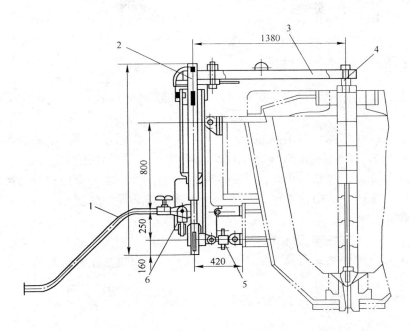

图 6-10 中间包塞棒机构简图

1—操作手柄；2—升降滑杆；3—横梁；4—塞棒芯杆；5—支架调整装置；6—扇形齿轮

杂，尤其在装有浸入式水口的情况下，加大了中间包与结晶器之间的距离，增大了中间包升降行程。同时，对结晶器内钢液的流动也有不利影响。

中间包滑动水口控制机构通常做成三层滑板如图 6-11 所示。上下滑板固定不动，中间用一块活动滑板控制注流。在采用浸入式水口浇注时，由于下水口太长，不便于移动，

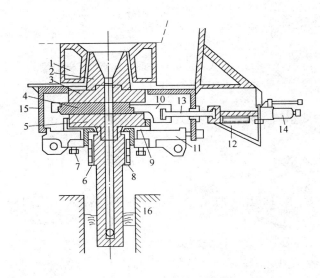

图 6-11 三层式水口示意图

1—座砖；2—上水口；3—上滑板；4—滑动板；5—下滑板；6—浸入式水口；7—螺栓；8—夹具；9—下滑套；
10—滑动框架；11—盖板；12—刻度；13—连杆；14—油缸；15—水口箱；16—结晶器

也存在难于对中问题，故中间包的滑动水口装置采用三层滑板结构。其运动方式与钢包滑动水口相似。

6.2.1.4　浸入式水口

浸入式水口就是把中间包水口加长，插入到结晶器钢液面以下一定的深度，把浇注流密封起来。

浸入式水口位于中间包与结晶器之间，水口上端与中间包相连，下端插入结晶器钢水中，使用条件恶劣。浸入式水口隔绝了注流与空气的接触，防止注流冲击钢液面引起飞溅，杜绝二次氧化。通过水口形状的选择，可以调整钢液在结晶器内的流动状态，以促进夹杂物的分离，提高钢的质量。可以说使用浸入式水口和保护渣浇注，为连铸技术的发展起了积极的作用。

目前除了部分小方坯连铸机外，大都采用浸入式水口加保护渣的保护浇注。浸入式水口的形状和尺寸直接影响结晶器内钢液流动的状况，因而也直接关系到铸坯的表面和内部质量。

（1）按浸入式水口与中间包的连接形式可分为以下几种形式，如图6-12所示。

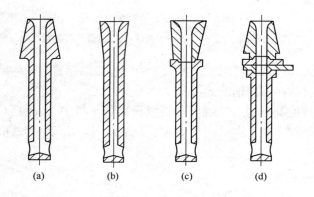

图6-12　浸入式水口与中间包连接形式的类型
（a）外装型；（b）内装型；（c）组合型；（d）滑动水口型

1）外装型浸入式水口。外装型浸入式水口的安装方式是由中间包底向上套装至中间包水口。

2）内装型浸入式水口。内装型浸入式水口的安装方式是由中间包内向包底方向装入座砖内。

3）组合型浸入式水口。用杠杆或液压压紧装置将浸入式水口固定在中间包水口下端，这类浸入式水口长度较短。

4）滑动水口型浸入式水口。这类浸入式水口相当于滑动水口的下水口。

5）CSP工艺的浸入式水口。由于结晶器的形状不同，各种类型工艺所采用的浸入式水口也不同。图6-13为CSP工艺漏斗形结晶器使用的浸入式水口形状及其在结晶器内的位置。浸入式水口和结晶器是一个整体。漏斗形结晶器的上口开口度保证了长水口有足够的伸入空间，为使用厚壁长水口提供了有利条件。长水口外部形状决定了钢水在结晶器内上部的流动通道，而内部形状特别是出口形状则决定了钢水流态和注入时的动能分布。CSP 工艺所用的长水口历经改进已由传统板坯连铸机使用的第一代演变到现在使用的大十字出口第四代。这种大十字状出口可增加钢水流量、稳定拉速，对拉速高的情况更能显示优越性，其寿命可达 11～12 炉。

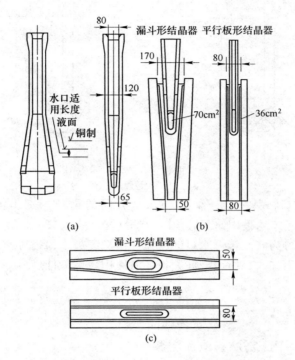

图6-13　CSP 浸入式水口及长水口在结晶器内的位置
（a）浸入式水口；（b）长水口在漏斗形和平行板形结晶器内位置的剖视图；
（c）长水口在漏斗形和平行板形结晶器内位置的俯视图

（2）按浸入式水口内钢水流出的方向可分为以下几种形式，如图6-14 所示。

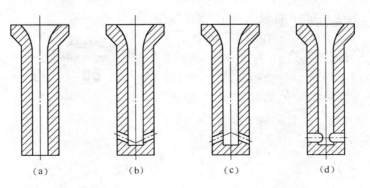

图6-14　浸入式水口钢水流出方向基本类型
（a）单孔直筒型水口（b）侧孔向上倾斜状水口；（c）侧孔向下倾斜成倒 Y 形水口；
（d）侧孔呈水平状水口

目前，使用最多的浸入式水口有单孔直筒形和双侧孔式两种。双侧孔浸入式水口，其侧孔有向上倾斜、向下倾斜和水平状3类，浇注大型板坯时可采用箱式浸入式水口，如图6-15所示。单孔直筒式浸入式水口相当于加长的普通水口，一般仅用于小方坯、矩形坯或小板坯的浇注。

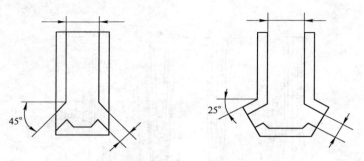

图 6-15　两种浸入式水口示意图

双侧孔浸入式水口，其向上下倾斜与水平方向的夹角分别为 100°～150°，150°～350°。浇注大方坯和板坯均采用向下倾角的双侧孔浸入式水口；若浇注不锈钢应选用侧孔向上倾角的浸入式水口为宜。箱形水口的注流冲击深度最小，当拉速达到一定值后，再提高拉速，冲击深度也不加大，所以浇注大板坯时使用效果最佳。

6.2.2　中间包车

中间包小车是用于支撑、运输、更换中间包的设备。小车的结构要有利于浇注、捞渣和烧氧操作，同时要保证浇注中能前后调节水口中心线位置，在用浸入式水口浇注时要有中间包的升降设备。中间包小车有悬臂型、悬挂型、门型和半门型等。近来，为适应多炉连浇时快速更换中间包的需要，采用与钢包回转台类似的中间包旋转台架，见图6-16。台架上可以放置两个中间包，当使用的中间包损坏时，转动旋转台架，使备用中间包对准结晶器，继续进行浇注。

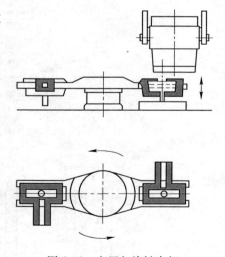

图 6-16　中间包旋转台架

在采用浸入式水口浇注时，中间包需要下降和提升，中间包的升降是通过中间包小车或旋转台架上的升降系统实现。升降系统一般采用液压系统控制。中间包车或旋转台架上设有称量系统。

6.3　结　晶　器

6.3.1　结晶器的作用及类型

结晶器是连铸机非常重要的部件，是一个强制水冷的无底钢锭模，为连铸设备的"心脏"。它的作用为：

（1）使钢液逐渐凝固成所需规格、形状的坯壳。

（2）通过结晶器的振动，使坯壳脱离结晶器壁而不被拉断和漏钢。

（3）通过调整结晶器的参数，使铸坯不产生脱方、鼓肚和裂纹等缺陷。

（4）保证坯壳均匀稳定的生长。

结晶器的分类方法有许多，按其内壁形状可分为直形及弧形等：

（1）直形结晶器。直形结晶器的内壁沿坯壳移动方向呈垂直形，因此导热性良好，坯壳冷却均匀。该类结晶器还有利于提高坯壳的质量和拉坯速度，结构较简单，易于制造、安装和调试方便；夹杂物分布均匀；但铸坯易产生弯曲裂纹，连铸机的高度和投资增加。直形结晶器用于立式、立弯式及直弧形连铸机。

（2）弧形结晶器。弧形结晶器的内壁沿坯壳移动方向呈圆弧形，因此铸坯不易产生弯曲裂纹；但导热性比直形结晶器差；夹杂物分布不均，偏向坯壳内弧侧。弧形结晶器用在全弧形和椭圆形连铸机上。

按铸坯规格和形状可分圆坯、矩形坯、方坯、板坯及异型坯等。

按其结构形式可分整体式、套管式、组合式及水平式等：

（1）整体式。整体式结晶器用一块铜锭制成，靠内腔表面四周钻出很多冷却水通道。特点是刚度大、不易变形、制造成本高、难以维修。

（2）管式结晶器。主要应用于方坯和圆坯，按冷却方式分为喷淋冷却和水套冷却两种，特点是结构简单、易于制造与维护、铜管寿命长、成本低。

（3）组合式。主要用于板坯、大方坯、薄板坯，由 4 块带有冷却水通道的铜板组成。

（4）水平式。水平连铸机的结晶器是不能振动的固定式结晶器；中间包与结晶器密封连接。结晶器内钢水静压力比弧形连铸机高 5 ~ 6 倍，因此成形的凝固坯壳紧贴结晶器内壁，传热效果好；但铸坯与结晶器壁间的摩擦阻力较大。

6.3.2　结晶器的结构

结晶器的结构主要由内壁、外壳、冷却水装置及支撑框架等零部件组成。

现代大型连铸机的结晶器都采用组合式，即由四块复合壁板组合而成，每块复合壁板又有内壁及外壁两部分，内壁一般用导热性和塑性良好的紫铜制作，厚度为 20 ~ 40mm，要求内壁下表面粗糙度达到 3.2 ~ 12.5，结晶器的外壁一般用钢板制作，以保证足够的强度和刚度。图 6-17 所示为组合式结晶器示意图，它是组装方式中的一种。

在结晶器的内、外壁之间有通冷却水的水缝，冷却水进出水管分别装在四块外壁上，对于板坯结晶器，窄面板设有一根进水管，一根排水管，宽面板上为使冷却均匀可用几根进水管和排水管。

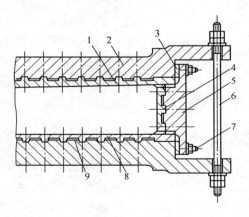

图 6-17　组合式结晶器

1—外弧内壁；2—外弧外壁；3—调节垫块；
4—侧内壁；5—侧外壁；6—双头螺栓；
7—螺栓；8—内弧内壁；9—一字形水缝

6.3.3　结晶器的重要参数

结晶器的主要工艺参数包括：结晶器的断面形状和尺寸，结晶器的长度、锥度，结晶器的冷却强度，结晶器的材质、使用寿命及内壁厚度等。

6.3.3.1　结晶器断面尺寸

冷态铸坯的断面尺寸为公称尺寸，结晶器断面尺寸应根据铸坯的公称尺寸来确定。由于铸坯冷却凝固收缩，尤其弧形铸坯在矫直时还会引起铸坯的变形，为此要求结晶器的内腔断面尺寸应比铸坯公称尺寸略大些。一般说来，结晶器的断面尺寸应比铸坯的断面尺寸大 2% ~3%，大断面取上限，小断面取下限。另外，钢种不同其收缩率也有所不同，并且不同的轧制方式对铸坯的尺寸公差也有不同的要求，所以，生产上往往还需通过实践来调整结晶器的断面尺寸。

6.3.3.2　结晶器长度

结晶器长度的确定，应能保证铸坯在出结晶器下口时，坯壳具有一定厚度，防止拉裂、拉漏。结晶器长度的计算如下：

设连铸机的拉坯速度为 v，钢水在结晶器中停留的时间为 t，则结晶器的有效长度（结晶器容纳钢水的长度）$L_{有效}$ 为：

$$L_{有效} = vt \tag{6-1}$$

根据凝固定律，钢水在结晶器中的停留时间与铸坯出结晶器坯壳的厚度有关：

$$\delta = K \cdot \sqrt{t} \tag{6-2}$$

$$t = (\delta/K)^2 \tag{6-3}$$

$$L_{有效} = v(\delta/K)^2 \tag{6-4}$$

式中　$L_{有效}$——结晶器的有效长度，mm；

　　　v——拉坯速度，m/min；

　　　δ——铸坯出结晶器下口时的坯壳厚度，mm，一般应有 10 ~25mm；

　　　K——凝固系数，m/min^2，方坯取 0.03 ~0.033，扁板坯取 0.024 ~0.028，圆坯取 0.025 ~0.028。

考虑到生产中钢液面距结晶器上口约有 80 ~120mm 的距离，所以结晶器的长度为：

$$L = L_{有效} + (80 \sim 120) \tag{6-5}$$

为了增大铸坯离开结晶器坯壳的安全厚度，提高拉速，适当加大结晶器长度是有利的。但是，结晶器过长会增大坯壳和结晶器内壁之内的摩擦力，增大坯壳的表面应力，从而增大漏钢的危险。理论计算表明，结晶器热量的 50% 是从上部导出的，结晶器下部只起到支撑作用。结晶器越长，气隙热阻越大；反之，如果结晶器太短，形成的坯壳太薄，出结晶器后容易漏钢。可见，结晶器过长过短都不好，一般为 700 ~900mm，但也有 1200mm 长的，现在大多数倾向于把结晶器长度增加到 900mm，以适应高拉速的需要。对大断面铸坯，要求坯壳厚度大于 15mm，其长度可短些；对小断面铸坯，坯壳为 8 ~10mm，考虑到钢液面波动大，可适当长些。

6.3.3.3　倒锥度

钢液在结晶器内冷却凝固生成坯壳，进而收缩脱离结晶器壁，产生气隙，使导热性能大大降低，由此造成铸坯的冷却不均匀；为了减小气隙，加速坯壳生长，结晶器的下口要比上口断面略小，称为结晶器倒锥度。常见有两种表示方法：

$$\varepsilon_1 = \frac{S_{\text{下}} - S_{\text{上}}}{S_{\text{上}}\, l_{\text{m}}} \times 100\% \tag{6-6}$$

式中　ε_1——结晶器每米长度的倒锥度，%/m；

$S_{\text{下}}$——结晶器下口断面积，mm^2；

$S_{\text{上}}$——结晶器上口断面积，mm^2；

l_{m}——结晶器的长度，m。

结晶器倒锥度 $\varepsilon_1 < 0$。计算 ε_1 时应按结晶器宽、厚边尺寸分别考虑，倒锥度绝对值过小则气隙较大，可能导致铸坯变形、纵裂等缺陷；倒锥度绝对值太大又会增加拉坯阻力，引起横裂甚至坯壳断裂。倒锥度主要取决于铸坯断面、拉速和钢的高温收缩率。方坯结晶器的倒锥度推荐数值见表 6-1。

表 6-1　方坯结晶器的倒锥度

断面边长/mm	倒锥度/% · m^{-1}	断面边长/mm	倒锥度/% · m^{-1}
80 ~ 100	-0.4	140 ~ 200	-0.9
110 ~ 140	-0.6		

浇注 $w(\text{C}) < 0.08\%$ 的低碳钢的小方坯结晶器，其倒锥度为 $-0.5\%/\text{m}$；对于加 $w(\text{C}) > 0.40\%$ 的高碳钢，倒锥度为每米 $-0.8\% \sim -0.9\%$。板坯的宽厚比很大，厚度方向的凝固收缩比宽度方向收缩要小得多。其锥度按式（6-7）计算：

$$\varepsilon_1 = \frac{B_{\text{下}} - B_{\text{上}}}{B_{\text{上}}} \times 100\% \tag{6-7}$$

式中　$B_{\text{下}}$——结晶器下口宽度，mm；

$B_{\text{上}}$——结晶器上口宽度，mm。

板坯结晶器宽面倒锥度在每米 $-0.9\% \sim -1.1\%$，窄面则为每毫米 -0.6%。

采用保护渣浇注的圆坯结晶器，倒锥度通常是每毫米 -1.2%。

有的结晶器做成双倒锥度结构，即在结晶器上部倒锥度大于下部倒锥度，更符合钢液凝固体积的变化规律；也有将结晶器内壁做成抛物线形的，但加工困难。

6.3.3.4　结晶器的冷却强度

钢液在结晶器中形成坯壳的过程中，其放出的热量主要是通过结晶器壁传导，由冷却水带走的。

单位时间内单位面积的铸坯被带走的热量称为冷却强度。冷却强度越大，钢液凝固越快，因而拉坯速度也可以适当加快。影响结晶器冷却强度的因素主要是结晶器内壁的导热性能和结晶器内冷却水的流速和流量。一般说来，结晶器内壁的导热性能越好，冷却强度就越大，冷却水的流速越大，冷却强度也越大，但是冷却水流速增大到一定数值后，冷却强度就不再加大。而且，流速增加的同时也要求水压增加，过高的水压容易使结晶器发生挠曲，所以在实际生产中，水流速度和水压不是很高。增大结晶器的冷却水量可以相应提高冷却强度，当冷却水流速确定后，冷却水量主要与结晶器水槽的断面积有关。

结晶器冷却水量也是根据经验，按结晶器周边长度计算的。小方坯结晶器冷却水量，周边供水量约为 $2.0 \sim 3.0 L/(min \cdot mm)$，对于板坯结晶器的宽面供水量约为 $2.0L/(min \cdot mm)$，窄面约为 $1.25L/(min \cdot mm)$。对于裂纹敏感的低碳钢种，结晶器采用弱冷却，冷却水量取下限；对于中、高碳钢可用强冷却，冷却水量取上限。冷却水进水压力为 $0.4 \sim 0.9MPa$；结晶器进出水温度差为 $3 \sim 8℃$。

6.3.3.5　结晶器的材质

结晶器的材质主要是指结晶器内壁铜板所使用的材质。结晶器的内壁由于直接与高温钢液接触，工作条件恶劣，所以内壁材料应具有以下性能：导热系数高，膨胀系数小，足够的高温强度，较高的耐磨性、塑性和可加工性。

目前，结晶器内壁使用的材质主要有以下 4 种：

(1) 铜。结晶器的内壁大多由铜来制作。它的导热系数高、加工性能好、价格便宜，但铜的膨胀系数高、耐磨性能差、工作寿命短，而且铜磨损后会造成铸坯表面铜的局部富集，导致星状裂纹。

(2) 铜合金。在纯铜中加入铬、镍、银、锆、铝、锌、钴、磷等元素，可以提高铜的高温强度，延长使用寿命。

例如使用 $w(Cr) = 0.5\% \sim 0.8\%$ 的铜合金时，结晶器的最低硬度达到 HB130，如果采用 Cu-Cr-Zr（合金 $w(Cr) = 0.7\%$ 和 $w(Zr) = 0.06\%$），则可将结晶器的硬度提高到 HB160 $\sim$ 180，大大提高了铜的耐磨性。在铜中加入含量为 $w(Ag) = 0.08\% \sim 0.12\%$ 的银，就能提高结晶器内壁的高温强度和耐磨性，在铜中加入含量为 $w(Cr) = 0.5\%$ 的铬或加入一定量的磷，可显著提高结晶器的使用寿命。还可以使用 Cu-Cr-Zr-As 合金或 Cu-Zr-Mg 合金制作结晶器内壁，效果都不错。

(3) 铜板镀层。在结晶器内壁铜合金板上镀层可以提高结晶器使用寿命，防止铜表面与铸坯表面直接接触，改善铸坯质量：

1) 单一镀层。在结晶器内壁铜板表面镀厚为 $0.1 \sim 0.15mm$ 铬或镍的镀层，能提高耐磨性。

2) 复合镀层。采用镍、镍合金和铬 3 层复合镀层及 Ni-Co 镀层，这种复合镀层比单独镀镍寿命可提高 5 $\sim$ 7 倍；Ni-W-Fe 镀层由于钨和铁的加入，提高了镀层的强度和硬度，高温强度稳定性好，适合高拉速连铸机。

(4) 渗层。国外已有将镀层材料通过特殊工艺渗透到铜合金里，其结晶器的使用寿命比复合镀层的提高许多倍。

另外，在结晶器弯月面处镶嵌低导热性材料，减少传热速度，可以改善铸坯表面质量，称为热顶结晶器。镶嵌的材料有镍、碳铬化合物和不锈钢，如图 6-18 所示。

6.3.3.6　结晶器的寿命

结晶器使用寿命实际上是指结晶器内腔保持原设计尺寸和形状时间的长短。只有保持

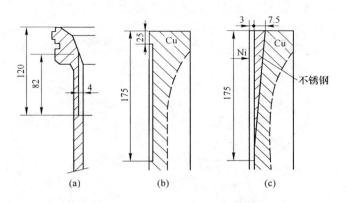

图 6-18 板坯结晶器的镶嵌件

(a) 镶嵌镍；(b) 碳铬化合物；(c) 不锈钢

原设计尺寸和形状，才能保证铸坯质量。结晶器的寿命可用结晶器浇注铸坯的长度来表示；在一般操作条件下，一个结晶器可浇注板坯 10000~15000m。也有用结晶器从开始使用到修理前所浇注的炉数来表示，其范围为 100~150 炉。提高结晶器寿命的措施有提高结晶器冷却水水质；保证结晶器足辊、二次冷却区的对弧精度；定期检修结晶器；合理选择结晶器内壁材质及设计参数等。

6.3.3.7 结晶器内壁厚度

在保证强度的前提下，为了加速传热，结晶器内壁越薄越好。因此，结晶器内壁厚度主要考虑能有效地利用其厚度和提高结晶器的使用寿命。通常结晶器的内壁最小允许值为 6~10mm，小断面铸机可取下限，大断面板坯可取上限。内壁磨损后，可以进行机械加工重复使用。新的结晶器内壁厚度应为最小允许值加上多次加工量。

结晶器铜板厚度的选取首先与拉速有关。当拉速高于 1.4m/min 时，对厚度在 45~55mm 范围内的结晶器铜板用有限元法进行了分析，结果表明，最佳铜板厚度为 48mm。

铜板厚度大于 48mm 在高拉速时，结晶器热面温度将高于 350℃。当板坯连铸机的拉速为 2~2.5m/min，铜板厚度为 33~40mm 时，热面温度低于 350℃时，坯壳黏结倾向减少。薄板坯连铸机的拉速为 5~6m/min，铜板厚度为 20~25mm。当薄板坯尺寸为 90mm × 1200mm，拉速为 5m/min 时，铜板厚度为 25mm。热阻减少可以使热面温度降低。

可见拉速高，铜板应随之减薄；反之，拉速低，铜板应随之增厚。铜板重新加工后，厚度变薄、热面温度降低、渣圈厚度增加、振痕深度增加、结晶器热流减少。

6.3.4 结晶器断面调宽装置

为了适应生产多种规格铸坯的需要，缩短更换结晶器的时间，采用可调宽度的板坯结晶器。结晶器可离线或在线调宽。离线调宽是将结晶器吊离生产线调节结晶器宽面或窄面的尺寸；结晶器在线调宽就是在生产过程中完成对结晶器宽度的调整，即结晶器的两个侧窄边多次分小步向外或向内移动，一直调到预定的宽度要求，其移动顺序如图 6-19 所示。调节宽度时，铸坯宽度方向呈现Y形，故称为Y形在线调宽。这种调宽装置不仅能调节结晶器宽度，而且还能调节宽面倒锥度。每次调节量为初始锥度的 1/4，调节速度是 20 ~ 50mm/min，调节是由每个侧边的上下两套同步机构实现的，用计算机控制液压或电力驱动。它可在不停机的条件下改变铸坯断面；设备比较复杂，调整过程中要防止发生漏钢事故。

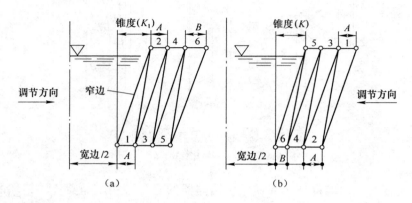

图 6-19　结晶器 Y 形在线调宽原理图
(a) 由窄调宽；(b) 由宽调窄

6.3.5　结晶器的润滑

　　为防止铸坯坯壳与结晶器内壁黏结、减少拉坯阻力和结晶器内壁的磨损、改善铸坯表面质量，结晶器必须进行润滑。目前的润滑手段主要有以下两种。

　　(1) 润滑油润滑装置。结晶器加油润滑装置如图 6-20 所示。润滑剂可以用植物油或矿物油，目前在植物油中采用菜籽油者居多。通过送油压板内的管道，润滑油流到锯齿形的给油铜垫片上，铜垫片的锯齿形端面向着结晶器口，油就均匀地流到结晶器铜壁表面上，在坯壳与结晶器内壁之间形成一层厚 0.025 ~ 0.05mm 的均匀油膜和油气膜，达到润滑的目的。这种装置主要用在小方坯连铸机上。

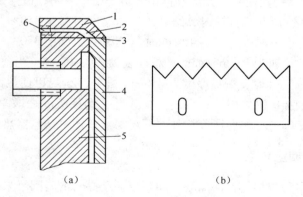

图 6-20　结晶器加油润滑装置
(a) 给油装置；(b) 送油压板
1—送油压板；2—油道；3—给油垫片；4—结晶器铜壁；
5—结晶器钢壳；6—润滑油管

（2）保护渣润滑装置。采用保护渣同样可以达到润滑的目的，保护渣可由人工加入，也可用振动给料器加入。这改善了劳动条件，使加入量控制准确。

6.3.6 结晶器的振动装置

为防止初生坯壳与结晶器壁粘连和提高拉坯速度，浇注中结晶器必须在一定条件下作上下往复运动。结晶器振动是按一定振幅和频率振动，振动要平稳，不能抖动。

常用的振动方式有两种，即梯形速度振动和正弦波式振动。

（1）梯形速度振动。如图6-21中曲线1所示，结晶器先以稍大于拉坯速度的速度下降，然后以2~3倍拉坯速度的速度上升，由于振动过程中始终存在着结晶器与铸坯之间的相对运动，可以防止坯壳粘连。当结晶器下降时，由于下降速度大于拉坯速度，使铸坯与结晶器壁之间有一定的负滑动。这种梯形速度振动需用专门的凸轮机构来实现。

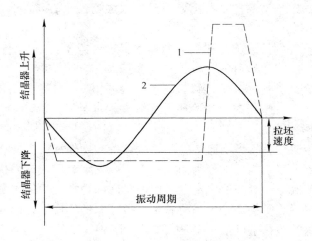

图 6-21　结晶器振动曲线
1—梯形振动曲线；2—正弦波式振动曲线

（2）正弦波式振动。振动速度与时间的关系为一条正弦曲线，如图6-21中曲线2所示。

在整个振动周期中，铸坯与结晶器之间均有相对运动，而且结晶器下降时也存在负滑动，因此可以防止和消除坯壳与器壁黏结。正弦波式振动可用偏心轮机构来实现，偏心轮机构比凸轮机构要简单。

正弦曲线与梯形速度振动比较，正弦波式振动的铸坯处于负滑动状态的时间较短，上升时间占振动周期的一半，坯壳拉断的可能性增大，故一般采用高频率低振幅来弥补这一缺点。高频率振动使单位时间内坯壳处于负滑动状态的次数增多，从而减少坯壳黏结在结晶器上的可能。

连铸机常用的振动方式有凸轮式、偏心轮式和凸轮—弹簧复合式等。结晶器振动时需按一定的轨迹运动，例如弧形结晶器需按弧线运动，而直结晶器需按直线运动。需要设置导向装置。连铸机上常用的导向装置主要有辊轮导轨式、导柱式及差动齿轮式。

6.4 二次冷却装置

6.4.1 二次冷却作用及结构

钢液进入结晶器之后，在水冷结晶器的作用下，凝固成具有一定形状和厚度的坯壳。通常，钢液在结晶器里冷却成具有一定厚度坯壳的过程称为一次冷却；坯壳出结晶器之后受到的冷却称为二次冷却。由于钢液熔点高，热容量大而导热性差，经过一次冷却后，铸坯虽然已经成形，但其坯壳较薄，如果这种带液芯的铸坯不继续冷却和采用一定方式支撑，那么，带液芯的高温铸坯在钢液静压力下就会产生变形，甚至漏钢。所以，还必须对铸坯进行强制冷却。二次冷却装置就是在结晶器之后对铸坯进行第二次冷却和支撑的装置。

二次冷却的主要作用是：

（1）带液心的铸坯从结晶器中拉出后，需喷水或喷汽水直接冷却，使铸坯快速凝固，以进入拉矫区。

（2）对未完全凝固的铸坯起支撑、导向作用，防止铸坯的变形。

（3）在上引锭杆时对引锭杆起支撑、导向作用。

（4）若是采用直结晶器的弧形连铸机，二冷区的第一段还要把直坯弯成弧形坯。

（5）如果采用多辊拉矫机时，二冷区的部分夹辊本身又是驱动辊，起到拉坯的作用。

（6）对于椭圆形连铸机，二冷区本身又是分段矫直区。弧形连铸机二次冷却装置的重要性不亚于结晶器，它直接影响铸坯的质量、设备的操作和铸机的作业率。

二次冷却装置的主要结构形式分为箱式和房式两大类。现代连铸机的二次冷却区均用房式结构，即整个二次冷却设在喷水室内，以便将冷却铸坯产生的水蒸气集中排出。

由于二次冷却装置底座长期处于高温和很大拉坯力的作用下，因此二冷支导装置通过刚性很强的共同底座安装在基础上（见图 6-22）。图中 5 为固定支点，4 为活动支点，允许沿圆弧线方向滑动，以避免抗变形能力差导致的错弧。

板坯连铸机由于铸坯断面很大，出结晶器下口坯壳较薄，尤其是高速连铸机，冶金长度较长，直到矫直区铸坯中心仍处于液态，容易发生鼓肚变形，严重时有可能造成漏钢。所以结晶器下口一般安有密排足辊或冷却格栅。铸坯进入二冷区后首先进入支撑导向段。支撑导向段一般与结晶器及其振动装置安装在同一框架上，能够同时整体更换。结晶器足辊以下的辊子组称为二冷零段，一般是 10~12 对密排夹辊，可以用长夹辊，也可以用多节夹辊如图 6-23 所示。

可按照辊径不同把二次冷却区夹辊分为与弧形连铸机圆心成一定弧度的几个扇形段，如图 6-24 所示。一般连铸机二次冷却区由 5~7 个扇形段组成。由于夹辊的主要作用是防止铸坯鼓肚，故第一段夹辊应当密一些，辊径可以小一些。后面的夹辊，因铸坯凝固层逐渐增厚，不容易发生鼓肚，夹辊可以稀一些，辊径可以大一些。为了提高夹辊寿命，夹辊制成空心圆筒并通水冷却。

为提高连铸机的作业率，便于处理漏钢事故和维护检修，二次冷却区的各段夹辊应和结晶器，冷却格栅板一样能够整体更换。为适应快速更换的需要，各夹辊的水冷管路均采用快速接头。

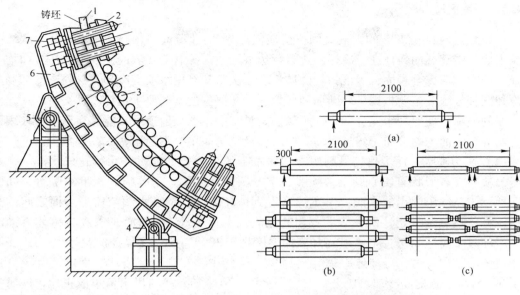

图6-22 二冷区支导装置的底座

1—铸坯；2—扇形段；3—夹辊；4—活动
指点；5—固定支点；6—底座；7—液压缸

图6-23 各类夹辊

（a）全厂夹辊；（b）短夹辊；（c）多节夹辊

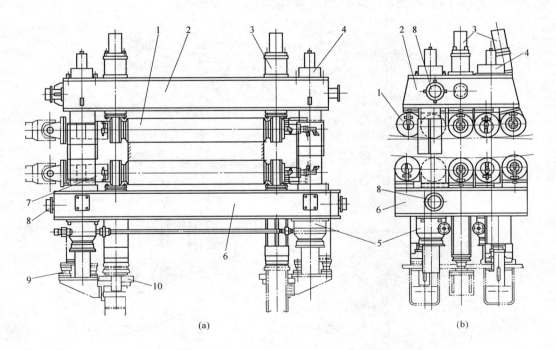

图6-24 扇形段

1—辊子及轴承支座；2—上辊架；3—压下装置；4—缓冲装置；5—辊间隔测控装置；6—下框架；7—中间法兰；
8—拔出用导轮；9—管离合装置；10—扇形段固定装置

6.4.2　二冷区冷却喷嘴

在结晶器内只有 20% 的钢液凝固，铸坯仅形成 8 ~ 15mm 的薄坯壳（方坯），从结晶器拉出后，带液芯的铸坯在二冷区内边运行边凝固。需控制铸坯表面温度沿浇注方向均匀下降，使之逐渐完全凝固，保证铸坯的质量。二次冷却有用水喷雾冷却、气喷雾冷却和干式冷却三种方法。主要根据铸坯断面和形状、冷却部位的不同要求选择喷嘴类型。

好的喷嘴可使冷却水充分雾化，水滴小又具有一定的喷射速度，能够穿透沿铸坯表面上升的水蒸气而均匀分布于铸坯表面。同时喷嘴结构简单，不易堵塞，耗铜量少。

（1）压力喷嘴。压力喷嘴是利用冷却水本身的压力作为能量将水雾化成水滴。常用的压力喷嘴喷雾形状有实心圆锥形喷嘴、空心圆锥形喷嘴、扁喷嘴和矩形喷嘴等，如图 6-25 所示。从喷嘴喷出的水滴以一定速度射到铸坯表面，依靠水滴与铸坯表面之间的热交换，将铸坯热量带走。研究表明：当铸坯表面温度低于 300℃ 时，水滴与铸坯表面润湿，冷却效率高达 80% 左右；若铸坯表面温度高于 300℃ 时，水滴与铸坯不润湿，水滴到达铸坯表面破裂流失，冷却效率只有约 20%。生产中，在二冷区铸坯表面的实际温度远高于 300℃。虽然提高冷却水压力，增加供水量，但冷却效率与供水量不成正比，同时雾化水滴较大，平均直径在 200 ~ 600mm，因而水的分配也不均匀，导致铸坯表面温度回升太大，在 150 ~ 200℃/m。虽然压力喷嘴存在这些问题，但由于它的流量特性和结构简单，运行费用低，所以仍被使用。为了铸坯冷却的均匀性，还可采用压力广角喷嘴。图 6-26 所示为二冷区单喷嘴系统，图 6-27 所示为二冷区多喷嘴系统。

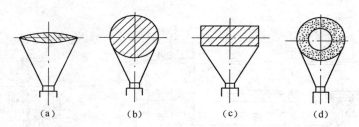

图 6-25　几种雾化喷嘴的喷雾形状图
（a）扁平形；（b）圆锥形（实心）；（c）矩形；（d）圆锥形（空心）

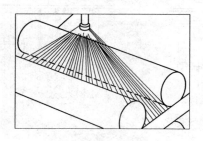

图 6-26　二冷区单喷嘴系统

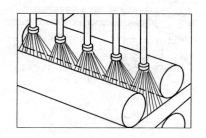

图 6-27　二冷区多喷嘴系统

（2）气 - 水雾化喷嘴。气 - 水雾化喷嘴是用高压空气和水从不同的方向进入喷嘴内或在喷嘴外汇合，利用高压空气的能量将水雾化成极细小的水滴。这是一种高效冷却喷嘴,有单孔型和双孔型两种,如图6-28所示。

气-水雾化喷嘴雾化水滴的直径小于$50\mu m$。在喷淋铸坯时还有20%~30%的水分蒸发,因而冷却效率高、冷却均匀,铸坯表面温度回升较小,为50~80℃/m,所以对铸坯质量很有好处,同时还可节约冷却水近50%,但结构比较复杂。由于气-水雾化喷嘴的冷却效率高,喷嘴的数量可以减少,因而近些年来在板坯、大方坯连铸机上得到应用。

二冷区的铸坯坯壳厚度随时间的平方根逐渐增加,而冷却强度则逐渐降低。当拉坯速度一定时,距钢液面距离越远,给水量越少。生产中要根据机型、浇铸断面、钢种、拉速等因素加以调整。

喷嘴的布置应以铸坯受到均匀冷却为原则,喷嘴的数量沿铸坯长度方向由多到少。喷嘴的选用按机型不同布置如下:

(1)方坯连铸机普遍采用压力喷嘴。其足辊部位多采用扁平喷嘴。喷淋段则采用实心圆锥形喷嘴。二冷区后段可用空心圆锥喷嘴。其喷嘴布置如图6-29所示。

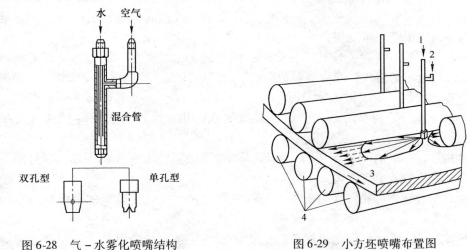

图6-28 气-水雾化喷嘴结构　　　　　图6-29 小方坯喷嘴布置图

(2)大方坯连铸机可用单孔气-水雾化喷嘴冷却,但必须用多喷嘴喷淋。

(3)大板坯连铸机多采用双孔气-水雾化喷嘴单喷嘴布置,如图6-30所示。

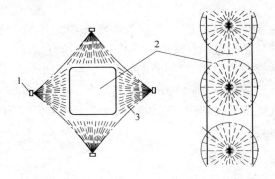

图6-30 双孔气-水雾化喷嘴单喷嘴布置

1—喷嘴;2—方坯;3—充满圆锥的喷雾形式

对于某些裂纹敏感的合金钢或者热送铸坯，还可采用干式冷却；即二冷区不喷水，仅靠支撑辊及空气冷却铸坯。夹辊采用小辊径密排列以防铸坯鼓肚变形。

6.5 拉坯矫直装置

弧形连铸机的拉坯矫直装置由拉坯矫直机和引锭杆两部分组成。拉坯矫直机由辊子或夹辊组成。这些辊子既有拉坯作用，也有矫直铸坯作用，所以连铸坯的拉坯和矫直这两个工序通常由一个机组来完成，故称为拉坯矫直机，简称拉矫机。引锭部分则由引锭杆及其存放装置、脱引锭装置组成。

6.5.1 拉矫装置作用与要求

拉坯矫直装置的作用有：

（1）将铸坯从二次冷却段内拉出。在拉坯过程中，拉坯速度将根据不同条件（钢种、浇注温度、断面等）的要求在一定范围内进行调节，可以满足快速送引锭，并有足够大的拉坯力，以克服铸坯可能遇到的最大拉坯阻力。

（2）将弧形铸坯经过一次或多次矫直，使其成为水平铸坯。矫直时，对不同的钢种和断面以及带液芯的铸坯，都应能避免裂纹等缺陷的产生，并能适应特殊情况下低温矫直铸坯。

（3）对于没有采用专门的上引锭杆装置的连铸机，浇注前将引锭杆送入结晶器的底部。

（4）在处理事故时（如冻坯），可以先将结晶器盖板打开吊出结晶器，通过引锭杆上顶冻坯，再用吊车吊走事故坯。

（5）对于板坯连铸机，在引锭杆上装辊缝测量仪，通过拉矫机的牵引检测二冷段的装配及工作状态。

综上所述，拉矫机的作用可简单归结为"拉坯、矫直、送引锭、处理事故和检测二冷段状态"等。

对拉矫装置的要求是：

（1）应具有足够的拉坯力，以在浇注过程中能克服结晶器、二次冷却区、矫直辊、切割小车等一系列阻力，将铸坯顺利拉出。

（2）能够在较大范围内调节拉速，适应改变断面和钢种的工艺要求，快速送引锭杆的要求；拉坯系统应与结晶器振动、液面自动控制、二冷配水实现计算机闭环控制。

（3）应具有足够的矫直力，以适应可浇注的最大断面和最低温度的矫直。

（4）在结构上除了适应铸坯断面变化和输送引锭杆的要求外，还要考虑未矫直的冷铸坯能通过，以及多流连铸机在结构布置的特殊要求。采取合理的冷却措施，保证设备在高温条件下能正常使用。

6.5.2 小方坯连铸机的拉矫装置

对弧形连铸机，从二次冷却段出来的铸坯是弯曲的，必须矫直。若通过一次矫直铸坯，称单点矫直；小方坯弧形铸坯就是在完全凝固后一点矫直。由图 6-31 所示可以看出，一点矫直是由内弧 2 个辊和外弧 1 个辊,共 3 个辊完成的,无论是四辊拉矫机还是五辊拉矫机均为一点矫直。图 6-32 是结构最简单的四辊拉矫装置,从图可以看出,它由工作机座和传动系统组成。工作机座则是由 1 个钳式机架和 4 个辊子组成的拉矫辊系。辊 1 和 2 是拉坯辊,布置在弧形区内,拉辊 1 又兼作矫直辊,与矫直辊 7 和 8 一起组成一个最简单矫直辊系统。下矫直辊 8 在铸坯的切点,也是铸机的切点。拉辊 1 和 2 是驱动辊,可以正向拉坯,也可以反向送引锭杆。矫直辊 7 和 8 也是驱动辊。

拉辊 2 布置在液压缸 3 上,拉辊 1 和 2 之间的开口度可用压下螺丝来调节,并用拉辊间的垫块来保持。当弧形铸坯通过时,矫直辊 7 借助压下力将铸坯矫直。矫直辊 7 的上下移动可通过曲柄连杆机构 4 和 5 来调节,也可由液压缸完成。

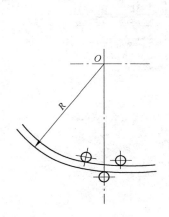

图 6-31 一点矫直配辊方式

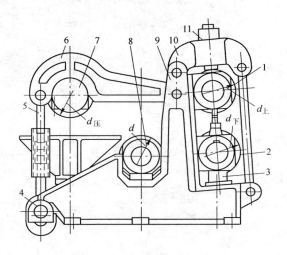

图 6-32 四辊拉矫机结构

1,2—拉辊;3—液压缸;4—偏心轴;5—拉杆;
6—矫直臂;7—上矫直辊;8—下矫直辊;
9—钳式机架立柱;10—横梁;11—压下螺丝

6.5.3 板坯连铸机的拉矫装置

6.5.3.1 多点矫直

对弧形连铸机,从二次冷却段出来的铸坯是弯曲的,必须矫直。若通过两次以上的矫直称多点矫直。对大断面铸坯来说应采用多点矫直,如图 6-33 所示(其中只画出矫直辊,支撑辊未画)。每 3 个辊为一组,每组辊为 1 个矫直点,以此类推;一般矫直点取 3~5 点。采用多点矫直可以把集中 1 点的应变量分散到多个点完成,从而消除铸坯产生内裂的可能性,可以实现铸坯带液芯矫直。

多辊拉矫机增加了辊子数目(见图 6-34),有 12 辊、32 辊甚至更多辊,对铸坯进行多点矫直。由于拉辊多,每对拉辊上的压力小,因而拉矫辊的辊径也小,这有利于实现小辊

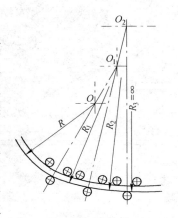

图 6-33 多点矫直配辊方式

距密辊排列，即使带液芯铸坯进行矫直，也不致产生内裂，从而能够提高拉坯速度。多点矫直拉矫机布置在弧形段内（见图6-35）。图中第3扇形段和第4扇形段的28号辊、30号辊、33号辊和35号辊为矫直辊，它们的曲率半径分别为5700mm、7200mm、11000mm和无限大。

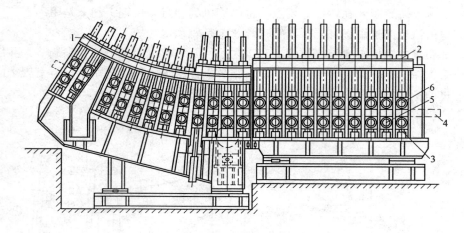

图 6-34　多辊拉矫机

1—机架；2—上辊压下装置；3—下辊；4—铸坯；5—驱动辊；6—自由辊

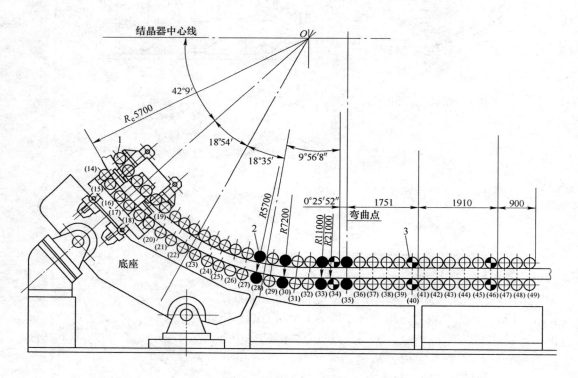

图 6-35　多点矫直拉矫机

1—自由辊；2—矫直辊；3—驱动辊

合理计算各矫直点的曲率半径和安排各矫直点的位置，把矫直的总应变量合理分配到各矫直点，是设计多点拉矫机的关键，既矫直铸坯，又保证铸坯不产生内裂纹。多点拉矫机的矫直辊分配在各扇形段，位于基本半径弧内的扇形段，各辊子的弧形半径是相等的，而在拉矫区内扇形段的矫直辊的弧形半径是不相同的，在结构上二者是完全一样的。

6.5.3.2 连续矫直

多点矫直虽然能使铸坯的矫直分散到多个点进行，降低了铸坯每个矫直点的应变力；但每次变形都是在矫直辊处瞬间完成的，应变率仍然较高，因而铸坯的变形是断续进行的，对某些钢种还是有影响的。

连续矫直是在多点矫直基础上发展起来的一项技术。使铸坯在矫直区内连续进行应变，那么应变率就是一个常量，这对改善铸坯质量非常有利。连续矫直辊的配置及铸坯应变如图6-36所示。图6-36中A、B、C、D是4个矫直辊，铸坯从B点到C点之间承受恒定的弯曲力矩，在近2m的矫直区内铸坯两相区界面的应变值是均匀的。这种受力状态对进一步改善铸坯质量极为有利。

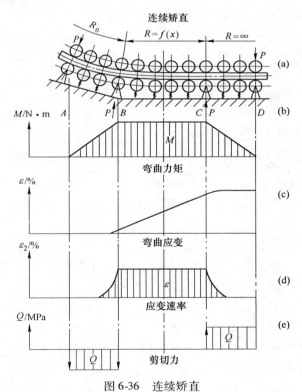

图 6-36 连续矫直

（a）辊列布置；（b）矫直力矩；（c）矫直应变；（d）应变速率；（e）剪应力分布

6.5.3.3 渐近矫直

拉矫机以恒定的低应变速率矫直铸坯的技术叫渐近矫直技术。

渐近矫直拉矫机的结构分矫直段和水平段，矫直段将铸坯矫直，水平段协同矫直段拉出铸坯。矫直段由13对辊子和机架组成，其中，前后两辊为传动辊，后传动辊设在连铸机的弧线的接近水平线切点位置。传动辊的出轴与传动装置的万向接杆相连，上下辊都设有传动装置。上传动辊安装在一个特殊的四连杆机构上，四连杆机构由液压缸操纵，液压缸活塞杆出端与四连杆铰接，液压缸的下端与机架铰接。活塞杆升起与降落，使四连杆机构带动上传动辊压紧铸坯或引锭杆，达到拉坯或上引锭杆的目的。下传动辊用螺栓固定在外弧架上。

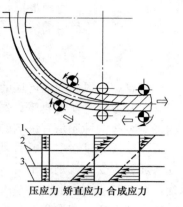

水平段的结构与拉矫段基本相同，水平段设有 13 对辊，前后两对辊为传动辊。

6.5.3.4 压缩浇注

压缩浇注的基本原理是：在矫直点前面有一组驱动辊给铸坯一定推力，在矫直点后面布置一组制动辊给铸坯一定的反推力；图 6-37 为铸坯在处于受压状态下矫直的情形。从图可以看出，铸坯的内弧中拉应力减小。通过控制对铸坯的压应力可使内弧中拉应力减小甚至为零。

图 6-37 压缩浇注机坯壳应力图
1—内弧表面；2—两相界面；
3—外弧表面

能够实现对带液芯铸坯的矫直，达到铸机高拉速，提高铸机生产能力的目的。

6.6 引 锭 装 置

6.6.1 引锭装置的作用及组成

由于结晶器是个"无底的钢锭模"，开浇前需将引锭装置上端的引锭头伸入结晶器，作为结晶器的活底。引锭装置的尾端则仍夹在拉矫机的拉辊中。开浇后，随着钢液的凝固，铸坯与引锭头凝结为一体、被拉辊一同拉出。当引锭头通过拉辊之后，便将引锭装置和铸坯脱开送走，留待下次浇注时使用。

引锭装置是由引锭头和引锭杆两部分组成。引锭头和引锭杆用销轴联结。引锭头送入结晶器内，不能擦伤内壁，所以引锭头断面尺寸要稍小于结晶器下口，每边小 2~3mm。

6.6.2 引锭杆

引锭杆有柔性、刚性、半柔性半刚性三种结构。

（1）柔性引锭杆。柔性引锭杆一般制成链式结构如图 6-38 所示，链式引锭杆又有长节距（见图 6-39）和短节距（见图 6-40）之分。它是一根活动联结的链条，故又称为引锭链。这种引锭杆结构简单，存放占地小，弧形连铸机基本上都采用这种结构。

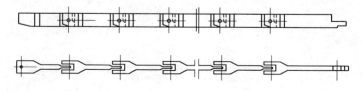

图 6-38 柔性引锭杆

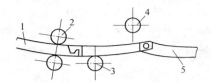

图 6-39　长节距引锭杆

1—铸坯；2—拉辊；3—下矫直辊；4—上矫直辊；5—引锭杆

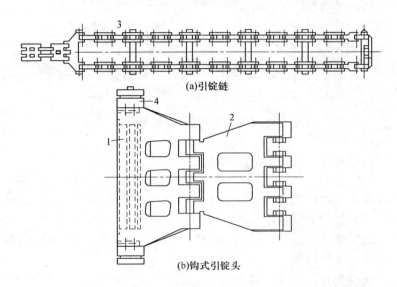

(a)引锭链

(b)钩式引锭头

图 6-40　短节距引锭杆

1—引锭头；2—接头连环；3—短节距连环；4—调宽块

（2）刚性引锭杆。刚性引锭杆实际是一根带钩头的实心弧形钢棒，如图 6-41 所示，适用于小方坯连铸机。

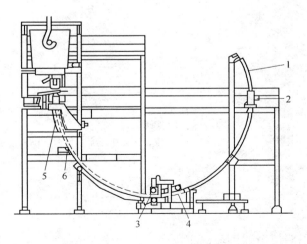

图 6-41　刚性引锭杆示意图

1—引锭杆；2—驱动装置；3—拉辊；4—矫直辊；5—二冷区；6—托坯辊

（3）半刚半柔性引锭杆。它是日本神户制钢为了解决刚性引锭杆存放占地大而研发出来的。该杆前半段是刚性的,后半段是柔性的,存放时柔性部分卷起来,如图 6-42 所示。

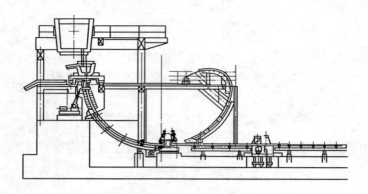

图 6-42　半刚半柔性引锭杆

6.6.3　引锭头

引锭头的作用主要是在开浇前将结晶器下口堵住,使钢液不会漏下,并使浇入的钢液有足够的时间在结晶器内凝固成坯头。同时,引锭头牢固地将铸坯坯头与引锭杆本体连接起来,以使铸坯能够连续不断地从结晶器里拉出来。根据引锭装置的作用,引锭头既要与铸坯连接牢固,又要易与铸坯脱开。

常用的引锭头主要是钩头式。引锭头可与拉矫机配合实现脱钩（见图 6-43）。

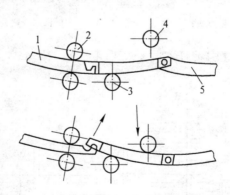

图 6-43　拉矫机脱钩示意图

1—铸坯；2—拉辊；3—下矫直辊；4—上矫直辊；5—长节距引锭杆

6.7　铸坯切割装置

从拉矫机连续不断拉出的铸坯,应按照轧机的要求剪成定尺长度。由于铸坯的剪切是在浇注过程中进行的,因此剪切机必须和铸坯同步运行。铸坯的切割方法有两种类型：火焰切割和机械剪切。

（1）火焰切割。火焰切割机是用氧气和燃烧气体产生的火焰来切割铸坯。常用的可燃气体有乙炔、丙烷、天然煤气和焦炉煤气等。火焰切割装置包括切割小车、切割定尺装置、切缝清理装置和切割专用辊道等。

（2）机械剪切。机械剪切又分为机械飞剪、液压飞剪和步进剪三种。机械飞剪和液压飞剪都是用上下平行的刀片的相对运动来完成对运行中铸坯的剪切，只是驱动刀片上下运动的方式不同。前者通过电动机、齿轮减速等机械系统控制，后者通过液压系统控制。随着铸坯断面的加大机械剪切所需的动力也增大。用液压飞剪，设备重量虽然能减轻一些，但液压系统复杂。步进剪是把一次剪切分为几次完成，即剪切机刀片每次只切入铸坯一小段深度。采用步进剪可使设备重量减轻。但是步进剪切坯的切口不规整，而且用在大型连铸机上设备仍然庞大。故步进剪只用于小方坯连铸机中。

6.8 后步工序设备

连铸机的后步工序是指铸坯热切后的热送、冷却、精整、出坯等工序。

（1）辊道：辊道是输送铸坯、连接各工序的主要设备。主要有切割辊道和输出辊道。采用火焰切割时，辊道起着支撑高温铸坯的作用。为防止切割铸坯时损坏辊道，最简单的办法是加大辊道的间距；也可采用升降辊道或移动辊道。输出辊道的作用是迅速输送切割后的铸坯。

（2）拉钢机或推钢机：拉钢机或推钢机的作用是横向移动铸坯。

（3）打印机：打印机是在连铸坯上进行标识（炉号）的设备，一般采用气动和液动两种打印机。目前大型连铸机的打印工作可由自动打印机遥控打印。

（4）铸坯的冷却：在多数情况下铸坯是在冷床移动中空冷或喷水冷却。有时不设冷床，将铸坯直接送精整跨堆放冷却。由于自然冷却的时间长，冷却过程中铸坯还容易变形，而且占地面积大，劳动条件差，目前大型连铸机采用快冷机冷却铸坯。快冷机采用喷水或浸水的方式冷却。浸水冷却生产能力大，但结构复杂。喷水冷却分为冷却段和均热段，均热段可防止铸坯冷却过快，特别在相变温度范围内减慢冷却速度以减少热应力和组织应力。

（5）铸坯的精整：指对于铸坯表面的各种缺陷要进行清理。一般用途的中小断面铸坯，都是人工用火焰烧割或砂轮对铸坯表面进行局部清理。对于直接热送的铸坯。由于切割时在铸坯切缝下边缘常有毛刺，在切割后经去毛刺机清除。大型铸坯和某些质量要求高的铸坯，则需要用自动火焰清理装置或喷水处理装置对表面进行清理。

6.9 电磁搅拌装置

电磁搅拌技术简称 EMS。当磁场以一定速度切割钢液时，钢液中产生感应电流，载流钢液与磁场相互作用产生电磁力，从而驱动钢液运动。铸坯在整个强制冷却过程中有很长的液相穴深度，液相穴内钢水的运动对消除过热度、改善结晶结构和成分偏析具有重大的影响，如图 6-44 所示。电磁搅拌即是用来影响液相钢水运动的技术。电磁搅拌是改善金属凝固组织、提高产品质量的有效手段，应用于连续铸钢，已显示出改善铸坯质量的良好效果。

6.9.1　电磁搅拌的分类

6.9.1.1　从原理上分类

电磁搅拌装置的感应方式从原理上分类有两种：一是基于异步电动机原理的旋转搅拌，如图 6-45（a）所示；二是基于同步电动机原理的直线搅拌，如图 6-45（b）所示；而两类搅拌方式叠加可得到螺旋搅拌，如图 6-45（c）所示。

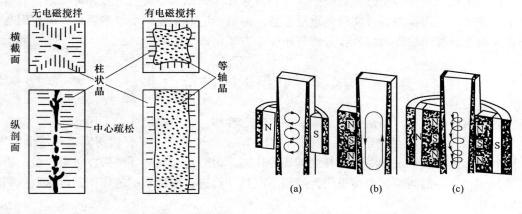

图 6-44　电磁搅拌铸坯示意图　　　　　　图 6-45　电磁搅拌的形式
　　　　　　　　　　　　　　　　　　（a）旋转搅拌；（b）直线搅拌；（c）螺旋搅拌

螺旋搅拌既能使钢液做水平方向旋转，也可做上下垂直运动，搅拌效果最好，但机构复杂；目前生产中小方坯多使用旋转搅拌，板坯直线搅拌和螺旋搅拌都使用。

6.9.1.2　从生产实际分类

电磁搅拌器形式和结构是多种多样的。根据铸机类型、铸坯断面和搅拌器安装位置的不同，目前处于实用阶段的有以下几种类型：

（1）按使用电源来分：有直流传导式和交流感应式。

（2）按激发的磁场形态来分：有恒定磁场型，即磁场在空间恒定，不随时间变化；旋转磁场型，即磁场在空间绕轴以一定速度作旋转运动；行波磁场型，即磁场在空间以一定速度向一个方向作直线运动；螺旋磁场型，即磁场在空间以一定速度绕轴做螺旋运动。目前，正在开发多功能组合式电磁搅拌器，即一台搅拌器具有旋转、行波或螺旋磁场等多种功能。

（3）按使用电源相数来分，有两相电磁搅拌器、三相电磁搅拌器。

（4）按搅拌器在连铸机中的安装位置来分一般有 3 种：即结晶器电磁搅拌（M-EMS）、二冷区电磁搅拌（S-EMS）和凝固末端电磁搅拌（F-EMS）（见图 6-46）。

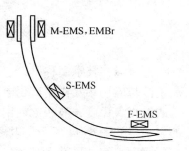

图 6-46　电磁搅拌线圈安装位置

6.9.2　结晶器电磁搅拌

6.9.2.1　结晶器电磁搅拌器特点

M-EMS 搅拌器安装在结晶器铜壁与外壳之间，为了防止旋转钢流将结晶器表面浮渣卷入钢中，线圈安装位置应适当偏下；有些结晶器还在电磁搅拌器的搅拌线圈上安装一个能使钢流向相反方向转动的制动线圈。为保证足够的电磁力穿透结晶器壁，使用低频电流，采用不锈钢或铝等非铁磁性物质做结晶器水套；结晶器一般采用旋转搅拌的方式。M-EMS 装置如图 6-47 所示。

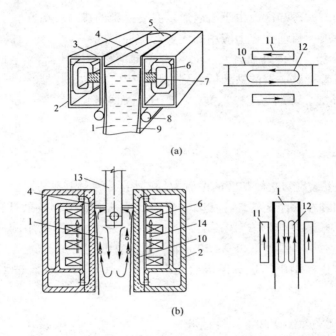

图 6-47　结晶器电磁搅拌器 M-EMS

（a）水平旋转搅拌；（b）上下直线搅拌

1—钢液；2—冷却水套；3—铜板（宽面）；4—保护渣；5—铜板（窄面）；6—绕组；
7—铁芯；8—支撑辊；9—坯壳；10—结晶器；11—搅拌器；
12—流动方向；13—水口；14—直线磁场方向

结晶器铜板具有高导电性，若使用工频（50Hz）电源，由于集肤效应，磁场在铜层厚度由外向里穿透能力只有几毫米，小于铜壁的厚度，也就是磁场被结晶器铜壁屏蔽不能渗入钢水内，无法搅拌钢水。为此采用低电源频率（2～10Hz），使磁场穿过铜壁搅拌钢水。

6.9.2.2　结晶器电磁搅拌作用

（1）钢水运动可清洗凝固壳表层区及皮下的气泡和夹杂物，改善了铸坯表面和皮下质量。

（2）钢水运动有利于过热度的降低，这样可适当提高钢水过热度，有利于去除夹杂物，提高铸坯清洁度。

（3）钢水运动可把树枝晶打碎，增加等轴晶核心，改善铸坯内部结构。

（4）结晶器钢－渣界面经常更新，有利于保护渣吸收上浮的夹杂物。

某厂板坯连铸机结晶器采用线性电磁搅拌器，使用后，板坯皮下夹杂物、气孔的数量大大减少。大方坯连铸机结晶器采用电磁搅拌后，对改善铸坯表面质量效果显著。

6.9.3　二冷区电磁搅拌

6.9.3.1　二次冷却区电磁搅拌的形式

在板坯连铸的二次冷却区，由于沿扇形段有支撑辊的排列，给安装搅拌器带来一定困难。经十几年的发展，目前生产上应用的主要有两种形式：

（1）平面搅拌器。在内外弧各装一台与支撑辊平行的搅拌器，或在内弧侧支撑辊后面安装搅拌器，或者把感应器的铁芯插入到内弧两辊之间的搅拌器。

（2）辊式搅拌器。外形与支撑辊类似，辊子里面装有感应器，既支撑铸坯，又起搅拌器作用。

6.9.3.2　二次冷却区电磁搅拌的位置

S-EMS 搅拌器安装在二次冷却区的位置大约是相当于凝固壳厚度为铸坯厚度 1/4 ~ 1/3 液芯长度区域，即装在二冷区铸坯柱状晶"搭桥"之前，其搅拌效果最好。

一般情况下小方坯搅拌器安放在结晶器下口 1.3 ~ 4m 处，采用旋转搅拌方式较多；大方坯和板坯可装在离结晶器下口 9 ~ 10m 处，采用直线搅拌或旋转搅拌方式。当采用旋转搅拌时，为了防止在钢中产生负偏析白亮带，可采用正转—停止—反转的间歇式搅拌技术。

6.9.3.3　二次冷却区电磁搅拌的作用

S-EMS 主要用来打碎液芯穴内树枝晶搭桥，消除铸坯中心疏松和缩孔；碎枝晶片作为等轴晶核心，扩大铸坯中心等轴晶区，消除了中心偏析；可以促使铸坯液相穴内夹杂物上浮，减轻内弧夹杂物集聚；使夹杂物在横断面上分布均匀，从而使铸坯内部质量得到改善。S-EMS 装置如图 6-48 所示。

6.9.4　凝固末端电磁搅拌

F-EMS 安装在连铸坯凝固末端，可根据液芯长度计算出具体的安装位置。

铸坯液相穴末端部区域已是凝固末期；钢水过热度消失，已处于糊状区；由于偏析作用，糊状区液体富集溶质浓度较高，易形成较严重的中心偏析。为此，在液相穴长度的 3/4 处安装搅拌器，称 F-EMS。一般采用频率为 2 ~ 10Hz 的低频电源。

搅拌器作用：通过 F-EMS 搅拌作用，使液相穴末端区域的富集溶质的液体分散在周围区域，可使铸坯获得中心宽大的等轴晶带，消除或减少中心疏松和中心偏析。对于高碳钢效果尤其明显。

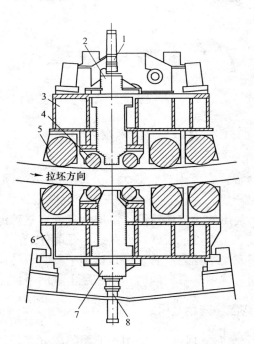

图 6-48　二冷区电磁搅拌 S-EMS 安装示意图

1—配线接头；2—内弧侧搅拌器；3—上框架；4—不锈钢小辊；5—连铸机夹辊；

6—下框架；7—外弧侧搅拌器；8—配线接头

 复习思考题

6-1　简述钢包的作用及功能。

6-2　简述钢包回转台的用途和分类。

6-3　简述中间包的作用和分类。

6-4　简述浸入式水口的作用。

6-5　简述结晶器的作用、类型及结构特点。

6-6　结晶器内腔为什么要有一定的倒锥度，倒锥度一般有多少？

6-7　简述对结晶器震动技术的要求。

6-8　连铸坯切割方式有哪几种，各有什么特点？

6-9　二次冷却的作用是什么？

6-10　二次冷却喷嘴有哪几种类型，各有什么特点，状态如何检查？

6-11　拉矫装置的作用是什么？

6-12　什么是一点矫直，什么是多点矫直，什么是多点弯曲？

6-13　简述电磁磁搅的作用和原理。

7 连铸基础理论

7.1 钢液的结晶

钢是以铁为基础的合金，含有多种合金元素。钢液的结晶除了结晶过程的一般规律外，还具有它自己的特点：（1）结晶过程必须在一个温度范围内进行并完成；（2）结晶过程为选分结晶，最初结晶出的晶体比较纯，溶质元素的含量较低，熔点较高，最后生成的晶体溶质元素的含量较多，熔点也较低，而且无论是晶体或液体的成分，都随着温度的下降而不断地变化着，只有当结晶完毕后，并且达到平衡时，晶体才有可能达到和原始合金一样的成分。钢液结晶过程中一系列的新问题正是由这两个特点引起的。

7.1.1 钢液结晶的温度范围和两相区构成

钢液结晶的温度范围及结晶过程中，固相和液相的成分变化如图 7-1 所示，图中液相线至固相线之间的温度区间称为结晶温度范围，以 ΔT 结晶表示。由于结晶器壁（或钢锭模壁）散热，凝固着的铸坯内存在着明显的温度梯度，一般出现 3 个结晶区域：固相区、两相区和液相区。在两相区内进行形核和晶核的长大过程，铸坯的凝固就是两相区由铸坯表面逐渐向铸坯中心推移的过程。

两相区的宽度主要取决于钢液的结晶温度范围和凝固前沿熔体中的温度梯度。结晶温度范围越宽、钢液过热度越低和铸坯表面冷却强度越小，则两相区越宽。

两相区内邻近固相区的一端，晶体逐渐长大，残存钢液很少，称固－液相区，它与固相区的交界面称为固相等温面（或称凝固前沿）；邻近液相区的一端，过冷钢液中存在着能够自由流动的晶体，称液－固相区，它与液相区的交界面

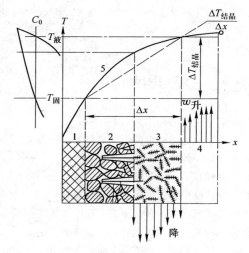

图 7-1 钢液的结晶温度范围和两相的构成图
1—固相区；2，3—两相区；4—液相区；
5—温度分布曲线

称为液相等温面（或称结晶前沿）。固－液相区和液－固相区间的交界面为可流动面。在液－固相区，晶体和钢液在重力作用下产生重力迁移；而在固－液相区，钢液只能在润湿力的作用下产生毛细迁移。两相区中形核地点、晶核长大速度以及熔体运动特征的变化，使铸坯结构和性能发生很大变化。两相区窄有利于柱状晶发展，两相区宽易于形成等轴晶。两相区内的钢液已呈半凝固状态，冷凝收缩产生的孔隙不易得到高温钢液的填补，析出的气体和夹杂物也难于上浮，故两相区宽度增加，铸坯中的疏松可能严重，气体和夹杂

物含量可能增多，同时铸坯中的化学不均匀性也将会受到影响（晶间偏析可能发展，但区域偏析将有所缓和）。

7.1.2 成分过冷

钢液的结晶不仅与温度过冷有关，还与结晶时液相成分的变化有关。结晶中的选分结晶现象使凝固前沿液相的成分发生了变化，引起液相的熔点改变，从而改变了凝固前沿的过冷情况。

现以 C_0 成分合金的结晶情况来说明成分过冷，并将成分过冷示意如图 7-2 所示。在图 7-2 （b） 中，C_0 成分合金的结晶方向与散热方向相反。液相的热量通过已凝固晶体散出，得到如图 7-2 （c） 所示的温度分布。

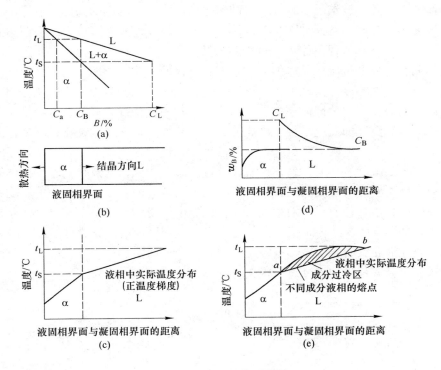

图 7-2 成分过冷示意图

（a）合金冷却钢结晶出固相时的示意图；（b）合金的结晶与散热方向示意图；
（c）液相热量散出的温度分布示意图；（d）B 组元成分在液相中的分布曲线示意图；
（e）熔点与相界面距离的关系曲线示意图

如图 7-2 （a） 所示，当合金冷却到 t_L 温度以下时，从液相中结晶出固相，继续冷却至 t_S 温度时，结晶出的固相成分为 C_0。根据相平衡关系，这时在凝固前沿与固相相平衡的液相成分为 C_L。很明显 C_L 所含 B 组元数量远较原液相成分 C_0 要高，得到如图 7-2 （d）所示的 B 组元浓度（成分）在液相中的分布曲线。这些关系说明，在一定温度下，溶质元素在固相中的溶解度比液相中小。随着凝固的进行，部分溶质元素析出到未凝的母液中，围绕凝固着的晶体积累了一层溶质富集层。随着与相界面距离的增加，液相中溶质元素 B 组元浓度（成分）由 C_L 逐渐降到 C_0。

相界面前沿液相成分的变化，相应地引起它们平衡结晶温度的改变。离相界面近的液相中 B 组元的浓度高，这部分液相的熔点较低。贴近相界面的液相的熔点也就是对应于 C_L 成分处液相线上的平衡温度 t_S。反之，离相界面远的液相熔点则较高。这就得到如图 7-2（e）所示的熔点与距相界面距离的关系曲线 ab。

若将图 7-2（c）中的温度分布曲线移到图 7-2（e）中，就会得到曲线 ab 与直线形成的影线区。在影线区内，合金的实际温度低于液相的平衡结晶温度，即在影线区内的液相都处于成分过冷状态。而且影线区内液相的过冷度都大于相界面上液相的过冷度，这就是成分过冷区。

上述情况为平衡条件下合金的结晶，只有平衡时，相界面上才无过冷度。实际上钢液的结晶过程不可能达到平衡，相界面上有过冷度存在，但此过冷度会因杂质含量高，液相熔点下降而降低。此外，结晶过程中放出的潜热消散在界面两侧的固体和液体中，使界面液相实际温度稍有升高，从而进一步降低了界面上的过冷度，但过冷度决不会达到零，这种相界面上过冷度下降的现象称为"过冷"的降低。

钢液结晶时，成分过冷对晶体的生长方式有直接的影响。由图 7-3 可以看出，成分过冷在液相具有正温度梯度的条件下仍然可以产生，而且它可以随条件的变化而发生变化。如果溶质浓度的分布一定，即液相的熔点曲线一定时，成分过冷将随着温度梯度变化：温度梯度越小，实际温度曲线越平缓，则成分过冷度越大，过冷区也越宽；反之，温度梯度越大，即实际温度曲线越陡，则成分过冷度便越小，过冷区也越窄。当温度梯度曲线的斜率超过液相熔点曲线的斜率时，就不会有成分过冷了。为此，钢液结晶时，晶体的生长情况与纯金属有所不同。对纯金属而言，在正温度梯度时晶体为平面生长，负温度梯度时为胞状生长或树枝状生长；而对钢液来说，仅在正温度梯度的条件下，3 种生长方式就都有可能出现了，如图 7-4 所示。钢液在结晶过程中，若凝固前沿没有成分过冷，晶体的生长方式与纯金属在液相具有正温度梯度时是一样的，为平面生长；若有较小的成分过冷，则为胞状生长；若凝固前沿的成分过冷很大，则以树枝状的方式生长。

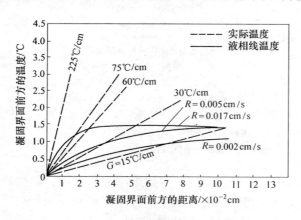

图 7-3　对于不同的凝固速度和液相中
不同的温度与梯度在凝固界面前方的钢液
实际温度与平衡凝固温度的分布示意图

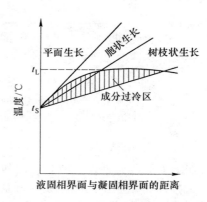

图 7-4　成分过冷对组织形态的影响

显然，凡是影响成分过冷的因素也都影响晶体的生长方式。其中，主要因素是温度梯度（G）、凝固速度（R）及溶质的平均浓度（C_0）。随着C_0、R的增大和G值的减小，晶体的生长方式将由平面生长向树枝状生长转变。对于实际铸坯和钢锭的凝固过程，通常R很大而G很小，加之溶质元素偏析较大，因此在大部分时间里，凝固前沿是以树枝状向前推进，属于树枝状生长方式。

7.1.3 化学成分不均匀现象

钢液结晶时，由于溶质元素在固、液相中溶解度不同，以及选分结晶的结果，会导致凝固后铸坯中化学成分不均匀的现象。它不仅会造成钢中二次夹杂物的生成和聚集，而且还影响钢中气体的析出及排出，从而给钢的质量带来严重的影响。

通常把铸坯（或钢锭）中化学成分不均匀的现象称为偏析。钢中所含各种元素、气体和非金属夹杂物等均有偏析现象，但偏析程度并不一样。

偏析可分为显微偏析和宏观偏析两类。

显微偏析是指反映在显微组织上的化学成分的不均匀性，它发生在几个晶粒的范围内或树枝晶空间内，可借助显微镜、电子探针和扫描电镜等来显示和观察。显微偏析又可分为"晶内偏析"和"晶间偏析"，前者是指存在于同一晶粒内的偏析，后者是指存在于不同晶粒之间的偏析。在一般的生产条件下，冷却速度越慢，显微偏析就越严重。

宏观偏析是指铸坯（或钢锭）内呈现的大范围偏析。它往往在特定区域呈带状分布，故又称为"区域偏析"或"低倍偏析"，可通过硫印、酸浸等低倍检验来判明。

显微偏析的产生与结晶的不平衡性有关。实际生产中，钢液的结晶是一种非平衡结晶，必须在液相线温度以下才能开始，并在固相线温度以下才能结束，如图7-5所示。由于冷却速度较大，钢液在冷却到各个温度时，没有足够的时间来完成结晶过程和扩散均匀化，就继续往下冷却，致使在各温度下的结晶过程和扩散过程都不能进行到底。这样就使固相和液相的平均成分线都偏离了平衡时的固相线和液相线，所得固体先后结晶的各部分具有不同的溶质元素浓度：结晶初期形成的树枝晶较纯，而后结晶的部分则含有较多的溶质元素，造成了固体晶粒内部溶质浓度的不均匀性。

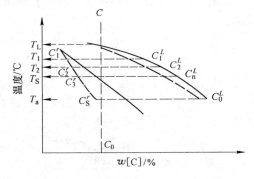

图7-5 快速冷却时结晶过程中成分的变化

宏观偏析是由于凝固过程中选分结晶的作用，使两相区树枝间的液体富集了溶质元素。同时钢液凝固时液体的温度差、密度差、体积收缩以及气体的排出等引起了液体的对流运动，将富集溶质的液体带到未凝固的区域，从而导致了整个铸坯（钢锭）内溶质元素的不均匀分布。

元素在钢中偏析程度的大小首先取决于选分结晶过程，平衡相图上固、液相线之间的距离越大，选分结晶的倾向就越大，偏析程度也就越大；其次是结晶过程中两相区内固、液相的密度差异而引起的密度对流作用；还有元素在固相及液相中的扩散过程，元素在固相中扩散越快，在液相中扩散越慢者，其偏析倾向越小；反之亦然。此外，冷却速度对偏析也有很大的影响。为此，可采取下列措施以减轻偏析的程度：

（1）加快铸坯或钢锭的冷却速度，可以抑制凝固过程中溶质元素的析出，从而可减少显微偏析。

（2）采用合理的铸坯断面或锭型，如矩形断面、扁锭、小锭，可缩短凝固时间，减轻偏析程度。

（3）降低钢中有害元素、气体及夹杂的含量，如硫、磷、砷等。

（4）调整合金元素的种类或数量，使凝固时固相和液相的密度差减小，以减弱钢液流动，减轻偏析。有些合金元素能减小树枝晶间隙（如钛、硼），有的元素能缩短固、液相线间距离使凝固加速，都有利于减弱偏析的发展。

（5）采用合理的浇注工艺。如适当降低浇注温度和浇注速度，有利于减轻偏析；连铸时防止铸坯鼓肚，可消除富集杂质的钢液流入中心空隙，以减少铸坯的中心偏析；浇注沸腾钢时，控制钢液有适当的氧化性，减少空气和模内钢液的接触，控制模内钢液的沸腾强度和沸腾时间，有利于减弱沸腾钢钢锭的偏析。

7.1.4　气体的形成和排出

钢液在浇注过程中，由于气体在钢液中的溶解度随钢液温度的降低而下降，并且在由液体凝固成固体时，溶解度会陡降，所以氢、氮、氧都会在这个过程中富集和析出。

对于镇静钢来说，一方面由于强脱氧剂对碳氧反应的抑制作用；另一方面因为氮结合成了氮化物，在一般情况下，它的析出压力小于钢液的静压力，使之难于单独析出，所以，凝固过程中析出的气体主要溶解于钢液的是氢。氢的含量 $w(H) \geqslant 0.001\%$ ，它的析出压力就能超过钢液静压力而以气泡的形式析出。这时的氮可以进入氢的气泡一同排出。

对于沸腾钢而言，析出的气体主要是 ［C］ 与 ［O］ 在凝固前沿进行富集并发生反应而产生的大量的 CO 气泡，其次是氢和氮。

在结晶过程中，当气体的上升速度大于树枝晶的生长速度时，气体能顺利排出；反之，气体则会留在树枝晶间形成气孔。因此，沸腾钢要控制气体的析出才能得到良好的钢锭结构，而镇静钢则要杜绝结晶时气体的析出。

钢中的氮与氧一般生成化合物，如 FeO、Fe_4N_2、AlN 等，并多半析出在晶粒界面上，使钢的力学性能变差，出现所谓的"老化"、"时效"现象。氢在固态钢中析出时会造成"白点"缺陷，对此可利用其原子半径小、扩散速度大的特点，通过缓冷或退火的方法来排除，以减轻由氢带来的危害。

7.1.5　凝固过程中的非金属夹杂物

在钢中的夹杂物中，超显微夹杂（尺寸小于 $1\mu m$）的尺寸小，且分布均匀，虽然这类夹杂数量较多，但对钢的性能危害不大。显微夹杂（尺寸 $1 \sim 50pm$）主要是脱氧产物和凝固过程中的再生夹杂物，而后者基本上是氧化物和硫化物，它们在钢中的分布对钢的疲劳性能和韧性等都有显著的影响。钢中的大型夹杂主要是外来夹杂，虽然数量较少（对连铸坯而言，不到夹杂总量的 1%），但分布集中且颗粒粗大，对钢材的危害甚大。

凝固过程中再生夹杂物的生成与凝固时的选分结晶及温度降低有关。根据热力学的观点，钢液中的硅、锰等合金元素和其中的氧、硫，凝固时会在树枝晶间的液体中富集，当其达到或超过平衡浓度积时，即可在生长的树枝晶空间发生一系列反应，生成氧化物、硫化物和硅酸盐再生夹杂，并被封闭在树枝晶之间不能上浮，从而残留在铸坯或钢锭中。同时，浇注系统还会带来二次氧化产物、耐火材料侵蚀物等外来夹杂，还有少量的脱氧产物，它们中的一部分在铸坯或钢锭的凝固过程中来不及上浮，也会残存在铸坯或钢锭中。

减少钢中夹杂物最根本的途径，一是尽量减少外来夹杂物对钢液的污染，二是设法促使已存在于钢液中的夹杂物排出，以净化钢液。因此，应在出钢到钢液进入结晶器或钢锭模之前，采取下列措施：

（1）减少钢中含氧量。防止冶炼过程的过氧化，脱氧要完全，并可采用炉外精炼技术对钢液进行处理。

（2）减少钢中硫含量，采用钢包处理或炉外精炼新技术，也可加入其他合金元素来控制硫化物的形态和分布，以减少它的危害。

（3）采取各种措施，减少夹杂物进入钢液。如出钢时采用挡渣操作，防止钢包下渣；采用保护浇注，防止二次氧化；使用性能适宜的保护渣，采用高质量的耐火材料；保证浇注系统的清洁等。

（4）创造条件使悬浮在钢液中的夹杂物在浇注和凝固过程中尽可能上浮。如采用大容量深熔池的中间包、采用形状适宜的浸入式水口、在连铸结晶器内使用"电磁搅拌"技术等。

7.1.6 凝固收缩

钢在凝固和冷却过程中所发生的体积和线尺寸减小的现象称为收缩。它对铸坯（钢锭）的热裂、缩孔和疏松等缺陷的形成都有很大的影响。

钢液凝固过程中的收缩，若按照其收缩发生的温度范围可分为：

（1）液态收缩 $l_{液}$：钢液从过热温度冷却到液相线温度时的收缩。

（2）凝固收缩 $l_{凝}$：钢液从液相线温度冷却到固相线温度时的收缩。

（3）固态收缩 $l_{固}$：由固相线温度冷却至常温时产生的收缩。

一般碳素钢在正常浇注温度下凝固时，体积收缩量的近似值为：液态收缩，约1%；凝固收缩，约4%；固态收缩，7% ~8%。

通常钢的液态收缩量很小。它取决于钢液成分及过热度。液态收缩的收缩量随着含碳量的增加而增加；当钢液的成分一定时，过热度越高，液态收缩量越大。

钢的凝固收缩取决于钢的成分和凝固温度范围。凝固温度范围越大，收缩量就越大。钢中含碳量对凝固收缩的影响列于表7-1。钢中含碳量提高至 $w(C) = 0.5\%$ 时，凝固收缩显著增加；再继续提高含碳量时，凝固收缩反而下降。总的来看，中、高碳钢的凝固收缩比低碳钢大，其缩孔、疏松也比低碳钢严重。

表 7-1 碳含量对 $l_{液}$、$l_{凝}$ 的影响

	$w(C)/\%$	0.0	0.10	0.20	0.30	0.40	0.50	0.60	0.70	0.80	0.90	1.00	1.50	2.00	2.50
收缩 /%	$l_{液}$（降温10℃）	1.51	1.50	1.50	1.59	1.59	1.62	1.62	1.62	1.68	1.68	1.75	1.96	2.11	2.33
	$l_{凝}$	1.98	3.12	3.39	3.72	4.03	4.13	4.04	4.08	4.05	4.02	3.90	3.13	2.50	2.00

钢的固态收缩取决于固相线到室温这一段的温度变化以及相组织的变化（例如包晶

反应引起体积收缩，奥氏体转变为珠光体时发生体积膨胀）。钢中含碳量对固态收缩的影响列于表 7-2 中。当钢中含碳从 $w(C) = 0.1\%$ 增加到 0.7% 时，固态收缩减小。

表 7-2　碳含量对钢的 $l_固$、$l_总$ 的影响

项 目	$w(C)/\%$			
	0.10	0.40	0.70	1.00
$l_固$	5.85	5.68	5.64	8.35
$l_总$	10.5	11.3	12.1	14.0

钢的总收缩是 3 段收缩之和。

$$l_总 = l_液 + l_凝 + l_固 \tag{7-1}$$

由表 7-2 可知，碳素钢在不同含碳量的情况下，总收缩量的变化为 10% ~ 14%，体现在铸坯（钢锭）上由两部分组成：一部分是线收缩，即铸坯（钢锭）凝固以后，外形线性尺寸（如长、宽、高）的缩小。它发生在凝固收缩和固态收缩的范围内，但主要是固态收缩。铸坯与结晶器壁（钢锭与模壁）之间产生的间隙就是铸坯（钢锭）线收缩的表现，它恶化了冷却条件，而且还是铸坯（钢锭）表面裂纹产生的重要因素。另一部分是体积收缩。体积收缩主要是由液态收缩和凝固收缩造成的，它不影响铸坯（钢锭）的外壳尺寸，但可以使内部出现缩孔、疏松或内裂。由于总收缩量是一定的，而总收缩量为体积收缩和线收缩之和，因此，体积收缩量大时，线收缩量就小；反之亦然。

7.2　铸坯凝固和冷却过程中的应力

铸坯（钢锭）在凝固、冷却过程中，除了受钢液静压力的作用外，还将受到收缩应力、组织应力和机械应力的作用，这些应力是引发铸坯裂纹的根源。因此，了解铸坯冷却过程中的应力，寻求合理的冷却制度，减小冷却应力，对减少钢中裂纹、提高铸坯质量具有十分重要的意义。

7.2.1　收缩应力

铸坯（钢锭）在凝固和冷却过程中发生的凝固收缩和固态收缩受到阻碍时（通常表现为线收缩受阻时），将产生收缩应力。由于线收缩量主要与温度有关，故这种应力又称为热应力。

热应力的产生是铸坯表面与内部的温度差使线收缩量不等，产生相互的牵制而造成的。铸坯冷凝初期，表面温度远低于中心温度，造成表面比中心收缩大，因此表面承受拉应力，中心承受压应力。随着冷却的继续进行，中心部分温度的降低，使中心收缩比表面大，因此表面由承受拉应力转为承受压应力，而中心部分则由开始的承受压应力转为承受拉应力。热应力的分布如图 7-6 所示。

热应力的主要影响因素：

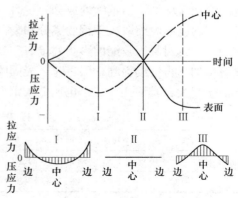

图 7-6　热应力变化示意图

（1）铸坯表面与内部的温度差。温度差越大，线收缩量的差别越大，铸坯截面上各层间收缩的相互阻碍也越严重，产生的热应力也就越大。

（2）钢中含碳量。高碳钢的固、液两相区宽，体积收缩量大，线收缩量小，故热应力相对较小；低碳钢的两相区窄，体积收缩量小，而线收缩量大，故热应力相对较大。

（3）钢中合金元素的含量。总的倾向是，凡使钢液凝固区间（固、液两相区）增大的合金元素（如镍、硅、磷）的含量增加，则体积收缩增加，线收缩减少，从而使热应力减小；而使钢液凝固区间缩小的合金元素含量增加时，则线收缩增加，热应力也增加。

7.2.2 组织应力

铸坯（钢锭）在凝固后的降温过程中，内部将发生固相转变。相变的类型与钢的成分和冷却条件有关。对于不同含碳量的钢，冷却时发生的固相转变主要是奥氏体分解。随着冷却方式的不同，奥氏体可以转变为珠光体、贝氏体、马氏体。由于它们的密度不同导致相变的同时发生了体积的变化，但此时铸坯的外形尺寸已经确定，体积的变化将导致应力的产生。人们把固态钢在冷却过程中因发生相变而引起的体积膨胀受阻时所产生的应力叫做组织应力。组织应力的产生是因为铸坯冷却时的散热由内向外进行的，表面温度低而中心温度高，因而铸坯表面与内部组织转变的时间不同，发生体积膨胀的时间也不同，这样就使铸坯截面上各层间的体积膨胀受到了相互制约，从而产生了组织应力。

组织应力的分布为：当铸坯先凝固的表面发生奥氏体向珠光体（或马氏体）转变时，引起表面层体积增加，而芯部的奥氏体未变，将阻碍表面体积的增大，使表面产生压应力。芯部产生拉应力。铸坯继续冷却，当芯部奥氏体向珠光体（或马氏体）转变时，表面层已经完成了转变，内部体积的增大使表面受拉应力，而芯部受压应力。铸坯表面相变完成后继续冷却时组织应力的分布如图 7-7 所示。

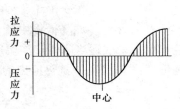

图 7-7 铸坯表面相变完成后继续冷却时组织应力分布示意图

影响组织应力的因素首先是冷却速度。在发生组织转变的温度范围内，冷却速度越快，铸坯内外温差越大，体积变化受到阻力就越大，组织应力也越大。此外，组织应力还与钢的成分有关，如 40Cr（珠光体钢）容易在冷却到 723℃ 以下时产生裂纹，属于马氏体钢的 3Cr2W8V 易在冷却到 320℃ 时产生裂纹，因为 723℃ 与 320℃ 正是它们各自的相变温度。

7.2.3 连铸坯冷却时的机械应力

机械应力是铸坯在下行和弯曲、矫直过程中受到的应力。弧形连铸机、椭圆形连铸机的铸坯在下行时，要受到矫直应力的作用，矫直时铸坯内弧面受拉应力，外弧面受压应力。立弯式连铸机和直弧形连铸机的铸坯在顶弯时还要受弯曲应力的作用。弯曲应力、矫直应力的大小取决于铸坯的厚度和弯曲（或矫直）时的变形量。铸坯断面大、弯曲（或矫直）点少、连铸机曲率半径小，则弯曲（或矫直）应力大；反之，弯曲（或矫直）应力则小些。另外，设备对弧不准、辊缝不合理、铸坯鼓肚等问题均会使铸坯受到机械应力的作用。

7.2.4　铸坯（钢锭）应力的消除

由上述可知，铸坯（钢锭）在凝固和冷却过程中受到了各种应力的作用。当铸坯所承受的拉应力超过该部位钢本身的强度极限（特别是高温强度极限）或塑性变形量超过允许的范围时，就会产生裂纹，给钢的质量带来严重的危害。为了减小铸坯所承受的应力，减少裂纹的产生，应注意以下几个方面：

（1）对于某些合金钢、裂纹敏感性强的钢种，连铸时可采用较小的冷却强度，如采用干式冷却或干式冷却与喷水冷却相结合的方式。干式冷却可使铸坯表面、芯部温度趋于一致，大大减少热应力的产生。

（2）出拉矫机的铸坯及模铸的钢锭，如空冷、坑冷、退火等，也可直接热送，裂纹的产生。可根据不同的钢种相应地采用不同的缓冷方式，以消除铸坯（钢锭）的内应力和组织应力，防止裂纹的产生。

（3）机械应力对铸坯的影响集中于两相区，在铸坯承受各种机械应力的作用时，铸坯尚未完全凝固，凝固前沿两相区内的柱状晶晶间还存在少量的低熔点液体，此时柱状晶之间的结合力很小，强度很低，如超过铸坯所能承受的变形量，则必然会使铸坯的凝固前沿产生裂纹。减少变形量的措施包括多点弯曲、多点矫直、铸坯适宜的厚度和准确地对弧，以及二冷区合理的辊缝量等。

此外，为了减少铸坯热裂的倾向性，还可通过合理调节和控制钢液成分，降低钢中有害元素的含量（如降低钢中硫、磷、气体和夹杂物含量），来提高钢本身的高温强度和塑性；也可采取适当降低浇注温度和浇注速度等措施，来增加凝固壳的厚度和均匀性，以提高铸坯（钢锭）抵抗热应力的能力。

7.3　钢液在结晶器内的凝固

7.3.1　连铸坯凝固的特点

连铸坯的凝固过程实质上是一个热量释放和传递的过程，也是一个强制快速冷凝的过程。在连铸机内（铸坯切割以前），钢液由液态转变为固态高温铸坯所放出的热量包括 3 个部分：

（1）将过热的钢液冷却到液相线温度所放出的热量；

（2）钢液从液相线温度冷却到固相线温度，即从液相到固相转变的过程中所放出的热量；

（3）铸坯从固相线温度冷却到被送出连铸机时所放出的热量。

以上热量的放出是在连铸机的一次冷却区（指结晶器）、二次冷却区（包括辊子冷却系统的喷水冷却区）和三次冷却区（从铸坯完全凝固开始至铸坯切割以前的辐射传热区）完成的，如图 7-8 所示。

连铸坯的凝固是坯壳边运行、边放热、边凝固的过程，可形成很长的液相穴（板坯最长可达 30m）。它也可看成是一个以固定速度在连铸机内运动的、液相穴很长的钢锭，铸坯在运行过程中，沿液相穴在凝固区间逐渐将液体变为固体。液相穴内液体的流动对铸坯凝固结构、夹杂物分布、溶质元素的偏析和坯壳的均匀生长都有着重要的影响。

连铸坯坯壳固－液两相区的凝固前沿晶体强度和塑性都很小，当作用于凝固坯壳的外部应力（如热应力、鼓肚应力、矫直弯曲应力等）使其变形过大时，很容易产生裂纹；另外，铸坯在连铸机中从上向下运行时，坯壳不断进行的线收缩、坯壳温度分布的不均匀性以及坯壳的鼓胀和夹辊的不完全对中等，使坯壳容易受到机械和热负荷的间隙性的突变，也易使坯壳产生裂纹。

坯壳在冷却过程中，金属将发生 $\delta \rightarrow \gamma \rightarrow \alpha$ 的相变，特别是在二冷区，铸坯与夹辊和喷淋水交替接触，坯壳温度反复变化，使金相组织发生变化，铸坯受到类似于反复的热处理。同时由于溶质元素的偏析作用，可能会发生硫化物、氮化物质点在晶界沉淀，钢的高温脆性增加。

连铸坯在凝固过程中表现出的这些特点对铸坯的表面质量和内部质量都有重要的影响。了解这些特点，对正确理解连铸坯的凝固传热规律，有效控制连铸生产过程，都具有十分重要的意义。

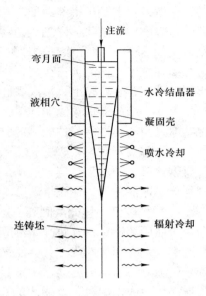

图 7-8 连铸坯冷凝示意图

7.3.2 结晶器内坯壳的形成

在结晶器冷却区内，冷却铜结晶器的水迅速带走钢液大量的热，使铸坯尽快形成均匀且具有一定厚度的坯壳，以抵抗钢液的静压力，保证铸坯在拉出结晶器时有足够的强度，而不致发生拉漏事故。

钢液注入结晶器后，即与铜壁接触，急剧冷却，很快形成了钢液－凝固壳、凝固壳－铜壁的交界面。沿结晶器的竖直方向，按坯壳表面与铜壁的接触状况可将钢液的凝固过程分为弯月面区、紧密接触区、气隙区 3 个区域，如图 7-9 所示。

（1）弯月面区。注入到结晶器内的钢液与铜壁接触，形成一个半径很小的弯月面（见图 7-10），在半径为 r 的弯月面根部，由于冷却速度很快（100℃/s），初生坯壳很快形成。在表面张力作用下，钢液面具有弹性薄膜的性能，能抵抗剪切力。随着结晶器的振

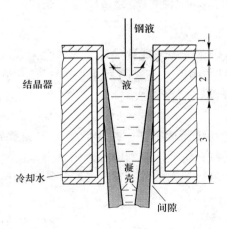

图 7-9 钢液在结晶器内的凝固图

1—弯月面区；2—紧密接触区；3—气隙区

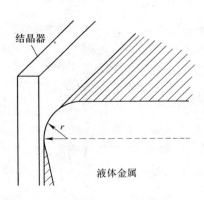

图 7-10 钢液与铜壁弯月面的形成

动，向弯月面下输送钢液面形成新的固体坯壳。

当钢液中夹杂物上浮到钢渣界面而未被保护渣吸收时，夹杂物会使钢液表面张力减小，例如 Al_2O_3，夹杂会使钢液的表面张力约降到原来的 1/2，弯月面半径也减小，致使弯月面弹性薄膜性能失去作用，弯月面破裂，在坯壳表面形成粗糙区域，或 Al_2O_3，夹杂牢固地粘在初生坯壳上，形成表面夹渣。

因此，结晶器保护渣能润湿吸收钢渣界面上的夹杂物，使钢液面有较大的界面张力，保持弯月面的弹性薄膜性能，这对坯壳形成和表面质量是非常重要的。

（2）紧密接触区。弯月面下部的初生坯壳由于不足以抵抗钢液静压力的作用，与铜壁紧密接触，如图 7-11（a）所示。在该区域坯壳以传导传热的方式将热量传输给铜壁，越往接触区的下部，坯壳也越厚。

（3）气隙区。坯壳凝固到一定厚度时，发生 $\delta \rightarrow \gamma$ 的相变，引起坯壳收缩，牵引坯壳向内弯曲脱离铜壁，气隙开始形成。然而，此时形成的气隙是不稳定的，在钢液静压力的作用下，坯壳向外鼓胀，又会使气隙消失。这样，接近紧密接触区的部分坯壳，实际上是处于气隙形成和消失的动态平衡过程中，如图 7-12 所示。只有当坯壳厚度达到足以抵抗钢液静压力的作用时，气隙才能稳定存在。根据测定，方坯的气隙宽度为 1mm，板坯的气隙宽度为 2～3mm。气隙形成后，坯壳与铜壁之间以辐射和对流的方式进行热传输。

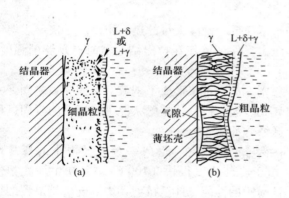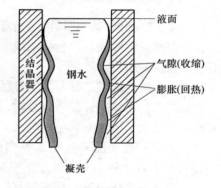

图 7-11　铸坯表面组织的形成　　　　　　图 7-12　结晶器内气隙的形成过程
（a）坯壳与铜壁紧密接触；（b）坯壳产生气隙

值得注意的是，随着气隙的形成，传热减慢，气隙形成区的坯壳表面会出现回热，导致坯壳温度升高，强度降低，在钢液静压力的作用下，坯壳将发生变形，形成皱纹或凹陷。同时，凝固速度降低，坯壳减薄，坯壳局部收缩会造成局部组织的粗化（见图 7-11（b）），产生明显的裂纹敏感性。

在结晶器的角部区域，由于是二维传热，坯壳凝固最快，最早收缩，气隙首先形成，传热减慢，推迟了凝固。随着坯壳的下移，气隙从角部扩展到中心，由于钢液静压力的作用，结晶器中间部位的气隙比角部要小，因此角部坯壳最薄，常常是产生裂纹和拉漏的敏感部位（见图 7-13）。

7.3.3　坯壳的生长规律

被拉出结晶器的铸坯其坯壳必须有足够的厚度，以防在失去铜壁支撑后变形或漏钢。

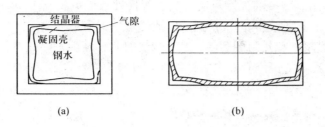

图 7-13　方坯和板坯横向气隙形成
（a）方坯；（b）板坯

一般而言，小方坯要求出结晶器下口处坯壳厚度应大于 8 ~ 15mm，板坯要求厚度应为 15 ~ 20mm。坯壳厚度的生长规律服从凝固平方根定律。

$$\delta = k\sqrt{t} = k\sqrt{\dfrac{l}{v}}$$

式中　δ——坯壳厚度，mm；

　　　k——凝固系数，mm/min$^{\frac{1}{2}}$；

　　　t——凝固时间，min；

　　　l——结晶器有效长度，mm（即结晶器液面至结晶器下口的距离，约为结晶器实长减 80 ~ 100mm）；

　　　v——拉坯速度。

凝固系数 k 代表了结晶器的冷却能力，选择合适的 k 值就可准确地计算出结晶器的坯壳厚度。但 k 值受到许多工艺因素的影响，如结晶器冷却水、钢液温度、结晶器形状参数、保护渣等，使经验值往往波动较大，最好是结合工厂条件进行实际测定以求得合适的 k 值。通常，结晶器 k 值的取值范围为：小方坯 18 ~ 20；大方坯 24 ~ 26；板坯 17 ~ 22；圆坯 20 ~ 25。

除保证出结晶器下口处有足够的坯壳厚度外，还应尽量减轻结晶器坯壳厚度的不均匀性。因此在结晶器操作上应注意：低的浇注温度、水口注流与结晶器断面严格对中、冷却水槽中水流均匀分布、合理的结晶器锥度、结晶器液面的稳定性、防止结晶器变形、坯壳与结晶器壁之间均匀的保护渣膜等。

7. 3. 4　钢液在结晶器内凝固的影响因素

钢液在结晶器内的凝固过程实质上是一个传热过程。结晶器中钢液的散热可分为垂直方向（拉坯方向）散热和水平方向散热。垂直方向的散热较小，经理论分析，它仅占结晶器总散热量的 3% ~ 6%。因此，结晶器中钢液的凝固过程可近似地看作是钢液向结晶器壁的单向传热过程。结晶器中钢液沿周边即水平方向传热的方式如下：

（1）钢液向坯壳的对流传热。

（2）凝固坯壳中的传导传热。

（3）凝固坯壳与结晶器壁的传热。

（4）结晶器壁的传导传热。

（5）冷却水与结晶器壁的强制对流传热，热量被水缝中高速流动的冷却水带走。

在以上传热的 5 个环节中，由于坯壳与结晶器壁间存在气隙，而气隙的热阻又最大（研究表明：气隙热阻占总热阻的 70% ~90% ）。因此，气隙是结晶器传热的限制性环节，它对结晶器内钢液凝固的快慢起着决定性的作用，显然减小气隙热阻就成为改善结晶器传热的首要问题。

7.3.4.1   结晶器设计参数对传热的影响

A   结晶器锥度的影响

为了使坯壳与结晶器铜壁保持良好的接触，以减小气隙，增加热流，加速结晶器内坯壳的生长，增加结晶器坯壳生长的均匀性，随着铸坯的向下运动，结晶器的内部形状应与坯壳的冷却收缩相适应。为此，结晶器内腔沿整个高度设计为上大下小，具有合适倒锥度的形状。

结晶器的锥度是一个十分重要的参数。若锥度过小，坯壳会过早地脱离结晶器内壁，形成气隙，影响结晶器的冷却效果，致使坯壳过薄，出现鼓肚变形，甚至拉漏。若锥度过大，虽然结晶器导出的热量增加，但拉坯阻力增大，将造成拉坯困难，甚至产生拉裂，并使结晶器下部磨损加快。因此结晶器的锥度必须有一个合适的值。

结晶器的锥度应根据钢种、拉速及铸坯的断面尺寸来选择。结晶器断面尺寸的减小量应不大于从弯月面到结晶器出口处铸坯的线收缩量（Δl）。对于铸坯的线收缩量（Δl）可根据从弯月面到结晶器出口处坯壳的温度变化 ΔT 和坯壳收缩系数 β 来确定，即

$$\Delta l = \beta \Delta T \tag{7-2}$$

式中 β——对于铁素体为 $16.5 \times 10^{-6}/℃$，对于奥氏体为 $22.0 \times 10^{-6}/℃$。

不同铸坯断面推荐的结晶器倒锥度值：80mm × 80mm ~ 110mm × 110mm 方坯为 0.4%/m；110mm × 110mm ~ 140mm × 140mm 方坯为 0.6%/mm；140mm × 140mm ~ 200mm × 200mm 方坯为 0.9%/m。板坯结晶器的宽面倒锥度为 0.8% ~0.9%/m，窄面倒锥度为 0 ~0.6%/m。

小方坯管式结晶器可做成单锥度也可做成多锥度，如结晶器弯月面以下至 300mm 处倒锥度为 3.3% 。从 300mm 至结晶器出口倒锥度为 0.4% 。这是考虑凝固坯壳增长与凝固时间的平方根成正比的规律，使锥度更好地适应凝固壳收缩的特点。

B   结晶器长度的影响

钢液在结晶器内冷凝时所释放的热量 50% 以上是在结晶器上部传出的，而结晶器下部主要是起支撑坯壳的作用。显然短结晶器有利于热量的传输，还可减小拉坯阻力，减少设备费用，延长结晶器的使用寿命，但短结晶器应以不增加铸坯拉漏的危险性为原则。通常结晶器长度为 700 ~800mm。为了适应高速浇注的发展，现在多倾向于把结晶器长度增加到 900mm，国外个别工厂的结晶器长度达 1200mm。

C   结晶器材质的影响

正常通水情况下，结晶器内壁的使用温度为 200 ~300℃。特殊情况时，最高处可达 500℃。因此，要求结晶器材质的导热性好、抗热疲劳、强度高、高温下膨胀小、不易变形。纯铜导热性最好，但弹性极限低，易产生永久变形。所以现在多采用强度高的铜合金（如 Cu-Cr、Cu-Ag、Cu-Zr、Cu-Co 等合金）制作结晶器。这些合金的导热性虽比纯铜略

低，但在高温下长期工作可保持足够的强度和硬度，使结晶器壁的寿命比纯铜高几倍。

D　结晶器内表面形状的影响

有人曾试验过波浪形表面的结晶器，它可使冷却面积增加 8% ~ 9%，从而减小气隙，改善传热，但由于加工困难，寿命较低，未能得到推广应用。目前仍多采用平壁表面。

7.3.4.2　操作因素对结晶器传热的影响

A　冷却强度的影响

冷却强度是指单位时间内通过结晶器水缝中的水量，它对结晶器传热有重要的影响。冷却水应保证迅速地将钢液凝固所放出的热量带走，使铜壁冷面上没有热的积累，以防止结晶器发生永久变形。试验表明，冷却水与铜壁的界面上有 3 种传热状态，它们对传热过程有不同的影响。

（1）强制对流。热流与铜壁温度呈线性关系，水流速增加，热流增大。

（2）水沸腾。铜壁局部区域处于高温状态，靠近铜壁表面过热的水层中，有水蒸气生成并产生沸腾。在这种情况下，结晶器与冷却水之间的热交换不取决于水流速，而主要取决于铜壁表面的过热和水的压力。

（3）膜态沸腾。温度超过某一极限值时，靠近铜壁表面的水形成蒸汽膜，热阻增大，热流减小，导致铜壁表面温度升高，使结晶器发生永久变形而损坏。

实际生产中，正常情况是处于第一种状态，应尽力避免后两种情况的发生。结晶器内水沸腾，会造成水和热的脉动，对结晶器寿命和铸坯质量都非常有害。小方坯连铸机的结晶器器壁薄，更需注意防止水沸腾的情况发生。

为了保证结晶器有良好的传热性能，除了在铜壁的材质、厚度及冷却水质等方面给予注意外，水缝中水的流速最为重要。一般水流速在 6 ~ 12m/s。有文献推荐，小方坯结晶器的水流速为 10m/s。试验表明，水速增加，可明显降低结晶器冷面温度，避免间歇式的水沸腾，消除了热脉动，可减少铸坯菱变和角部裂纹。但是，水速超过一定范围时，随着水速增加，热流增加很少。据试验，水流速从 6m/s 增加到 12m/s，总传热系数仅增加 3%，但系统的阻力却增加 4 倍，因而水速过大也没有必要。

水缝尺寸大小是以保证冷却水具有所要求的水速为原则。结晶器水缝厚度一般为 4 ~ 6mm，为了保证均匀冷却，水缝应按设计要求周边对称均匀，尤其是小方坯连铸机，应保持水缝沿结晶器高度上周边的均匀性。

为避免水缝中水产生沸腾，进水与出水温差应控制在 5 ~ 6℃，不大于 10℃。保持结晶器冷却水 0.4 ~ 0.9MPa 的压力是必需的。结晶器的最大供水量，对于板坯和大方坯每流为 500 ~ 600m³/h，对于小方坯为 100 ~ 150m³/h，连铸生产过程中，结晶器的供水量一般很少调节变动。

B　冷却水质的影响

结晶器的传热速率达 84 × 10⁵kJ/(m³·h)，是高压锅炉传热速率的 10 倍。这样大的热量通过铜壁传给冷却水，铜壁冷面温度很有可能超过 100℃，使水沸腾，水垢沉积在铜壁表面形成绝热层，增加了热阻，导致热流下降，铜壁温度升高，更加速了水的沸腾。所以，结晶器必须使用软水。要求其总盐含量不大于 400mg/L，硫酸盐不大于 150mg/L，氯化物不大于 50mg/L，硅酸盐不大于 40mg/L，悬浮质点小于 50mg/L，质点尺寸不大于

0.2mm，碳酸盐硬度不大于2°dH，pH值为7~8。

C　结晶器润滑的影响

结晶器润滑可以减小拉坯阻力，因此可用润滑剂充满气隙而改善传热。通常敞开浇注时用油（如菜籽油）做润滑剂，油在高温下裂化分解为碳氢化合物，它充满气隙对传热有利。用保护渣进行润滑时，保护渣粉加在结晶器内的钢液面上，形成液渣层，结晶器振动时，在弯月面处液渣被带入气隙中，坯壳表面形成均匀的渣膜，既起润滑作用，又起填充气隙改善传热作用。渣膜使结晶器上部传热减少15%左右，但使下部的传热增加20%~25%，而且整个传热比较均匀，这对于获得均匀并有足够厚度的坯壳起着重要作用。

保护渣对结晶器热流的影响与渣膜厚度有关。

当拉速一定时，保护渣膜厚度主要决定于渣黏度。黏度太高，渣流动性不好，形成厚薄不均的不连续渣膜；黏度太低，渣膜也厚薄不均。

D　拉速的影响

提高拉速，能使结晶器导出的平均热流增加，但也使单位质量的钢液从结晶器中导出的热量减少，致使坯壳减薄。因此选择最佳拉速时，既应保证结晶器出口处的坯壳厚度，又应能充分发挥连铸机的生产能力。

E　钢液过热度的影响

试验表明，在拉速和其他工艺条件一定时，钢液过热度增加10℃，在敞开浇注和保护浇注的条件下，结晶器的最大热流量仅分别增加7.5%和4%，可见，结晶器热流几乎与过热度无关，而且过热度对铜板温度的影响也甚微。但过热度增加，出结晶器的坯壳温度有所增加。如过热度为93℃与38℃时相比，出结晶器坯壳的表面温度提高了65℃。它降低了高温坯壳的强度，增加了断裂的概率。

过热度对铸坯的凝固结构有重要影响。低过热度浇注，铸坯中心等轴区宽；过热度高，则会推迟钢液在结晶器中的凝固进程，出结晶器的坯壳较薄，铸坯表面温度高，高温强度较低，增加了拉漏的危险性。

7.3.4.3　钢液成分的影响

低过热度浇注，铸坯中心等轴晶区宽；过热度出结晶器的坯壳较薄，铸坯表面温度高，高温对结晶器导出热量的研究发现，当钢中碳含量$w(C)=0.12\%$时，热流最小（见图7-14），此时结晶器铜壁温度波动较大，约为100℃。当碳含量$w(C)>0.25\%$时，热流基本不变。此外，对坯壳的研究发现，当含碳量$w(C)=0.12\%$左右时，坯壳内外表面均呈皱纹状，随着含碳量增加，皱纹减小。通常认为，这是因为含碳量$w(C)=0.12\%$时，坯壳有最大的收缩（0.38%），因而形成较大的气隙，而且此时硫、磷的枝晶偏析小，坯壳高温强度高，钢液静压力要将坯壳压向铜壁比较困难，钢液在弯月面下凝固后，形成较大的弯曲和气隙，导致坯壳表面与结晶器壁接

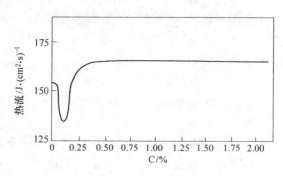

图7-14　钢中含碳量与热流的关系

触面减小，所以热流最小，形成坯壳最薄，而且不均匀。这是此种含碳量的钢容易产生裂纹和拉漏的原因。

从影响结晶器凝固传热的因素可知，结晶器是一个复杂的传热系统。了解结晶器导出热流的大小和变化，以及它与坯壳生长厚度的关系，可作为调整结晶器热工状态的依据，使结晶器工作最佳化。

7.4 铸坯在二冷区的凝固

铸坯在结晶器内凝固成具有一定形状和足够强度的坯壳，但其内部仍为高温钢液，形成了一个很长的液相穴。为使铸坯继续凝固，从结晶器出口到拉矫机的长度范围内，设置二次冷却区（简称二冷区），在该区域通过对铸坯喷水冷却，使其逐渐完全凝固。

铸坯在二冷区的冷却直接影响到铸机产量和铸坯质量。当其他工艺条件一定时，二冷强度增加，可提高拉坯速度；同时，二冷强度又与铸坯缺陷（如内部裂纹、表面裂纹、铸坯鼓肚和菱变等）密切相关。因此，了解铸坯在二冷区的传热规律，对制定合理的二冷制度、提高铸机产量和铸坯质量都是十分重要的。

7.4.1 二冷区的凝固传热

铸坯在二冷区凝固时，中心部分的热量通过坯壳传到表面，而坯壳表面接受喷水冷却，使温度降低，这样就在铸坯表面和中心之间形成了较大的温度梯度，为铸坯的冷却传热提供了动力。二冷区铸坯表面热量传递的方式及根据工厂试验数据估算的板坯二冷区各种传热方式的传热比：（1）纯辐射25%；（2）喷雾水滴蒸发33%；（3）喷淋水加热25%；（4）辊子与铸坯的接触传导17%。

不同类型的连铸机或不同的工艺条件下，各种传热方式的传热比例可能有很大的区别。对小方坯连铸机而言，二冷区主要是（1）和（2）两种传热方式；而对于板坯和大方坯连铸机，则有上述4种传热方式，但占主导地位的还是喷雾水滴与铸坯表面之间的传热。因此要提高二冷区的传热效率，获得最大的凝固速度，就必须尽可能地改善喷雾水滴与铸坯表面之间的热交换。

7.4.2 二冷区凝固传热的影响因素

7.4.2.1 铸坯表面温度

由图7-15所示可知，热流与铸坯表面温度 t 不是线性关系，可分为3种情况：

（1）$T_s < 300\ ℃$，热流随 T_s 增加而增加，此时水滴润湿高温表面，为对流传热。

（2）$300\ ℃ < T_s < 800\ ℃$，随温度提高热流下降，在高温表面有蒸汽膜，呈核态沸腾状态。

（3）$T_s > 800\ ℃$，热流几乎与铸坯表面温

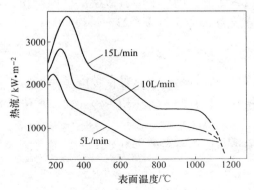

图7-15 表面温度与热流的关系示意图

度无关，甚至呈下降趋势，这是因为高温铸坯表面形成了稳定的蒸汽膜，阻止了水滴与铸坯接触。

二冷区铸坯表面温度在 1000～1200℃，因此应通过改善喷雾水滴状况来提高传热效率。

7.4.2.2　水流密度

水流密度是指铸坯在单位时间单位面积上所接受的冷却水量。试验表明，水流密度增加，传热系数增大，从铸坯表面带走的热量也增多。图 7-16 所示为水流密度与传热系数（α 与 k）的关系。有的试验发现，水流密度大于 20L/（$m^2 \cdot s$）时，对热流的影响已不明显。他们认为，这是因为水流密度增加，单位体积水滴数目增加，它与喷射在铸坯表面而被反弹回来的液滴相撞失去了能量，使得水滴不能穿透蒸汽膜而到达铸坯表面的缘故。

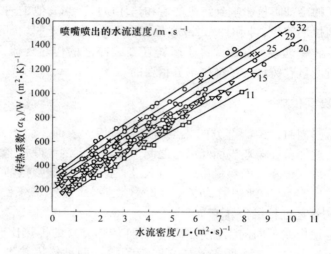

图 7-16　水流密度与传热系数的关系

7.4.2.3　水滴速度

水滴速度取决于喷水压力和喷嘴直径。水滴速度增加，穿透蒸汽膜到达铸坯表面的水滴数增加，提高了传热效率。试验指出：水滴速度为 6m/s、8m/s、10m/s 时，冷却效率分别为 12%、17%、23%。

7.4.2.4　水滴直径

水滴直径大小是雾化程度的标志。水滴尺寸越小，单位体积水滴个数就越多，雾化就越好，越有利于铸坯均匀冷却和提高传热效率。

水滴的平均直径是：采用压力水喷嘴，200～600μm；气-水喷嘴，20～60μm。两种喷嘴对传热系数的影响如图 7-17 所示。水滴越细，传热系数越高。

7.4.2.5　喷嘴的布置

喷嘴的布置对传热也有重要影响。如果喷嘴布置不合理，会造成铸坯表面局部冷却强度的差异，使铸坯经历反复的强冷和回热，容易造成铸坯表面和内部裂纹的产生。为了使铸坯承受最小的热应力，必须合理布置喷嘴，对铸坯进行均匀的冷却。

常见的板坯（见图 7-18）的冷却水喷嘴布置。由于连铸坯，特别是板坯在角部的散热条件较好，冷却强度大，所以靠近角部的喷水量应当少些。有的板坯在靠近角部 50mm 处不直接喷水冷却。也有用减轻角部冷却，以防止角裂纹产生的冷却水喷嘴布置方式。由于喷嘴在覆盖边缘处冷却强度较弱，所以边缘处采用覆盖重叠的布置法。

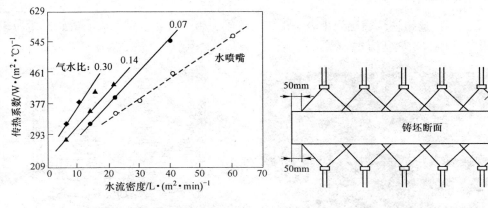

图 7-17　两种喷嘴对传热系数的影响　　　　图 7-18　板坯在二冷区冷却水喷嘴布置方式

二冷区坯壳的生长服从凝固平方根定律。由于在二冷区冷却水直接喷射到铸坯表面上，冷却强度较大，凝固速度较快，所以坯壳生长厚度取决于二冷水量。

7.4.3　铸坯的液相穴深度

铸坯的液相穴深度又称液芯长度，是指铸坯从结晶器钢液面开始到铸坯中心液相完全凝固点的长度。它是确定二冷区长度和弧形连铸机圆弧半径的一个重要参数。

液相穴深度可根据凝固平方根定律计算如下：

$$D/2 = k_{综}\sqrt{t} \quad L_{液} = vt$$

故

$$L_{液} = D^2 v / (4k_{综}^2)$$

式中　$L_{液}$——铸坯的液相穴深度，m；

　　　　D——铸坯厚度，mm；

　　　　v——拉坯速度，m/min；

　　　　t——铸坯完全凝固所需时间，min；

　　　　$k_{综}$——综合凝固系数，$mm/min^{\frac{1}{2}}$。

铸机的综合凝固系数（即平均的凝固系数）是包括结晶器在内的全区域的平均凝固系数。对于板坯来说，结晶器内的凝固系数 $k_{综} = 13 \sim 20$；而综合凝固系数 $k_{综} = 25 \sim 29$。水雾强冷时（铸坯表面温度为 825℃）$k_{综} = 28 \sim 29$，弱冷时（铸坯表面温度 950℃）$k_{综} = 25 \sim 26$，气 – 水雾化冷却时 $k_{综} = 26 \sim 27$。宝钢板坯连铸机的综合凝固系数 $k_{综} = 26.5$。

铸坯的液相穴深度与铸坯厚度、拉坯速度和冷却强度有关。铸坯越厚，拉速越快，液相穴深度就越大。在一定范围内,增加冷却强度有助于缩短液相穴深度,但冷却强度的变化对液相穴深度的影响幅度小。同时,对一些合金钢来说,过分增加冷却强度是不允许的。

当拉坯速度为最大拉速时,所计算出的液相穴深度为连铸机的冶金长度。冶金长度是连铸机重要的结构参数,它决定了连铸机的生产能力。

7.5　连铸坯的凝固结构及控制

7.5.1　连铸坯的凝固结构

一般情况下,连铸坯从表层到中心是由细小等轴晶带、柱状晶带和中心等轴晶带所组成的,如图 7-19 和图 7-20 所示。

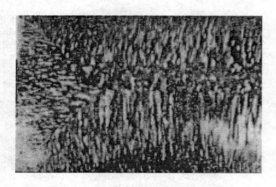

图 7-19　连铸板坯凝固组织结构

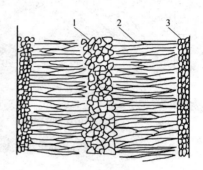

图 7-20　连铸坯凝固结构示意图
1—中心等轴晶；2—柱状晶带；
3—细小等轴晶带

7.5.1.1　细小等轴晶带

表层细小等轴晶带也称为激冷层。它是表层钢液在结晶器弯月面处冷却速度最快的条件下获得较大的过冷度,并在连续向下的运动中形成的。

注入结晶器内的钢液,在弯月面处与水冷铜结晶器壁相接触,冷却速度可达 100℃／s,表层钢液被强烈冷却,温度迅速降到液相线以下,获得了较大的过冷度,使钢液的形核速率大大超过了晶核的长大速率。同时,结晶器壁和过冷熔体中的杂质为形核提供了良好的条件,过冷熔体内几乎同时形成了大量的晶核,在铸坯连续向下的运动中,它们彼此间妨碍各自的长大,因而,铸坯表层得到不同取向的细小等轴晶。

根据国外用测量结晶器温度场的方法研究坯壳凝固速度的结果,钢液与结晶器开始接触 5s 内的凝固速率为 50 ~ 120mm／min。由此估计,激冷层大约是在开始结晶 5s 内形成的。

浇注温度对激冷层的厚度有直接影响。浇注温度越高,激冷层就越薄；浇注温度低,激冷层就厚一些。

7.5.1.2　柱状晶带

激冷层形成过程中的收缩使坯壳与结晶器壁间产生了气隙,增加了热阻,降低了传热速度。导致凝固前沿钢液中过冷度减小，不再生成新的晶核，而表现为已有晶核的继续长大。此时，钢液的过热热量和结晶潜热主要通过凝固层传出，产生了向结晶器壁的定向传热。在激冷层的内缘，树枝晶的一次轴朝着不同的方向，其中一次轴与模壁垂直的那些晶体，由于通过它的散热路径最短，散热最快，所以它们得以向铸坯中心优先生长，而其余的晶体和这些晶体向其他方向的长大则受到彼此妨碍而被抑制，于是开始形成排列整齐，并有一定方向的柱状晶带。在二冷区，对铸坯的喷水冷却又使柱状晶继续生长，直到与沉积在液相穴的等轴晶相连接为止。

连铸坯的柱状晶有如下特征：由于水冷结晶器和二冷区的喷水冷却对铸坯的冷却强度比模铸时大，故连铸坯的柱状晶细长而致密。从纵断面看，柱状晶并不完全垂直于表面，而是向上倾斜一定的角度（约10°），这说明液相穴内在凝固前沿有向上的液体流动。从横断面看，柱状晶的发展是不规则的，在某些部位可能会贯穿铸坯中心，形成穿晶结构。对弧形连铸机而言，柱状晶的生长具有不对称性。由于重力作用，晶体下沉，抑制了外弧侧柱状晶的生长，故内弧侧柱状晶比外弧侧要长。所以铸坯内裂纹常常集中在内弧侧。

浇注温度、冷却条件等对柱状晶生长均有影响，浇注温度高，柱状晶带就越宽；二冷区冷却强度加大，将增加温度梯度，也促进柱状晶发展；铸坯断面加大，则减小温度梯度，从而减小柱状晶的宽度。

7.5.1.3　中心等轴晶带

随着柱状晶的生长、凝固前沿的向前推移，凝固层和凝固前沿的温度梯度逐渐减小，两相区宽度逐渐增大。当铸坯芯部钢液温度降至液相线温度以下时，就为芯部钢液的结晶提供了过冷度条件。而液相穴固液交界面的树枝晶被液体的对流运动折断，其中下落到液相穴底部的部分可作为芯部钢液结晶的核心。由于此时芯部传热的单向性已很不明显，并且此时传热的途径长，传热受到限制，晶粒长大缓慢，故形成晶粒比激冷层粗大的等轴晶。

总的来说，连铸坯的凝固结构与模铸钢锭并无本质区别，它们的结晶带及分布一样，形成机理也大致相同。但由于连铸坯是在较强的冷却条件下形成的，因此连铸坯的整个结构比模铸钢锭致密，晶粒也要细一些。另外，由于铸坯不断向下运动，铸坯的每一部分通过铸机时外界条件完全相同，因此，除了头尾以外，铸坯在长度方向上结构比较均匀。就各结晶带而言，连铸坯的激冷层比模铸钢锭要厚；由于二冷区喷水冷却，铸坯内外温度梯度大，柱状晶比模铸钢锭发达，并容易形成穿晶结构；由于柱状晶带宽，故与模铸钢锭比较，中心等轴晶带要窄得多。对弧形连铸机来说，由于内弧侧和外弧侧冷却条件不同，外弧侧激冷层厚、柱状晶短，而内弧侧则相反。另外，连铸坯的凝固相当于高宽比相当大的钢锭凝固，液相穴很长，钢液补缩不好，易产生中心疏松和缩孔。

7.5.1.4　"小钢锭"结构

铸坯进入二冷区后，二冷区冷却的不均匀性所导致的柱状晶的不稳定生长，使铸坯纵断面中心的某些区域常常会有规则地出现间隔5~10cm的"凝固桥"，并伴随有疏松和缩孔。因其与小钢锭的凝固结构相似，故称为"小钢锭"结构。

"小钢锭"结构的形成过程如图 7-21 所示。由图可知，柱状晶开始时为均匀生长。但由于二冷区喷水冷却的不均匀性，使冷却快的局部区域的柱状晶优先生长，当某一局部区域两边相对生长的柱状晶相连接或等轴晶的下落被柱状晶所捕集时，就会出现"搭桥"现象，形成"凝固桥"，将液相穴内的钢液分隔开来。这样，"桥"下面残余钢液的凝固收缩将得不到上面钢液的补充，凝固后就会形成明显的疏松或缩孔，并伴随有严重的中心偏析。

小方坯凝固结构中"凝固桥"的形成加剧了溶质元素（硫、磷、锰、碳）的中心偏析，在热加工或热处理时，导致不均匀的马氏体转变产物容易产生脆断，这对于高碳钢铸坯用于轧制线材产品是一个特殊问题。

实际生产中，可采取二冷区铸坯均匀冷却、低过热度浇注、电磁搅拌等措施来减轻或避免连铸坯的"小钢锭"结构。

7.5.2　铸坯结构的控制

连铸坯的凝固结构，既影响铸坯的加工性能，也影响钢材的力学性能和使用性能（如腐蚀、焊接等）铸坯中两种典型的晶体（等轴晶和柱状晶）结晶组织不同，性质也不相同。

等轴晶结构较致密，没有明显的薄弱面，强度、塑性及韧性较高，加工性能较好，而且成分和结构比较均匀，钢材性能没有明显的方向性。

柱状晶却不同，因为它的生长方向一致，偏析杂质浓度高，容易造成钢材的带状结构，引起各向异性。在铸坯角部柱状晶的交界面处，因杂质较多，构成了薄弱面，是裂纹易扩展的部位。如果柱状晶充分发展，形成穿晶结构，就会加重中心偏析和中心疏松，对钢的机械性能的影响就更为严重。

因此，除某些特殊钢种，如电磁合金、电工钢、汽轮机叶片等，为改善导磁性能或耐腐蚀性能而要求定向的柱状晶结构外，对于绝大多数钢种都应尽量控制柱状晶的发展，扩大等轴晶带的宽度。

连铸坯中柱状晶带和等轴晶带的相对大小主要取决于浇注温度。浇注温度高，柱状晶带就宽，如图 7-22 所示。这是因为，高温浇注时，一方面，靠近结晶器壁的过冷度小，形核率低；另一方面，一部分晶核会因为钢液温度高而重新熔化，因而不易形成等轴晶。与此相反，低温浇注

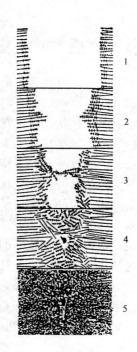

图 7-21　"小钢锭"结构形成示意图
1—柱状晶均匀生长；2—某些柱状晶优先
生长；3—柱状树枝晶搭接成"桥"；
4—"小钢锭"凝固并产生缩孔；
5—实际铸坯的宏观结构

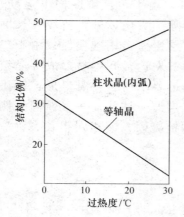

图 7-22　过热度对凝固
结构的影响

时，则容易形成数量较多的结晶核心，而当这些晶核长大形成等轴晶时，可进一步阻止柱状晶的长大。因此，在接近钢种的液相线温度浇注是扩大等轴晶带的有效手段。但是钢液过热度控制得很低，易使水口冻结，铸坯中夹杂物增加。为此，通常情况下应保持钢液在一定的过热度下（20~30℃）浇注。为扩大等轴晶带可采取以下措施：

（1）加速凝固工艺。采用向结晶器内加入微型冷却剂（如钢带或微型钢块）的方法，可降低钢液的过热度，加速凝固。其缺陷是冷却剂熔化不均，易污染钢液。为此，意大利冶金研究中心提出了加速凝固的新工艺，此法是通过中间包塞棒芯孔向结晶器喂入包。9mm 的包芯线，成分为铝、钛、铁等粉剂，用以降低钢液的过热度，增加异质晶核，从而加速凝固，提高等轴晶率。

（2）喷吹金属粉剂。在结晶器内喷入不同尺寸的金属粉，可吸收过热并提供结晶核心，增加等轴晶带宽度，改善产品性能。试验指出：在 140mm×140mm 方坯结晶器内喷入 1%~1.5% 金属粉量时，拉速可提高 40%~50%，铸坯等轴晶带扩大，中心疏松和偏析减轻。

另外，芬兰冶金研究中心提出以氩气为运载气体，通过专用喷枪向钢包注流喷吹铁粉的工艺，可以使铸坯等轴晶率提高 35%。

（3）控制二冷区冷却水量。二冷水量大、铸坯表面温度低、横断面温度梯度大，有利于柱状晶生长，柱状晶带宽。而降低二冷水量可使柱状晶带宽度减小，等轴晶带宽度有所增加。因此减小二冷水量是抑制柱状晶生长的一个积极因素。

（4）加入形核剂。在结晶器内加入固体形核剂，可以增加晶核数量，扩大等轴晶带宽度。对形核剂的要求是：

1）在钢液温度下为固态；

2）在钢液温度下不分解为元素而进入钢中；

3）能稳定地存在于凝固前沿而不上浮；

4）形核剂尽可能与钢液润湿，品格彼此接近，使形核剂与钢液间有黏附作用。常用的形核剂有 Al_2O_3、ZrO_2、TiO_2、V_2O_5、AlN、VN、ZrN 等。

（5）电磁搅拌技术。

复习思考题

7-1 什么是成分过冷，影响成分过冷的因素是什么？

7-2 成分过冷和温度过冷有何区别？

7-3 成分过冷对结晶有何影响？

7-4 何为偏析，偏析产生的原因是什么，偏析如何衡量？

7-5 什么是收缩？钢液凝固过程中的收缩有哪几种？

7-6 铸坯热应力有哪些，它们的主要影响因素各是什么，如何消除？

8 连铸生产工艺

8.1 钢液的准备

连续铸钢是钢水处于运动状态下，采取强制冷却的措施并连续生产铸坯的过程。连铸的工艺特点决定了它对钢水质量的要求极为严格，主要表现在钢水的成分、温度、脱氧程度和纯净度 4 个方面。

8.1.1 钢液温度的控制

8.1.1.1 浇注温度的确定

连铸生产中浇注温度即中间包钢水温度，包括两部分 T_L 和 ΔT，即：

$$T_{浇注} = T_L + \Delta T \tag{8-1}$$

式中　$T_{浇注}$——合适浇注温度；

　　　T_L——液相线温度；

　　　ΔT——钢液的过热度。

钢水的液相线温度是确定浇注温度的基础，它取决于钢水中所含元素的性质和含量。式（8-2）可在实际计算中引用：

$$T_L = 1536 - [88w(C) + 8w(Si) + w(Mn) + 30w(P) + 25w(S) + 5w(Cu) + 4w(Ni) + 1.5w(Cr) + 2w(Mo) + 2w(V) + 7] \tag{8-2}$$

钢水的过热度主要根据浇注的钢种、钢包和中间包的热状态、中间包的容量和形状、中间包内衬材质、铸坯断面钢水纯净度和铸坯内部质量等诸因素综合考虑确定。如高碳钢、高硅钢、轴承钢等钢种，钢液流动性好，导热性较差，凝固时体积收缩较大，若选用较高过热度，会加重中心偏析和疏松，所以应取较低的过热度。而对于低碳钢，特别是铝、铬、钛含量较高的钢种，钢液发稠，过热度相应高些。浇注的质量要求高，铸坯断面大，过热度取低一些，ΔT 数值可参考表 8-1 选取。

表 8-1　中间包钢水过热度选取值　　　　　　　　　　　　　　（℃）

浇注钢种	板坯、大方坯	小方坯
高碳钢、高锰钢	+10	+15~20
合金结构钢	+5~15	+15~20
铝镇静钢、低合金钢	+15~20	+25~30
不锈钢	+15~20	+20~30
硅钢	+10	+15~20

8.1.1.2 钢液在传递过程中的温度变化

钢水从出钢到浇注过程温度变化如图 8-1 所示。

$$\Delta t_{过程} = \Delta t_1 + \Delta t_2 + \Delta t_3 + \Delta t_4 + \Delta t_5 \tag{8-3}$$

式中　Δt_1——钢水从炼钢炉流入钢包过程中的温降；

　　　Δt_2——出钢后到处理前钢水在镇静和运输过程中的温降；

　　　Δt_3——钢水在钢包处理或炉外精炼过程中的温降；

　　　Δt_4——钢水在处理后到开浇前的温降；

　　　Δt_5——钢水从钢水包注入中间包的温降。

Δt_1 主要取决于钢的出钢温度、出钢口状况、钢包容量及包衬材质、加入合金的种类及数量等，特别是钢包的使用状况（包衬温度及包底是否有残钢）有突出影响。对于我国中小钢厂 20～70t 钢包，在目前操作条件下 Δt_1 的波动范围较大，通常达 40～100℃。Δt_2 除与钢水包容量和包衬材质及温度因素有关以外，还与运输的距离有关，在正常条件下，Δt_2 波动不大。Δt_3 取决于所采用的炉外处理方法及处理时间。Δt_4 影响因素与 Δt_2 相似，因包衬在此前过程中已得到钢水的充分加热，故进一

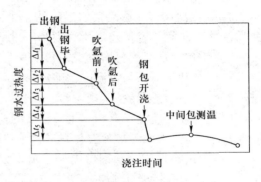

图 8-1　钢水温度变化示意图

步的降温速度减慢，在时间相近时，Δt_4 较 Δt_2 要小。Δt_5 与中间包的容量、形式、包衬材质及烘烤温度等因素有关。

为了满足连铸适宜浇注温度的要求，必须最大限度地降低和稳定过程温降。一方面应在车间设计时充分重视，使其布置紧凑，以减少运送过程时间；另一方面应在钢包预热和绝热保温上采用有效措施，减少过程散热损失。

8.1.1.3 控制钢液温度与钢液流动性

操作步骤如下：

（1）掌握所冶炼的钢种及钢液升温、出钢测温情况，做到心中有数。

（2）出钢过程中注意观察钢流的特征，钢液的亮度、颜色、流动性等。温度越高，钢流越亮，颜色越白；钢种成分相同时，流动性越好，温度就越高。

（3）开浇后，根据注流、水口结瘤（结冷钢）等情况进一步判断钢液温度，以作为浇注时的参考。

（4）掌握不同的钢种成分对钢液流动性的影响，其一般规律为：

1）碳含量越低，则流动性越差；

2）钢中含钛、钒、铜、铝及稀土元素等成分时，将使钢液流动性变差；

3）钢液中夹杂物含量高时，流动性差。

（5）关心钢包状况和周转情况，注意引起钢液温度异常波动的因素。

8.1.1.4 浇注温度的控制

浇注温度与铸坯表面和内部质量有密切关系，而能满足两者要求的温度区域比较窄，因此浇注温度与目标温度值之间不能相差太大，其波动范围最好控制在 ±5℃ 之间。但由于生产上变化因素很多，往往出现钢液温度偏低或偏高，所以必须设法在钢包和中间包内调节钢液温度。具体方法如下：

（1）降温调节。

1）吹气搅拌。对钢包内钢液顶吹或多孔底吹，为增大降温效果，可在吹气前或吹气时向钢包内加小块碎钢，借助小碎钢的熔化吸热降低钢液温度。

2）镇静。适当延长镇静时间，靠自然降温调节钢水温度。

（2）保温调节。影响钢水温降的一个主要因素就是钢包的保温性能，它取决于钢包材质、使用次数、容量及烘烤温度等。对钢包常用的保温措施包括：

1）钢包上加耐火材料砌成的包盖。钢包加盖不仅能对钢水和炉渣保温，还能减少包衬散热，有利于提高包衬温度，缩短烤包时间。

2）加速钢包周转，实现"红包出钢"。由图 8-2 不难看出，"红包"的降温速度大大小于冷包的降温速度，有利于钢液温度的稳定。

3）在钢包液面上加保温材料进行绝热保温。

4）钢包吹氩调温。钢包内钢水底层及四周钢水的温度比中心低，最大温度差可达 30~70℃，若直接浇注则会出现浇注温度高低不稳。因此，在连铸生产上通过向钢包内吹入气体来搅拌钢液，均匀温度，而且还能促进钢中气体和非金属夹杂物的上浮和排除。其效果如图 8-3 和图 8-4 所示。

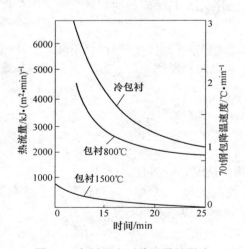

图 8-2 包衬温度对热流量的影响

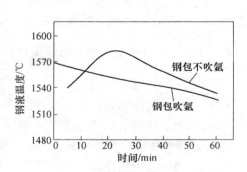

图 8-3 钢包吹氩和不吹氩时中间包钢液温度变化

（3）升温调节。

1）电弧加热法。主要利用钢包的炉外精炼，如 VHD 法、VOD 法和 LF 法，来提高钢液温度。

2）化学加热法。化学加热法是利用发热剂与氧气在高温下发生化学反应放出的热量加热钢包内钢水的方法。通常采用铝粉作发热剂，这种加热法适用于低温钢水的应急补救处理。当钢包内钢水温度不能满足连铸工艺要求时，用此法可在很短的时间内将包内钢水加热到所要求的温度。化学加热法热效率很高，铝在钢水内燃烧的热利用率近于100%。在175t和350t钢包试验结果表明，当吹氧4min、铝粉耗量为0.5kg/t时，350t钢包内钢水温度可升高约20%；吹氧12min，铝粉耗量为1.5kg/t时，钢水升温约50℃。钢水的升温速度主要取决于向钢包内的吹氧速度。当供氧强度为11m³/h时，钢水的升温速度可达10℃/min。随着供氧强度的提高，钢水的实际升温速度逐渐接近理论升温速度。经化学加热处理的钢水，其化学成分和钢中非金属夹杂物含量几乎没有变化。

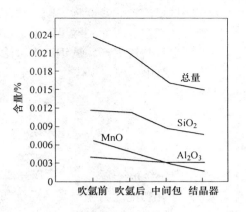

图8-4 吹氩对去除杂质的影响

8.1.2 钢液成分控制

为保证多炉连浇时工艺操作和铸坯性能的均匀一致性，必须把钢水成分控制在较窄范围内，以保持连浇各炉钢液成分的相对稳定性。

连铸时中间包水口断面小，浇注时间长，必须保证钢水具有良好的流动性，使之在整个浇注期间水口不堵塞、不冻结。

连铸坯受到冷却使热应力增加，而且在坯壳形成过程中还受到机械拉力和弯曲及矫直力的作用，一旦在薄弱部位造成应力集中，便会引起表面裂纹或内裂。因此，必须对钢中影响热裂倾向性的元素加以严格限制。

连铸时由于钢水与空气和耐火材料接触机会增多，从而增加了非金属夹杂物的来源；而且滞留于钢水中的夹杂物在结晶器内上浮排除困难，大颗粒非金属夹杂物容易在内弧侧富集。因此，必须最大限度地降低钢水中初始夹杂物的含量，对连铸钢液的脱氧程度和纯净性加以严格限制。

8.1.3 钢液脱氧的控制

冶炼末期钢水中必然残留一定量溶解的氧，一般情况下其含量受熔池中碳和渣中氧化亚铁量控制。

熔池中的实际氧含量随着钢液中碳的降低而增加。由于受到渣中氧化亚铁含量的影响，实际氧含量总是高于与碳平衡的氧含量。当$w(C) < 0.1\%$时，随着含碳量的降低，氧含量会迅速增加。如果这些氧不脱到一定程度，就不能顺利浇注，得不到合格的铸坯。因此，在出钢前，或出钢、浇注过程中，加入一种或几种与氧亲和力比铁强的元素或合金，使金属中的含氧量降低到要求限度，这一操作过程称为脱氧。一部分脱氧产物上浮入渣，另一部分残留在钢水中成为夹杂物。终点钢中氧量愈高则表明产生的夹杂物越多。因此，控制好终点钢液氧量对保证钢的质量是非常重要的。

连铸钢液脱氧控制的要求：

（1）尽可能把脱氧产物控制为液态，以改善钢液流动性，保证顺利浇注。

（2）把钢中氧脱除到尽可能低的程度。

（3）尽量将脱氧产物从钢液中去除，以保证良好的铸坯质量。

钢液的净化处理在现代化钢铁生产中已成为一个不可缺省的环节，主要是利用炉外精炼对钢水净化。

8.2　中间包冶金

当中间包作精炼容器时，可以完成以下几种冶金功能：

（1）净化功能。为生产高纯净度的钢，在中间包采用挡渣墙、吹氩、陶瓷过滤器等措施，可大幅度降低钢中非金属夹杂物含量，且在生产上已取得了明显的效果。

（2）调温功能。为使浇注过程中中间包前、中、后期钢液温差小于5℃，接近液相线温度浇注，扩大铸坯等轴晶区，减少中心偏析，可采取向中间包加小块废钢、喷吹铁粉等措施以调节钢液温度。

（3）成分微调。由中间包塞杆中心孔向结晶器喂入铝、钡、硼等包芯线，实现钢中合金成分的微调，既提高了易氧化元素的收得率，又可避免水口堵塞。

（4）精炼功能。在中间包钢液表面加入双层渣吸收钢中上浮的夹杂物，或者在中间包喂钙线改变 Al_2O_3 的夹杂形态，防止水口堵塞。

（5）加热功能。在中间包采用感应加热和等离子加热等措施，准确控制钢液浇注温度。

实现上述功能，就能进一步净化进入结晶器的钢液纯净度，为此把中间包当作一个连续精炼反应器，它已成为炼钢生产工艺流程中一个独立的冶金反应器，这在生产上已取得了显著效果。

8.2.1　中间包钢液流动形态的控制

控制中间包内钢液流动的主要目的是：消除包底铺展的流动，使下层钢液的流动有向上趋势，延长由注入流到出口的时间，增加熔池深度以减轻旋涡等。

在中间包设计中，一方面要增大中间包容量；另一方面在容积一定的条件下，增大有效容积，减小死区体积。增大中间包容积，使钢液平均停留时间增加，有利于夹杂物的去除。对于不够大的中间包，可通过改进内部结构，如加设挡墙或导流隔墙并采用过滤器等。改变钢液流动的途径主要有：包型的改进、挡墙和挡坝的合理设置等。中间包应用挡墙和挡坝后，钢液流动的特征如图 8-5 所示。

8.2.2　中间包过滤技术

近年来，中间包采用多孔耐火材料作过滤器，以去除钢中的杂质，该方法得到了广泛重视。带有过滤器中间包结构如图 8-6 所示。目前常用过滤器的形式主要有直通孔形和泡沫形。

直通孔形过滤器形状如图 8-7 所示。将 CaO 材质做成厚度为 100mm 的过滤器，两层叠加合成砌筑在厚 200mm 的挡墙内，形成上游为直径 50mm，下游直径为 40mm 带锥度的

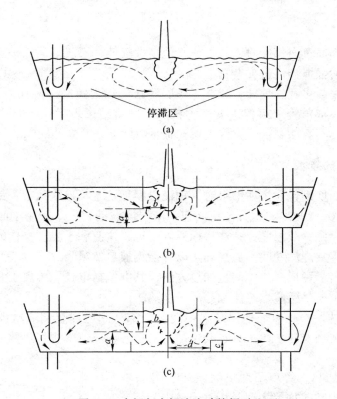

图 8-5　中间包内钢液流动特征对比

（a）中间包内钢液无控制；（b）中间包内砌有挡墙；（c）中间包内挡墙和坝联合使用

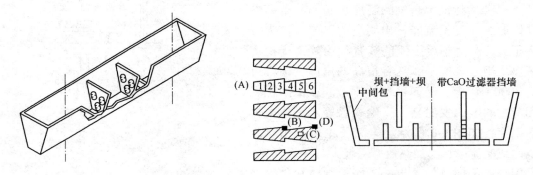

图 8-6　带过滤器中间包结构示意图　　　　图 8-7　直通孔形过滤器示意图

直流通道。直通孔形过滤器的孔径一般在直径 10～50mm，孔径较大对钢水流动阻力影响小。但去除杂质效率不高。

　　泡沫形过滤器为深层过滤器，具有陶瓷材料制成的微孔结构，比表面积大。过滤时细小的钢流加大了钢水与过滤介质的接触面积和机会，夹杂物与过滤介质表面的润湿性超过了钢水与夹杂物的润湿作用，以及过滤介质微孔表面凹凸不平对夹杂物的吸附和截留作用，钢水得到净化。泡沫形过滤器对钢水流动阻力影响较大，但过滤效果非常明显。

8.2.3　中间包吹氩

在中间包底部通过透气砖吹入氩气或其他惰性气体，形成液面保护层，改善钢液流动状况。其目的为增强搅拌促进夹杂物上浮。

在中间包底安装多孔透气砖，或在工作层和永久层之间嵌入多孔的管状气体分配器，使氩气泡均匀从底部上浮，可促进夹杂物排除。试验结果表明：可消除浇注初期钢水增氢，钢中氧化物夹杂有所降低，减轻了镀锡板 Al_2O_3 夹杂引起的缺陷。

8.2.4　中间包加热技术

中间包开浇、换钢包和浇注结束时，钢液温度是处于不稳定状态，都比所要求的目标浇注温度要低（10～20℃），这样使中间包钢液温度波动较大。采用中间包加热，以补偿钢液温度的降低，使钢液温度保持在目标温度附近。这有利于浇注操作的稳定性，提高铸坯质量，同时在正常浇注期间，适当加热以补偿钢液自然温降。

目前已开发出多种形式的中间包加热方法，其中包括电弧、等离子和感应加热等，但在生产上使用的主要是感应加热法和等离子加热法。

（1）感应加热法。感应加热器装在中间包底部，既可加热钢液，也可借助于电磁力搅拌钢水促进夹杂物上浮。此法具有设备结构简单、加热速度快、热效率高、成本低、操作方便等优点。

（2）等离子加热。等离子加热的原理是用直流或交流电（中间包加热主要是用直流放电）在两个或多个电极之间放电，使气体（中间包加热可用氩气或氮气，以氩气为好）电离，离子化程度越高，所产生的温度也越高。电离的气体形成的离子流能发出明亮的弧光，称为等离子弧，产生等离子弧的装置称为等离子枪或等离子炬。等离子弧具有很高的温度，中心可达 3000℃ 以上，因而可加热钢液。在中间包采用专门的电弧发射器，产生高温等离子体来加热钢液，如图 8-8 所示。等离子枪可采用直流电源或交流电源，加热效率一般为 60%～70%。采用等离子加热的效果是：能控制中间包钢液目标温度在 ±5℃ 的误差；可使中间包在热状态下重复使用 200 次，降低了耐火材料消耗，增

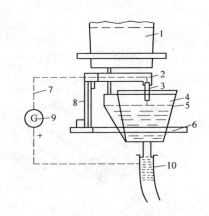

图 8-8　等离子枪加热装置
1—钢包；2—水冷壁；3—等离子枪；4—中间包；
5—熔池液面；6—中间包车；7—电缆；
8—支柱；9—电源；10—结晶器

加了产量；可促进夹杂物上浮，有利于提高质量；中间包钢液面上有完整的液渣覆盖层，可防止二次氧化，提高钢液纯净度。

8.3　浇注前的检查与准备

浇注前的检查与准备工作做得好，就能保证设备运转正常、工作得心应手、操作有条

不紊，从而减少事故，提高生产能力和连铸坯的质量。

8.3.1 机长和浇钢工的检查与准备工作

8.3.1.1 设备检查

机长和浇钢工在浇注前检查的设备有钢包回转台或其他钢包支撑设备、钢包注流保护的机械手、中间包、中间包车、结晶器、结晶器振动装置和二次冷却装置。

（1）钢包回转台或其他钢包支撑设备。对于采用回转台式的钢包支撑设备，浇注前应左旋和右旋两圈（720°），检查旋转是否正常，停位是否准确，限位开关和指示灯是否好用，有关电气和机械系统是否正常。如果采用其他形式的钢包支撑设备，浇注前应检查其设备是否能正常工作。

（2）钢包注流保护的机械手。机械手是钢包到中间包注流保护浇注的一种常见形式。浇注前应检查旋臂及操纵杆使用是否灵活，检查托圈、叉头，要求无残钢、残渣，转动良好；检查小车运行是否正常，小车轨道上有无残钢异物，放置是否平稳且到位适中；准备好平衡重锤、吹氩软管及快速接头。

（3）中间包。检查其外壳是否变形开裂、有无粘钢，确保包内清洁无损。当中间包采用塞棒式控制注流时，要求机械操作灵活，塞棒尺寸符合要求，塞头与水口关闭严密，塞棒落位准确。当中间包采用滑板控制注流时，要求控制系统灵活，开启时上下滑板注流口同心，关闭时下滑板能封住上滑板注流口。采用浸入式水口浇注时，使用前检查浸入式水口内外表面是否干净，有无裂纹缺角，是否上紧、上牢固，尺寸和形状是否符合要求，伸出部分是否和中间包底垂直及侧孔是否装正。采用挡渣墙的中间包，其挡渣墙的形状及安装位置应准确，同时安装牢固。当中间包采用敞口式水口浇注时，要用石棉绳堵住中间包水口下端，并使石棉绳的一部分悬在中间包的外面，水口上部用预热过的引流砂充填孔及周围封口，完成封堵中间包水口操作。最后，根据中间包的砌筑情况进行烘烤。一般冷中间包只烘烤水口，其烘烤温度应大于800℃；热中间包烘烤包衬，其烘烤温度应大于1100℃。

（4）中间包车。检查中间包车升降、横移是否正常，中间包车上的挡溅板是否完好，轨道上有无障碍物。当中间包采用定径水口浇注时，中间包车上的摆动流槽应摆动正常，槽内无残钢、残渣和异物。

（5）结晶器。检查结晶器上口的盖板及与结晶器配合情况，要求盖板大小配套，放置平整，无残钢、残渣，与结晶器口平齐，其盖板与结晶器接口处间隙用石棉绳堵好并用耐火泥料堵严、抹平。检查结晶器内壁铜板表面，要求表面平整光滑，无残钢、残渣、污垢，表面损伤（刮痕、伤痕）小于1mm；如果有残钢、残渣、污垢则必须除尽，铜板表面轻微划伤用砂纸打磨，表面损伤大于1mm时，则应更换结晶器后才浇注。检查结晶器的进出水管及接头，不应有漏水、弯折或堵塞现象。试结晶器冷却水压和水温，一般冷却水压为0.6MPa左右，进水温度小于或等于40℃，且无漏水渗水现象，结晶器断水报警器工作正常。定期检测结晶器尺寸和倒锥度。

（6）结晶器振动装置。结晶器振动不应有抖动或卡住现象，振动频率和振幅符合工艺要求。对于振动频率与拉坯速度同步的连铸机，要求振动频率随拉坯速度的变化而变化。

（7）二次冷却装置。检查结晶器与二次冷却装置的对弧情况，要求对弧误差不大于0.5mm；检查二冷夹辊的开口度，使之满足工艺要求；采用液压调节夹辊时，液压压力正常，夹辊调节正常；检查二冷辊子，要求无弯曲变形、裂纹，无黏附物，转动灵活；检查二冷水供给系统，要求喷嘴均无堵塞，接头牢固，水量在规定范围内可调，喷嘴喷出冷却水形状及雾化情况满足要求。当采用冷却格栅时，要吹扫格栅孔内的残渣，观察格栅磨板有无断裂和烧伤情况，若有则及时处理。

8.3.1.2　工器具和原材料的准备

（1）准备好无水或无潮湿物的渣罐和溢流槽，能盛接钢包和中间包的残钢、残渣。

（2）若采用保护管保护钢包注流，则应准备在烘烤炉内烘烤好的保护管若干根。

（3）准备一定数量的中间包覆盖渣、结晶器保护渣或润滑油，其品种、质量符合钢种和工艺操作要求。

（4）采用冷中间包浇注时，水口周围加一定数量的发热剂，以防开浇时由于温度低而堵住水口。

（5）准备好浇钢及事故处理工具。如中间包塞棒压把、捞渣耙、推渣棒、取样勺、取样模、测温枪、铝条、氧气管、氧 – 乙炔割枪等。

8.3.1.3　送引锭

接到送引锭指令后，浇钢工通过连铸机平台上的操作板与引锭工保持联系，注意观察引锭杆上升情况，防止引锭头跳偏而损坏设备。当引锭头送到距结晶器下口500mm左右时，浇钢工目视引锭头进行点动送引锭操作，将引锭头送至距结晶器上口规定的距离停止，然后用干燥、清洁的石棉绳或纸绳嵌紧引锭头和结晶器铜壁之间的间隙，并在引锭头上均匀铺撒20~30mm厚的干净、干燥、无油、无杂物钢屑，最后放置冷却方钢块。

8.3.2　主控室操作工的检查与准备工作

对主控室内各种仪表、故障显示、对讲机以及电传打字机认真检查，确保操作正常；配合浇钢工做好结晶器振动频率的检查、试结晶器冷却水和试二冷水的工作；按下抽蒸汽风机的"启动"按钮，启动风机，并通知机长检查风机有无异常响动；准备好所有记录纸张。当浇钢计划下达后，立即通过对讲机向各有关岗位发出通知。

8.3.3　引锭的检查与准备工作

8.3.3.1　设备检查

（1）引锭头和引锭杆本体。浇钢前对引锭头和引锭杆本体上的杂物、冷钢要清理干净；引锭头和引锭杆本体的形状和规格必须满足要求，应与所浇注连铸坯断面相适应，不可有损伤和变形；引锭杆本体链节联结良好。

（2）引锭头烘烤器。引锭头烘烤器处于良好状态。

（3）拉矫机。上下辊运转正常，上下辊距与结晶器断面厚度相符。

（4）操作台。检查操作台上的操作元件、灯光显示是否正常，控制设备动作是否正常。

（5）引锭杆移出设备。运行正常。

（6）脱锭装置。运行正常。

8.3.3.2 送引锭准备

（1）在送引锭头之前必须将其加热至200℃左右，以免通过二冷段时被弄湿，从而引起浇注时爆炸。

（2）通过引锭杆移出设备将引锭杆移送到送引锭位置。

（3）通过所有参与上引锭杆的驱动装置。

8.3.3.3 送引锭操作

（1）确认与浇钢工联系。当浇钢工将平台操作板上的按钮选择到"送引锭"时，引锭工方可开始操作。

（2）启动操作台上"送引锭"按钮，则自动送引锭方式开始工作。其程序是：引锭杆移出装置启动，将引锭头送入拉矫机，拉矫机启动并快速压下压紧引锭杆，同时跟踪系统投入，待引锭头到达辊的位置停止移出装置。当引锭头运行到距结晶器下方规定距离时，自动停止送引锭操作。

8.3.4 切割工的检查

8.3.4.1 火焰切割

（1）检查操作台上各种灯光显示及按钮是否正常。

（2）检查切割小车的运行和返回机构是否正常。

（3）根据所浇铸坯厚度及钢种，调整、检查切割嘴的工作数据，并检查各接头是否漏气。

（4）接通切割枪闭路水和切割机冷却水，并调整观察至正常工作参数。

（5）接通氧气和可燃气并点火，检查火焰的长度。

（6）预选切头长度和按钢种要求预选连铸坯定尺切割长度。

（7）检查备用的事故切割枪是否好用。

8.3.4.2 机械剪切

（1）检查操作台上各种灯光显示及按钮是否正常。

（2）检查各机构的传动系统是否处于正常的工作状态。

8.3.5 开浇操作

连铸机开浇操作是指钢液到达浇注平台直至钢液注入结晶器，拉坯速度转入正常这一段时间内的操作。开浇操作是连铸操作中比较重要的操作，对于稳定连铸操作、提高生产率、减少事故的发生具有现实意义。

开浇过程操作：

（1）各岗位最后检查各自的准备工作和各种仪表情况，确认准备工作已经做好。

（2）钢液到达浇注平台后，浇钢工进行测温操作。当测温符合要求时，指挥吊车将钢包稳定地放置在钢包回转台或其他支撑设备上。

（3）将准备好的中间包及中间包车开到浇注位置，对中落位。如采用冷中间包浇注时，立即将引流砂（或硅钙粉）放入中间包水口里。

（4）利用钢包回转台或其他支撑设备，使钢包处于浇注位置。

（5）结晶器接通冷却水。

（6）钢包开浇。如采用钢包注流保护浇注，在钢包开浇正常后，关闭钢包水口，迅速将预先准备好的保护管套入水口，确保保护管与钢包水口在一条中心线上，人工压住操纵杆（或采用机械手安装长水口）打开钢包水口，确认注流正常后，将平衡重锤挂上，立即接上吹氩管并打开吹氩阀门。

（7）当中间包液面达到 1/2 高度时，向中间包加入覆盖渣。当采用钢包注流保护浇注时，钢液面淹没保护管下口就可加入覆盖渣，加入数量视具体情况而定，一般要求均匀覆盖中间包钢液面，厚度为 10～30mm。

（8）在中间包钢液面达到开浇要求后，打开塞棒或滑动水口，或拉开悬在中间包水口外面的石棉绳，中间包开浇。一旦中间包开浇，主控室操作工以 5s 为单位向机长报出时间，以确认出苗时间；浇钢工用捞渣耙压住水口侧孔的钢流，严防结晶器挂钢，或接通结晶器润滑油。

（9）当结晶器钢液面淹没浸入式水口侧孔时，迅速向结晶器内推入保护渣，其加入数量以完全覆盖钢液表面为原则。

（10）当到了出苗时间，结晶器钢液面距上口 100mm（据铸坯规格而定）时，启动拉矫机开始拉坯。注意结晶器是否振动，同时启动抽蒸汽风机，按从上到下顺序逐步打开各段的二次冷却水。一旦开始拉坯，主控室操作工以 10s 为单位重新向机长报告时间，以便机长对开浇过程的拉坯速度进行控制。

（11）拉坯后，引锭工要严密监视引锭杆的运行情况，发现异常及时处理。

8.4　正常浇注

正常浇注操作是指连铸机开浇、拉坯速度转入正常以后，到本浇次最后一炉钢包钢液浇完为止这段时间的操作。正常浇注操作的主要内容是拉坯速度的控制、冷却制度的控制、保护浇注及液面控制、脱锭操作和切割操作。

8.4.1　连铸拉速的控制

连续铸钢的浇注速度也就是拉坯速度。一般用每分钟浇（拉）多少米来表示，拉坯速度的大小决定了连铸机的生产能力。

一般来说，浇注速度快容易引起裂纹，但夹渣减少，有利于提高铸坯表面质量。如果过快，在结晶器内一旦坯壳破裂，就会产生重皮，严重时造成漏钢。相反，浇注速度过慢，在用润滑油浇注时，气孔会显著地增加，而用浸入式水口加保护渣浇注时，在结晶器器壁和浸入式水口之间就会出现凝壳，使浇注不能进行。铸坯断面越大，出结晶器下口时坯壳厚度应当越厚才不致拉裂。实践表明，碳钢小断面铸坯出结晶器下口处坯壳厚度不得小于 10～15mm，大断面不得小于 20～30mm。

根据实验和理论推导，铸坯出结晶器下口的厚度 δ 可用下式求得：

$$\delta = K\sqrt{\tau} \tag{8-4}$$

式中　δ——坯壳厚度，mm；

　　　K——凝固系数，$mm/min^{\frac{1}{2}}$；

　　　τ——钢液在结晶器内凝固时间，min。

影响凝固系数 K 的因素较多，如钢的导热性、钢坯断面的大小及形状、注温、注速等，随着上述条件的变化，K 值波动在 $24～34mm/min^{\frac{1}{2}}$ 的范围内。

拉坯速度取决于断面的形状和大小。一般情况下，注速与铸坯断面积成反比，与铸坯断面周长成正比，铸坯断面越大，完全凝固的时间越长，应适当降低拉速。

当铸坯断面一定时，浇速因钢种而异。例如，低碳钢及奥氏体钢对裂纹敏感性小，可以采用较大的冷却强度，拉速也可以大一些，而高碳钢、轴承钢、高速钢等对裂纹敏感性较大，增加二次冷却强度，铸坯容易开裂，注速应该慢一些。

此外，拉速应与注温很好的配合。注温越高凝固越慢，铸坯出结晶器时的坯壳越薄，拉速应当减慢，否则容易拉漏。

为了适应高拉速的需要，在结晶器下口增设了冷却格栅板或水冷板。

8.4.2　连铸过程冷却控制

从结晶器拉出的铸坯其外层凝固壳的厚度一般在 10～30mm，内部仍为液体或半液体状态。铸坯应在进行拉矫之前、最迟应在剪切之前完全凝固，这要靠在二次冷却区对铸坯表面直接喷水冷却。

（1）冷却强度是指冷却每千克钢消耗的冷却水量（kg/kg）或每小时消耗的冷却水量（t/h）。应保证足够的冷却强度，使铸坯在拉矫之前完全凝固。还要保证铸坯在运行中表面温度不发生回升。

高碳钢和轴承钢，特别是高速钢的导热性较差，过大的二次冷却强度会使铸坯的表面温度骤然下降到 800～900℃，造成铸坯内外温差过大，引起较大的热应力和组织应力而产生裂纹。故冷却强度应当小一些。对低碳钢、奥氏体不锈钢（凝固后没有因相变引起的组织应力）冷却强度则可以大一些。

对于同一钢种随着铸坯断面的加大，其凝固时间延长，为此应该相应增加二冷区的冷却强度。

（2）冷却水量的分配由于铸坯是从上向下逐渐凝固，温度逐步降低的，所以二冷区冷却水用量应该从上向下逐渐减少。在生产上供水量真正做到均匀逐渐递减是很困难的，所以根据连铸机机型和铸坯质量的要求，将二冷区分为若干冷却段，冷却水按比例分配到各冷却段。

8.4.3　保护浇注及液面控制

在正常浇注过程中，正确进行保护操作是防止钢液二次氧化、改善连铸坯质量的重要措施；正确地控制中间包液面和结晶器液面是稳定拉坯速度、保证连铸操作顺利进行的重要前提。

8.4.3.1　钢包到中间包浇注的保护操作

在正常浇注过程中，应有专人在操作平台上监护，一旦水口堵塞，立即快速移开保护管；当保护管侵蚀后的长度离开中间包正常浇注液面时，立即更换；透气环掉块，不能保证与钢包水口咬合严密或保护管出现贯穿性的裂纹及孔洞，立即更换；保护管氩管接头损失，影响通氩时，立即更换。在钢包钢液浇完前 2~3min 时，应将保护管卸下，以便观察钢包注流，并将操作机械移至安全位置。

8.4.3.2　中间包液面控制及保护操作

中间包液面的稳定对连铸坯质量及漏钢事故影响较大。正常浇注时，液面应控制在 400~600mm 或距中间包溢流口 50~100mm 处，其控制方法主要是对钢包到中间包的注流进行控制。

中间包液面的保护主要是通过向中间包加入覆盖渣。在正常浇注过程中，应视中间包覆盖渣的覆盖情况而增加，当中间包液面不活跃，有"冻结"可能时，应适当降低液面再提升液面，冲开"冻结"渣层，防止中间包液面结冷钢。

8.4.3.3　中间包到结晶器注流的保护操作

中间包到结晶器注流保护目前广泛采用浸入式水口。在正常浇注过程中，应经常观察浸入式水口的侵蚀情况，严重时做好换中间包操作的准备工作，并及时准确地更换中间包。

8.4.3.4　结晶器内液面控制及保护操作

为保证连铸机稳定浇注，结晶器内钢液面应平稳地控制在距结晶器上口 100mm 处或渣面距结晶器上口 70mm 左右，液面波动在 ±10mm 以内。目前结晶器的液面控制有两种方法：采用结晶器液面调节装置和调整中间包水口的大小。前者是由结晶器液面测量装置输出信号，然后根据此信号自动改变拉矫机的拉坯速度，使结晶器液面保持在比较稳定的位置；后者是根据结晶器液面高低，适当减少或增大中间包水口的注流，使结晶器液面符合要求。

结晶器钢液面的保护主要是通过加保护渣完成。在正常浇注过程中，要随时均匀地添加保护渣，保证钢液面不暴露，渣厚一般控制在 30mm 左右，粉渣厚度控制在 10~15mm，当粉渣结块或团，明显发潮时，不得使用；应随时将结晶器周边的"渣皮条"挑出，挑时不要触及初生坯壳，动作要敏捷，以防卷入钢液，造成事故；采用点、拨方法检查结晶器内渣层情况，尽可能不搅动渣层；若发现保护渣浇注性、铺展性下降，成团结块或严重黏结浸入式水口时，应进行换渣。换渣时，用捞渣耙将渣层从结晶器两侧捞除，边捞边添加新渣，以避免钢液暴露，如果发现浸入式水口断裂或破裂，应将残体捞出；如果观察液面有卷渣现象，应降低拉坯速度或停浇；若结晶器内壁产生挂钢，应降低拉坯速度及时排除故障或停浇。

8.5 停 浇 操 作

停浇操作是指钢包钢液浇完、中间包钢液浇完、连铸坯送出连铸机及浇注完检查和清理的操作。停浇操作的主要内容是钢包浇完操作、降速操作、封顶操作、尾坯输出操作及浇注完的清理和检查。

8.5.1 钢包浇完操作

凝固不完全的尾坯不能拉出结晶器，以保证连铸坯在规定温度范围内。

（1）根据钢包内钢液的浇注时间或连铸坯的浇注长度或钢包内钢液的重量显示来正确判断钢包内剩余钢液量。如果采用保护管保护浇注时，应在钢包钢液浇完前 2～3min 拆下保护管。

（2）目视注流，一见下渣立即关闭水口。

（3）关闭水口后，如果有水口结瘤，用钢管将其捅掉，并拆下水口有关控制机构。

（4）将钢包送走。

8.5.2 降速操作

（1）在钢包浇完后，一般停止向结晶器内添加新的保护渣，并准备好捞渣耙，捞渣同时开始降低拉坯速度。

（2）当中间包内钢液面降至 1/2 左右时，此时开始捞结晶器内的保护渣。捞渣操作同时做好关闭水口的准备。拉坯速度应降到正常拉坯速度的 50% 左右。用捞渣耙沿着钢液表面将粉渣和熔融态渣全部捞净。

（3）注意观察中间包钢液面。当中间包钢液面降到可能使中间包渣流入结晶器的时候，立即关闭中间包水口，同时将拉坯速度降到"蠕动"。

（4）升起中间包车，将车开离结晶器，至中间包放渣位置。

（5）再一次捞尽结晶器内残余的保护渣和水口碎片，并准备封顶操作。

8.5.3 封顶操作

（1）用钢管搅拌结晶器内钢液面，搅拌钢液要缓慢，以促进连铸坯内夹杂物上浮和尾部连铸坯的快速凝固。

（2）缓慢搅拌后，若结晶器内尾部连铸坯表面没有凝固，可采用向尾部连铸坯喷水的方法。喷水要喷均匀，不要过多，而且喷水的人要离开结晶器上口一定距离。

（3）喷水后，若结晶器内尾坯未完全凝固，应短时停机，继续喷水或撒铁屑。

（4）在封顶开始到结束的过程中，应减少二次冷却水量，按封顶操作的规定进行配水。

8.5.4 尾坯输出操作

（1）将拉坯速度逐级升到规定的尾坯输出速度。一般尾坯输出速度比正常拉坯速度高 30% 左右。

（2）尾坯输出时，二次冷却段的配水将恢复到正常。

（3）尾坯输出只有等到连铸坯尾端离开拉矫机最后一对夹辊才算结束。

8.5.5　浇注结束后的清理和检查

（1）取下结晶器上的剩余保护渣和渣耙，并对结晶器盖板进行冲洗。

（2）清理保护管的残钢、残渣，并将操纵机械移至安全位置。

（3）清理结晶器内壁残钢、残渣和污垢，并按"浇注前的检查"要求对结晶器进行检查。

（4）将旧中间包内的残钢、残渣放尽后，及时吊走。

（5）更换已装满的渣盘、溢流槽。

（6）清理所有的浇注工器具。

（7）其他的检查均按"浇注前的检查"进行。

8.6　连铸常见事故及处理

8.6.1　钢包滑动水口窜钢的处理

出钢过程中滑动水口机构窜钢现象的处理：

（1）不论窜钢发生在什么部位，应立即停止出钢。

（2）立即开出钢包车。无论窜钢停止与否，都要立即开出钢包车。

（3）指挥吊车吊起事故钢包，如窜钢继续应指挥附近人员避让。

（4）把正在窜钢的钢包，吊至备用钢包上方，让钢液流入备用钢包。

（5）如工厂采用吊车吊包配合出钢的工艺，出钢过程中发现滑动水口机构有窜钢发生，应立即停止出钢。事故钢包如窜钢不止，也必须吊至备用钢包上方，让钢液流入备用钢包。

（6）如窜钢中止，事故钢包中仍有钢液，必须立即采取回炉操作。操作时应考虑钢液再次窜钢的可能，操作人员要合理避让。

（7）回炉操作：

1）把事故钢包吊起，指挥吊车把钢包运到余钢渣包处（用副钩挂上钢包倾翻吊环）。

2）余钢渣包必须干燥，里面必须有干燥的钢渣或浇注垃圾垫底。

3）指挥吊车倒渣，留钢液，如事故钢包内钢液较少也可全部倒入余钢渣包，余钢渣包内钢液冻结后可倒翻切割成废钢块再回炉。

4）事故钢包内钢液可用过跨车运到炉子跨将钢液倒入转炉重新冶炼。转炉车间备有铁水包的，也可倒入铁水包与铁水混合后回炉，钢液与铁水混合时需注意碳氧反应造成的沸腾或爆炸。所以倒钢液（或铁水）时，必须先细流，然后才可加快。

5）装备有 LF 的炼钢厂，如事故钢包内钢液较多，则需过包（将钢液倒入另一钢包）后，再重新精炼。

6）装备有 LF 的炼钢厂，如事故钢包钢液较少，一般应作回炉处理。如遇到 LF 粗钢出钢，且所剩钢液量较少不影响下一炉 LF 精炼的情况下，也可过包到下一炉 LF 钢包，进行再精炼。

7）备用钢包中钢液表面加保温剂（炭化稻壳等），也可适当加些发热剂等防止钢液温度过度下降。

8）流入备用钢包的钢液回炉或重新精炼；重新精炼也是回炉的一种形式。

9）为加快处理速度，在炉坑内的残钢渣上可适当喷水降温，如残钢渣量不大，最好在红热状态处理。喷水降温时不要造成炉坑积水。

10）炉坑内残钢渣可用氧气管吹扫分割处理，如残钢渣已降温至接近常温，为保护炉坑内钢轨等，局部要用氧－乙炔割炬处理，处理完后才可恢复正常生产（设备损坏必须修复）。

11）事故钢包的滑动水口耐火材料必须更换，机构受损坏，必须作报废处理。

钢包出钢完毕至滑动水口打开前，在精炼或运送到浇注位置过程中发现滑动水口机构窜钢现象的处理：

（1）如果窜钢量很小，并马上停止窜漏，可继续精炼或运至浇钢位置，偶然的机会可能不影响正常浇注；但事先应将影响滑板滑动动作的冷钢用割炬清理干净。

（2）如果不能正常浇注，事故钢包作回炉处理。

（3）如果窜钢量很大，则必须立即把事故钢包吊至备用钢包上方，让事故钢包钢液流完，备用钢包钢液作回炉处理。

（4）如果窜钢量很小，但没有马上停止，事故钢包必须作过包回炉，即把钢液倒入备用钢包，再回炉。

在浇注位置，滑动水口刚打开或在浇注过程中滑板之间或水口之间窜钢发生的处理：

（1）如漏钢量很少，并立即停止窜钢，则可继续浇注。

（2）如漏钢量很小，但不能立即停止，并有扩大趋势，则必须关闭滑动水口，停止浇注，回转台转至或吊车吊运至备用钢包上方。

（3）事故钢包内钢液流入或倒入备用钢包作回炉处理。

8.6.2　中间包塞棒浇注水口堵塞的处理

在钢液浇注过程中，因中间包的塞棒故障而造成操作不正常或浇注中止的事故为塞棒事故。

8.6.2.1　中间包开浇时水口堵塞的处理

（1）若考虑是水口内堵塞物没有清理干净，必须在塞棒关闭状态下重新清理水口，必要时用氧气管清洗一次，再行试开。

（2）若考虑是塞棒的塞头砖掉片造成水口堵塞，可重力关闭塞棒，使塞头砖粘起塞头掉片，从而轻缓打开水口。在此情况下，塞棒可重力关闭2~3次，也可能失败，在成功粘起塞头掉片的情况下，浇注操作必须更缓慢和小心。

（3）在试行粘起掉片的操作失败的情况下，可用氧气管在大压力氧气的条件下清洗水口，清洗时塞棒要在打开状态。

（4）经水口堵塞事故处理钢流打开后，若发生钢流无法控制时，拉速应在允许的范围内以偏上限操作控制。一旦中间包液面接近上口有满溢危险时，必须用吊车吊走该钢包或操作回转台把该钢包置于事故位置，让钢液流入备用钢包或渣包。但中间包液面下降后该钢包可重新进入浇注位置继续向中间包供钢液，这样可反复多次直至钢液浇完。流入备用钢包内的钢液可作回炉处理，渣包内钢液冷却后运往渣场倒翻，大块冷钢分割（氧气切割）后回炉。

（5）在处理水口堵塞事故过程中若中间包钢液已浇完，中间包浇注可作换中间包操作：结晶器内铸坯蠕动等候或小断面加连接块等候，等候时间超过换包操作规定时间，铸机可作停浇操作处理。此时水口堵塞事故处理可以中止，事故钢包内钢液可回炉。如没有准备好中间包，当钢包钢流重新打开后，事故时使用的中间包在钢液未见渣的条件下，可以试行继续浇注（也作换包开浇操作）。用使用过的中间包再行浇注成功率较低，必须做好发生中间包水口关不死事故的准备（塞棒机构）。

（6）若考虑是中间包塞棒塞头周围局部冷钢引起的水口堵塞，无论有否钢液流出，这时水口必须用氧气管清洗。

（7）若是保护浇注则升起中间包车，拆下浸入式水口。

（8）小心把点燃的氧气管移入水口内，在开大氧气压力的同时，把氧气管伸入水口内。此时塞棒要在打开状态，结晶器上口用铁板或流钢槽保护，防止水口用氧气清洗时钢渣的滴入，在见到钢流时中间包车下降。

（9）上述操作可作 3~4 次，直至钢流打开，待浇注正常后再装上浸入式水口。

（10）钢流打开后不能马上试开关，必须到接近结晶器上口低于正常钢液面位置时才能试开关，整个操作要考虑中间包钢流发生关不住事故的可能。

（11）如中间包钢流关不住，中间包作停浇处理。升起中间包车，开走中间包车，视下一个中间包准备情况和钢液情况，铸机可作换中间包处理或停浇处理。

8.6.2.2　中间包浇注过程中水口堵塞的处理

（1）此情况是因为钢液温度偏低、拉速慢或钢水黏造成的，可采用氧气清洗水口方法。

（2）如确认为中间包钢液温度过低，中间包和铸机可作停浇或换中间包操作。

8.6.3　滑动水口堵塞的处理

8.6.3.1　钢包滑动水口堵塞的处理

（1）通常是引流砂没有自动流下造成的。可以快速关闭和重开滑板一次，依靠滑板运动的振动使引流砂自动流下，达到正常开浇，或可用氧气管在不带氧的情况下浸入钢包水口（滑板打开）捅砂，使引流砂松动自动流下开浇。

（2）在进行上述操作无效的情况下，先确认滑动水口在打开状态。

（3）用氧气管在一般氧压条件下（0.3~0.5MPa）清洗水口，促使引流砂全部流下，达到开浇目的。

（4）在进行上述操作无效情况下，先在小氧压条件下点燃氧气管，然后小心把点燃的氧气管移入水口内，再开大氧压清洗水口内引流砂或堵塞的冷钢渣等。

（5）上项操作可进行 3~4 次，直到钢流正常。若钢液温度过低或多次用氧不见效的情况下，事故钢包钢液可作回炉处理。

（6）在处理水口堵塞事故过程中密切注意中间包液面高度。视情况决定中间包停浇和铸机停浇。

8.6.3.2　中间包滑动水口堵塞的处理

（1）如开浇时发生滑动水口堵塞可按钢包滑动水口堵塞相同的方法处理，但必须注意四点：一是在氧气清洗水口时必须用铁板或流钢槽保护结晶器，防止钢渣流入结晶器内；二是氧气清洗水口时中间包升降小车要配合，清洗开始时在最高位置，边清洗边把中间包降到浇注位置；三是清洗水口前先移去浸入式水口，待钢流正常后再装上浸入式水口；四是多次清洗失败，铸机不能开浇，重新按操作规程准备（如有立即可用的中间包，可换一只中间包开浇）。

（2）如浇注过程中水口堵塞，也可先采取清洗水口操作步骤处理。如在中间包温度过低的情况下，中间包和铸机可作停浇操作或换中间包操作。

8.6.4　浸入式水口堵塞的处理

8.6.4.1　整体式浸入式水口堵塞

A　开浇时发生浸入式水口堵塞

（1）通知主控室，并通过主控室通知铸机所有岗位和生产调度发生了水口堵塞事故。

（2）发生事故的铸机流不再拉坯，多流铸机的其他铸流可正常生产。

（3）如多流铸机的其他铸流生产正常，可把事故铸机流的引锭同时拉出回收。

（4）单机单流的铸机发生开浇堵塞，钢包作停浇处理，钢包也可转到其他铸机上去继续浇注。钢包停浇后，中间包做如下操作：

1）待事故中间包内存钢液稍微冻结后，才能开动中间包车到中间包吊运位置。

2）小心吊运中间包至翻包场地，注意吊运过程中防止钢液倾翻。

3）待中间包内钢液全部冻结后，才能翻转中间包倒出冻钢。

4）切割冻钢回炉。

（5）多流连铸机待浇注完该炉钢液后，可视情况决定是否继续连浇、停浇或更换中间包。

B　浇注中期发生水口堵塞

（1）通知主控室，并通过主控室通知铸机所有岗位和生产厂调度发生了水口堵塞事故。

（2）铸机进入停浇状态，结晶器内铸坯作尾坯处理。

（3）钢包作停浇处理，钢包内钢液作回炉处理。有多台连铸机的生产厂，钢包也可转到其他铸机上去继续浇注。

8.6.4.2　分体式浸入式水口堵塞

通知主控室，并通过主控室通知铸机所有岗位和生产厂调度发生了水口堵塞事故。

A　开浇时发生浸入式水口堵塞

（1）卸下浸入式水口，检查浸入式水口堵塞情况。如浸入式水口没有堵塞，而是上水口堵塞，则用氧气清洗水口等。

（2）如是浸入式水口堵塞，应立即用氧气管清洗浸入式水口后重新装上，也可立即装上备用浸入式水口继续开浇操作。

（3）经处理后水口继续堵塞，或确认中间包钢液温度过低，可停止开浇。

B   浇注中期发生堵塞

（1）堵塞水口的铸坯拉矫机停车，结晶器内铸坯作换中间包操作。

（2）卸下浸入式水口，检查堵塞情况，清洗浸入式水口、上水口，或都进行清洗。

（3）重新作中间包更换的开浇操作，装上浸入式水口，转入正常浇注。

（4）处理后继续发生水口堵塞，或确认钢液温度过低，可停止浇注。

8.6.5   钢流失控的处理

在连铸的浇注过程中，钢包或中间包的水口钢流无法控制，则为钢流失控事故。

钢包发生钢流失控事故，可在中间包满溢前转走（或用吊车吊走）钢包，让钢液流入备用钢包或渣盘，待中间包液面下降后再转回（吊回）浇注。这种处理方法肯定会造成部分钢液的损失。

连铸过程中，中间包钢流失控会造成结晶器溢钢或漏钢事故，甚至会烧坏连铸设备。

8.6.5.1   钢包滑动水口钢流失控的处理

（1）通知中间包浇钢工，防止中间包满溢或钢包吊离（转离）中间包时发生的钢流飞溅而产生伤害事故。

（2）指挥吊车或回转台操作人员，随时准备把事故钢包运离中间包上方。

（3）监视中间包钢液面高度。

（4）检查开关机件是否灵活、齐全，并及时采取修复措施，必要时请钳工到现场修复。

（5）滑动水口机构发生钢流失控，主要由滑动水口控制动力故障造成，所以应先检查操作方向，排除误操作因素。

（6）检查滑动水口控制动力系统—液压系统是否正常：先检查液压泵的运转，后检查液压压力，再检查油箱油位，然后检查换向阀动作，并针对性地采取相应检修措施。

（7）液压泵停转或液压压力不足，但油箱油位正常，可迅速转为手动泵操作来控制钢流。

（8）在处理事故过程中，如发现中间包钢液面已到紧急最高位置，该中间包又没有溢流槽，则必须立即拆卸控制滑动水口的油泵或油泵上的油管，指挥吊车或回转台操作工将钢包吊离（转离）到备用钢包位置。

（9）流入备用钢包内的钢液作回炉处理。

8.6.5.2   塞棒机构中间包钢流失控的处理

（1）立即通知主控室，通过主控室通知铸机所有操作岗位，特别是要通知到钢包浇注工、回转台或吊车操作工、中间包车操作工。

（2）立即升高拉速，平衡结晶器钢液面直到铸机达到当时浇注状态许可的最高拉速

（注意开浇状态和浇注中期的不同）。

（3）迅速把压棒开足，最大限度提升塞棒并立即用力关闭塞棒，以求关闭或关小钢流。该项操作可试 2 ~ 3 次，视钢流大小和拉速的许可情况而定。

（4）向中间包事故塞棒附近钢液插入铝条稠化钢液，以缩小水口直径。

（5）如结晶器有溢钢危险，可敲断整体浸入式水口或卸下分体式浸入式水口，用钢或铸铁堵头堵塞水口，该项操作要快、准、狠。

（6）如上述操作失败，溢钢危险增加或已发生溢钢，必须立即关闭钢包钢流，吊离（转离）钢包，关闭其他铸流的中间包钢流（如多流铸机），开走中间包车至事故处理位置（下置事故渣包）。

（7）中间包内插铝条，加干燥废钢、水口下再次用堵头堵钢流，直至水口堵塞。

（8）立即吊走钢流失控的中间包至中间包翻包场地，中间包钢液冻结后翻动切割回炉。

（9）凡处理后水口钢流的大小能保证拉速在正常范围内，则铸机可继续浇注。

（10）凡处理后钢流堵塞，其他铸流可继续正常生产，单机单流的铸机则作停浇处理。这时的水口堵塞事故不再抢救处理。

（11）铸机停浇后钢包内钢液可作回炉处理，或转到浇注钢种相同的铸机上去浇注。

8.6.5.3 滑动水口机构中间包钢流失控

（1）立即通知主控室，通过主控室通知铸机所有操作岗位，特别是要通知到钢包浇注工、回转台或吊车操作工、中间包车操作工。

（2）立即升高拉速，平衡结晶器液面直到铸机达到当时浇注状态许可的最高拉速（注意开浇状态和浇注中期的不同）。

（3）在中间包失控的水口附近插入铝条稠化钢液使水口内径缩小。

（4）如钢流大小可控制在拉速许可范围内应立即检查机件和液压系统；发现问题立即修复，液压系统可启动备用的手动泵。

（5）如拉速在许可范围内的上限，钢流又无法再关小，结晶器钢液面仍在上升，应立即卸去分体浸入式水口并用钢堵头堵钢流。

（6）在堵钢流成功的情况下，铸机的其他铸流可继续浇注。单机单流的铸机则作停浇处理。

（7）若钢流堵塞失败，则立即通知关闭钢包钢流，拆卸滑动水口油缸或油管，并将钢包运离（转离）中间包上方至浇毕位置；开出中间包车，将中间包运至事故处理位置（下置事故渣包）；用插铝、加清洁废钢、再次堵钢流的操作使中间包水口堵塞。

（8）铸机停浇后，中间包残余钢液待冻结后吊至中间包拆包场地处理（冷钢切割回炉）；钢包内钢液作回炉处理或在其他同钢种浇注的铸机上浇注。

8.6.6　连铸漏钢的处理

8.6.6.1　对于小断面铸坯发生漏钢时的抢救处理

（1）小断面的连铸坯漏钢量较少，经过挽救处理后可以继续浇注，但一般仅限于钢液面基本未下塌或未见有明显钢壳的情况下，并建议采用停车补注的处理方法，以避免造成冻坯事故。

（2）发现漏钢现象（钢液下塌或结晶器下口发现钢火花飞溅等），应立即关闭中间包钢流，拉矫机停车。

（3）判断结晶器内液面下降情况、结晶器下口的漏钢量和对二冷设备的损坏程度。

（4）以较低的拉速（一般为开浇起步拉速）试拉铸坯，注意拉矫机电动机电流不得超过允许值。

（5）凡判断为结晶器液面下降量较小，即漏钢量较少，对设备影响又较小，试拉铸坯又能正常拉动的情况，可以试行继续浇注。

（6）试拉铸坯到引锭头开浇位置。

（7）以引锭头开浇的要求打开中间包水口，并密切注意结晶器下是否有再次漏钢发生的可能，同时注意钢液面是否正常上升。

（8）在正常情况下可以用连铸机开浇操作步骤，进行开浇和转入正常浇注。

（9）注意漏钢挽救处理后正常浇注的铸坯的表面质量，凡表面质量没有问题，二次冷却喷水也没有问题，即可连续下一炉浇注。否则，浇完事故发生时钢包内的钢液后即停浇。

（10）凡试拉铸坯，在拉矫电动机额定电流条件下，未能拉动铸坯者作漏钢后的热坯处理。热坯处理操作见下节内容。

（11）凡采取上述第（7）项操作时，发现有继续漏钢迹象，则立即关闭钢流，并启动拉矫机拉动铸坯，结束该铸流浇注。如铸坯无法拉动，则停浇，铸坯作热坯处理。

（12）因漏钢铸流停浇后，如为多机多流铸机，其他铸流可继续浇注（同拉矫的铸流有可能受影响也不能继续浇注）；如为单机单流铸机，待中间包钢液面冻结后才能开中间包车到事故位置，然后平稳吊至翻包位置，待全部冻结后才能翻包，冻钢切割回炉。铸机停浇后钢包内的剩余钢液作回炉处理，或转到浇注同钢种的铸机上去，或转浇注坯。

（13）凡发现漏钢量大，设备影响范围大，发生漏钢后可不作挽救处理，即关闭或堵塞事故钢流，铸坯以原速拉下（铸坯出结晶器后可关闭振动），注意拉矫电流不能超值，力争把热坯拉出，无法拉动时作热坯处理。

8.6.6.2　大方坯或板坯连铸机漏钢后的处理

（1）发现有漏钢现象，立即关闭中间包钢流，铸坯拉速降到起步拉速。

（2）如在起步拉速铸坯没有拉动，则可稍提高拉速，但拉矫电动机电流大小必须控制在额定数以下。

（3）在铸坯拉动的情况下，铸坯冷却、拉速可按尾坯操作处理。

（4）凡铸坯在额定电流下无法拉动者，可作漏钢后的热坯处理。

8.6.6.3　漏钢后的热坯处理

（1）漏钢后的热坯处理，正常情况下只能在铸机全面停浇后才能进行，以确保安全。漏钢铸流的一、二冷水和设备冷却水不能停，一冷水、设备冷却水保持正常浇注时的水压和流量，以保护设备。

（2）二冷水以最低的水量供水（或间隔供水），保证铸坯缓慢冷却。

（3）判断漏钢点和对二冷扇形段影响，在漏钢影响区的铸坯下部用氧－乙炔割炬（特制）切割铸坯使之上下分断。切割前要确认冷却时间以保证切割区铸坯已全部凝固。

（4）铸坯上下分段后，下部铸坯以较高拉速拉出拉矫机。但如果坯温过低，在不是立式连铸机的情况下，该铸坯只能作冻坯处理。

（5）如无法采取切割操作，若使铸坯的事故区与正常铸坯分开，则整条铸坯只能作冻坯处理。

8.6.6.4　事故影响区铸坯处理（上部铸坯）

（1）待铸坯冷却到接近常温时，关闭所有冷却水。

（2）以二冷区扇形段交接之间为空隙，用氧－乙炔割炬或氧气炬或氧气管切割事故铸坯。

（3）分别吊出结晶器、足辊段、0号段及其他漏钢影响的扇形段。

（4）吊出设备作离线检修和检查，铸机重新安装、调试、检查，并做浇注准备。

（5）小方坯一般只需吊出结晶器（带足辊），在线处理完粘在设备上的冷钢后可用引锭杆从下方将冻坯顶出。

8.6.6.5　漏钢事故铸坯拉空后的设备处理

（1）检查设备影响情况。

（2）小断面铸机，漏钢量较少，对二冷设备影响小，这时漏出的钢液可用氧－乙炔割炬处理，更换受影响喷嘴后可继续浇注。

（3）漏出钢液较多或大断面铸坯漏钢时，漏钢影响的设备应该全部离线检查和检修。铸机重新安装、调试、检查，并做浇注准备。

8.6.7　连铸冻坯的处理

8.6.7.1　引锭未出拉矫机的冻坯处理

（1）松开二冷扇形段液压缸，使铸坯有一定自由度。

（2）用割炬去除连接铸坯与二冷辊或设备上的挂钢（如漏、溢钢造成冻坯），在拉矫机水平段较短，切点拉辊后弧形铸坯又可拉出一定长度的条件下，可试拉引锭和冻坯。

（3）立式连铸机可试拉冻坯。

（4）在引锭头出拉矫机切点辊后，用氧－乙炔割炬，切割引锭头前铸坯，使冻坯和引锭脱开，或采用自动脱锭装置脱锭。

（5）回收引锭头和引锭链。引锭头处理和清理后可重复使用。

（6）在冻坯拉出一定长度后，用钢丝绳吊住拉矫机切点辊外的冻坯，并在切点辊外切割冻坯，即冻坯分段处理；切割后的断坯被吊走作废钢回炉；继续拉坯，吊住冻坯，切割，吊走分段坯，重复操作直至冻坯全部出拉矫机。

（7）松开二冷扇形段后，冻坯无法拉动，因为铸坯弧向变形，顶住二冷导辊造成阻力。这时可在冻坯厚度方向作部分切割，但不要切断，约割开坯厚的 2/3～3/4，使冻坯在弧度方向有一定变形量，再试拉冻坯。可拉动者作上述（4）~（6）项操作，直至冻坯被拉出拉矫机。

（8）做上述第（7）项操作仍未能拉出冻坯，可拆除结晶器、足辊段及 0 号段，把冻坯从上部用钢丝绳吊住，从二冷段上面分段吊走。然后送引锭，顶坯，再一段段切割，吊走冻坯。

（9）做上述第（8）项操作，冻坯还不能被顶动，只能在引锭头前切割冻坯，使冻坯与引锭分离，引锭被拉出回收，引锭头处理后完好，则可重复作用。冻坯在二冷扇形段之间切割分段，吊出扇形段、离线处理冻坯，再重新安装扇形段、调弧、对中、调试、检查，准备重新开浇。

（10）拉矫机水平段较长，可按上述第（8）项或第（9）项操作处理。

8.6.7.2　引锭已被拉出拉矫机，但冻坯未进入拉矫机的冻坯处理

（1）重新送入引锭，松开二冷液压缸，在冻坯头部开槽，用一定粗细的钢丝绳把冻坯与引锭连接，可试拉作上述 8.6.7.1 节中（3）~（8）项的处理。

（2）上述操作无效果可依次作 8.6.7.1 节中（7）~（9）项的操作处理。

8.6.7.3　整个铸机二冷段到拉矫机的冻坯处理

（1）松开二冷液压缸，按一定距离在冻坯厚度方向作部分切割（割开厚度的 2/3 ~ 3/4），但不要切断，使冻坯在弧度方向有一定变形量；再试拉铸坯，可拉动者取出冻坯。

（2）上述操作无效果，可视铸坯变形情况，在二冷下段切断铸坯（在弧线与水平交界处），把下段铸坯拉出，然后送引锭作上述 8.6.7.1 节中第（8）项操作，取出上段铸坯。

（3）上述操作无效，将冻坯分段，吊出扇形段，离线处理。

8.6.8　连铸结晶器溢钢处理

操作步骤：

（1）中间包浇注工发现溢钢事故，立即关闭中间包水口（或用引流槽引流），拉矫机停车（若中间包钢流关不严，必须立即开走中间包车）。

（2）中间包浇注工应通知钢包浇注工关闭钢包钢流，升起中间包车。

（3）中间包浇注工应通知主控室，并通过主控室通知铸机所有岗位，铸机发生了溢钢事故。二次冷却区立即以最小冷却水量喷水冷却铸坯，二次冷却自动控制进入临时停车冷却模式（主控室要进行检查）。

（4）立即寻找溢钢的原因，迅速排除铸坯运行故障：

1）因顶坯造成，立即以顶坯事故操作处理。

2）因拉矫机跳闸造成，立即恢复送电，或送上备用电。

3）因拉矫机液压系统造成，立即处理液压系统故障，恢复拉矫机压下油泵压力。

（5）在排除铸坯运行故障的同时，用氧气或氧－乙炔割炬清理结晶器上口溢出的冷钢，因凝固收缩结晶器内的钢液面会低于结晶器上口，清理上口溢出的冷钢，必须使结晶器上口四面铜板全部裸出，保证结晶器内坯壳不与结晶器上口悬挂。

（6）排除铸坯运行故障后，试拉铸坯。当铸坯能拉动时，可将结晶器内钢液面拉到

引锭头开浇位置再停车。

（7）如处理时间较长，可在处理铸坯运行故障和结晶器上口冷钢的同时采取加吊连接件或其他换中间包的操作措施。

（8）铸机作换中间包操作，开浇、拉坯、恢复正常。

（9）如发生溢钢后即发生中间包水口失控事故，则按水口失控处理。在无中间包水口溢流槽情况下立即关闭钢包钢流，卸下滑动水口控制油缸油管，运走（转走）钢包至备用包位置；紧急开走中间包车至事故位置等。铸机采取停浇操作。

（10）如发生溢钢后即发生钢包失控事故，立即按钢包失控事故处理。中间包钢液可待溢钢事故处理后继续浇注。

（11）如铸坯运行故障或结晶器上口冷钢处理时间长于允许的更换中间包的时间，该铸流或铸机可作停浇处理。钢包内钢液作回炉处理，中间包内钢液也待稍冷却后，开走中间包车，吊中间包至清理场地，充分冷却后翻转切割冷钢回炉。

（12）如铸坯运行故障或结晶器上口冷钢处理时间过长，铸坯温度过低无法拉矫造成冻坯，则按冻坯处理。

（13）如在引锭开浇阶段，因引锭头与铸坯脱离，中间包钢流关闭不及造成溢钢，该铸流或铸机作停浇处理，铸坯作冻坯事故处理。

8.7　连铸生产技术经济指标

8.7.1　常见指标

（1）连铸坯产量。连铸坯产量是指在某一规定的时间内（一般以月、季、年为时间计算单位）合格铸坯的产量。计算公式为：

$$连铸坯产量 = 生产铸坯总量 - 检验废品 - 轧后或用户退废量 \qquad (8-5)$$

连铸坯必须按照国家标准或部颁标准生产；或按供货合同规定标准、技术协议生产。

（2）连铸比。连铸比是指连铸坯合格产量占总钢产量的百分比。它是炼钢生产工艺水平和效益的重要标志之一，也反映了企业或地区连铸生产的发展状况。计算公式为：

$$连铸比(\%) = 合格连铸坯产量/总合格钢产量 \times 100\% \qquad (8-6)$$

式（8-6）中总合格钢产量是合格连铸坯产量与合格钢锭产量之和，是按入库合格量计算。

（3）连铸坯合格率。连铸坯合格率是指连铸合格坯量占连铸坯总检验量的百分比，又称为质量指标（一般以月、年为时间统计单位）。计算公式为：

$$连铸坯合格率(\%) = 合格连铸坯产量/连铸坯的总检验量 \times 100\% \qquad (8-7)$$

连铸坯的总检验量 = 合格连铸坯产量 + 检验废品量 + 用户或轧后退废品量（连铸坯切头、切尾，中间包更换接头量与中间包 300mm 以下余钢量不计算废品）。

（4）连铸坯收得率。连铸坯收得率是指合格连铸坯产量占连铸浇注钢水总量的百分比。它比较精确地反映了连铸生产的消耗及钢液收得情况。计算公式为：

$$连铸坯收得率(\%) = 合格连铸坯产量/连铸浇注钢液总量 \times 100\% \qquad (8-8)$$

连铸浇注钢液总量 = 合格连铸坯产量 + 废品量 + 中间包更换接头总量 + 中间包余钢总量 + 钢包开浇后回炉钢液总量 + 钢包注余钢液总量 + 引流损失钢液总量 + 中间包粘钢总量

+ 切头切尾总量 + 浇注过程及火焰切割时铸坯氧化损失钢的总量铸坯收得率与断面大小有关，铸坯断面小则收得率低些。

（5）连铸坯成材率。

$$连铸坯成材率(\%) = 合格钢材产量/连铸坯消耗总量 \times 100\% \qquad (8-9)$$

如果铸坯是两部成材时，可用分步成材率的乘积作为全过程的成材率。

（6）连铸机作业率。连铸机作业率是指铸机实际作业时间占总日历时间的百分比（一般可按月、季、年统计计算）。它反映了连铸机的开动作业及生产能力。计算公式为：

$$连铸机作业率(\%) = 连铸机实际作业时间(h)/日历时间(h) \times 100\% \qquad (8-10)$$

连铸机实际作业时间 = 钢包开浇起至切割（剪切）完毕为止的时间 + 上引锭杆时间 + 正常开浇准备等待的时间（小于 10min）。

增加连浇炉数、开发快速更换中间包技术和异钢种的连浇技术、缩短准备时间、提高设备诊断技术、减少连铸事故、缩短排除故障时间、加强备品备件供应等均可提高连铸机的作业率。

（7）连铸机达产率。连铸机达产率是指在某一时间段内（一般以年统计）连铸机实际产量占该台连铸机设计产量的百分比。它反映了这台连铸机的设备发挥水平。计算公式为：

$$连铸机达产率(\%) = 连铸机实际产量(万吨)/连铸机设计产量(万吨) \times 100\%$$
$$(8-11)$$

（8）平均连浇炉数。平均连浇炉数是指浇注钢液的炉数与连铸机开浇次数之比。它反映了连铸机连续作业的能力。计算公式为：

$$平均连浇炉数(炉/次) = 浇注钢液炉数/连铸机开浇次数 \qquad (8-12)$$

（9）平均连浇时间。平均连浇时间是指连铸机实际作业时间与连铸机开浇次数之比。它同样反映了连铸机连续作业的状况。计算公式为：

$$平均浇注时间(小时/次) = 铸机实际作业时间(h)/连铸机开浇次数 \qquad (8-13)$$

（10）铸机溢漏率。铸机溢漏率指的是在某一时间段内连铸机发生溢漏钢的流数占该段时间内该铸机浇注总流数的百分比。计算公式为：

$$铸机溢漏率(\%) = 溢漏钢流数总和/(浇注总炉数 \times 铸机拥有流数) \times 100\% \qquad (8-14)$$

在连铸生产过程中，溢钢和漏钢均属恶性事故，它不仅会损坏连铸机，打乱正常的生产秩序，影响产量，还会降低铸机作业率、达产率和连浇炉数，因此铸机溢漏率直接反映了铸机的设备、操作、工艺及管理水平，是衡量连铸机效益高低的关键性指标之一。

（11）连铸浇成率。连铸浇成率是指浇注成功的炉数占浇注总炉数的百分比。计算公式为：

$$连铸浇成率(\%) = 浇注成功的炉数/浇注总炉数 \times 100\% \qquad (8-15)$$

浇注成功的炉数：一般一炉钢水至少有 2/3 以上浇成铸坯方能算作该炉钢浇注成功。

8.7.2　其他指标

除以上技术经济指标外，还可以对生产过程中制约连铸正常浇注的一些重要的生产、工艺及设备备件寿命等参数单独统计。

（1）钢液镇静时间。钢包自离开吹氩或精炼位置至开浇之前，钢液的等待时间为钢液镇静时间。生产过程中应根据钢包运行路线长短和钢包散热情况等因素，确定适合实际状况的镇静时间范围。

（2）连铸平台钢液温度。钢包到达浇注平台后，在开浇前 5min 所测温度为连铸平台钢液温度。该指标的统计考核有利于保持连铸在较小的温度范围内稳定浇注。生产中应根据所浇钢种、钢包与中间包容量、连铸坯断面、拉速等因素，制定出合适的钢液温度控制范围。

（3）钢液供应间隔时间。钢液供应间隔时间可以用前一钢包浇毕，关闭水口至下一钢包水口打开开浇间的时间间隔来表示（也可用前后两包钢液到达连铸平台的时间间隔来表示）。它与冶炼、精炼周期及铸机拉速等因素有关。间隔时间最好控制在 5min 以内，以利于稳定拉速。

（4）中间包平均包龄。中间包平均包龄也是中间包使用寿命。它是指连铸在某一时间段内浇注的钢液炉数与使用的中间包个数之比（可以按月、季、年为时间单位统计计算）。计算公式为：

$$中间包平均炉龄(炉/个) = 浇注总炉数/中间包使用个数 \qquad (8-16)$$

生产中应根据中间包内衬耐火材料的性质、质量、中间包容量、所浇钢种等因素确定安全使用的最长寿命，即中间包允许浇注的最长时间，一般正常生产中不能随意超出规定的使用次数。

（5）结晶器的使用寿命。结晶器的使用寿命是指结晶器从开始使用到更换时的工作时间，也就是结晶器保持原设计参数的时间。可用在这段时间内浇注的炉数或钢液总量来表示。更换结晶器的原因主要是结晶器在浇钢过程中有磨损变形，因而改变了原设计参数，影响了铸坯的质量。另外，还可以以月、季、年产量为单位统计计算结晶器的平均使用寿命。

 复习思考题

8-1 浇铸温度如何确定？浇铸温度如何控制？

8-2 简述开浇操作的要点。

8-3 拉速如何确定，影响拉速的因素是什么，拉速如何调整和控制？

8-4 简述停浇操作的要点。

8-5 中间包塞棒浇铸水口堵塞如何处理？

8-6 滑动水口堵塞如何处理？

8-7 浸入式水口堵塞如何处理？

8-8 钢包穿漏事故如何处理？

8-9 中间包技术包括哪些？

9 连铸坯质量

9.1 连铸坯质量特征

铸坯质量要求主要有 4 项指标，即连铸坯几何形状、表面质量、内部组织致密性和钢的清洁性，而这些质量要求与连铸机本身设计、采取的工艺以及凝固特点密切相关。

与传统模铸－开坯方式生产的产品相比，连铸产品更接近于最终产品的尺寸，因此，不允许在进一步加工之前有更多的精整，如表面清理等。另外，连铸坯内部组织的均匀性和致密性虽较钢锭为好，但却不如初轧坯。连铸坯在凝固过程中受到冷却、弯曲、拉引，故薄弱的坯壳要经受热的、机械的应力作用，很容易产生各种裂纹缺陷。从内部质量看，其凝固特点决定了易造成中心偏析和缩孔等缺陷。加上钢水中的夹杂物在结晶器内上浮分离的条件总不如模铸那么充分，特别是连铸操作过程中造成钢质污染的因素也较模铸时复杂得多。因此，夹杂物，特别是大型夹杂物便成了铸坯质量上的重要问题，但连铸的突出特点是过程可以控制。因此，可以直接采取某些保证产品质量的有效方法，以便取得改善质量的效果。另外，连铸坯是在一个基本相同的条件下凝固的，因此，整个长度方向上的质量是均匀的。

在研究连铸坯质量的时候要针对上述特点，尽力发挥其长处，设法消除或减轻与连铸特点有关的质量缺陷和弊病。

通常根据连铸坯的纯净度、连铸坯表面质量、连铸坯内部质量以及连铸坯的断面形状（几何尺寸）来判定连铸坯质量。这些质量要求和连铸的工艺过程有一定的对应关系，如图 9-1 所示。连铸钢液的纯净度是由结晶器之上的液

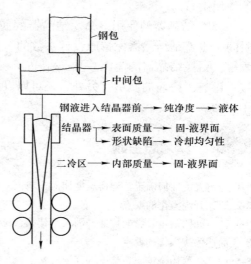

图 9-1 连铸坯质量控制示意图

态钢所决定的，铸坯的表面质量主要是受结晶器内钢水凝固过程所影响，这是因为铸坯表面是在结晶器中形成的。而铸坯的内部致密度则是由结晶器以下的凝固过程所决定的。关于铸坯的断面形状和尺寸则和铸坯冷却以及设备状态有关。

9.2 连铸坯的洁净度

连铸坯的纯净度主要表现在非金属夹杂物上。夹杂物会破坏金属基体的连续性，使钢的力学性能，特别是钢的塑性、韧性和疲劳强度都有不同程度的下降；夹杂物多的钢还容

易产生分层、发纹等缺陷。但是在某些特定条件下，非金属夹杂物对质量起有利作用，如切削钢中硫化物对刀具的润滑作用，可延长刀具的使用寿命和提高切削速度。

考虑夹杂物对钢质量影响时，着眼点应从夹杂物的组成、形态大小、聚集状态、存在部位及其含量等方面来分析。

（1）夹杂物的形态和组成。沿轧制方向伸长的夹杂物能使钢的横向力学性能恶化。FeO 和 FeS 夹杂物由于熔点低，两者形成化合物，熔点进一步降低，钢在热加工时热脆加剧。MnS 夹杂物熔点高，能改善钢的热脆。如以塑性夹杂和球状不变形夹杂来比较，因为前者能顺着加工方向延伸，后者则不能，加工后仍维持球状不变形，所以前者使钢的各向异性更为显著，也就是说使钢材纵横向力学性能有较大差距。在热加工过程中，FeO 和 MnO 夹杂物能稍变形，SiO_2 和 Al_2O_3 夹杂物不变形，MnS 夹杂物能变形，AlN 和 TiN 夹杂物不变形。碳化物夹杂物熔点高，对薄板材表面质量产生不利影响。

（2）夹杂物的大小。现已确认，超显微夹杂物及大型夹杂物的危害大。夹杂物越大，其影响也越大。可以认为大型夹杂物是钢材分层的原因，使钢材质量显著下降。

（3）夹杂物的聚集状态。即使存在着小的夹杂物聚集，也有可能使钢材产生分层。

（4）夹杂物的存在部位。钢材表面附近的夹杂物不仅影响钢材表面质量，而且影响加工时应力的大小。一般来说，在钢材中间有夹杂物时影响较小。

（5）夹杂物的数量。夹杂物的含量越高，对钢材质量的影响越大。大块夹杂物使钢材造成分层缺陷、严重开裂缺陷、结疤缺陷和表面缺陷等。

根据钢种和产品质量，要把钢中夹杂物降到所要求的水平应做到：尽可能降低钢中 ［O］含量；防止钢液与空气作用；减少钢液与耐火材料的相互作用；减少渣子卷入钢液内；改善流动状况促进钢液中夹杂物上浮。在工艺操作上应采取以下措施：

（1）无渣出钢。转炉采用挡渣球，电炉采用偏心炉底出钢，防止出钢时渣大量下到钢包。

（2）钢包精炼。根据钢种选择合适的精炼方法，以均匀温度、微调成分、降低氧含量、去除气体夹杂物等。

（3）无氧化浇注。钢液经钢包处理后，钢中总氧含量大幅下降。如钢包到中间包注流不保护或保护不良，则中间包钢液中总氧量又会上升许多，恢复到炉外精炼前的水平，使炉外精炼的效果前功尽弃。

（4）中间包冶金。中间包采用大容量、加挡墙和坝等是促进夹杂物上浮的有效措施。如 6t 中间包，板坯夹杂废品率为 12%，夹杂物为 0.82 个/平方米；12t 中间包加挡墙，板坯夹杂废品率为零，夹杂物为 0.04 个/平方米。

（5）浸入式水口加保护渣。保护渣应能充分吸收夹杂物。浸入式水口材料、水口形状和插入深度应有利于夹杂物上浮分离。

9.3　连铸坯缺陷

连铸坯的缺陷包括表面缺陷、内部缺陷和形状缺陷三种。

（1）表面缺陷。

1）纵向热裂。多出现在板坯的宽面上。方坯纵向热裂多出现在棱角附近。据对板坯的观察，热纵裂几乎全部产生在结晶器中，说明它在凝固温度附近发生，经过二冷区有所发展。当坯壳厚薄不均时，裂纹首先出现在坯壳较薄的地方。浇注温度过高，拉速过快等均能引起纵向热裂。当铸坯在结晶器中发生菱形变形时以及结晶器圆角半径太大的情况下产生角裂。

2）横向热裂。横向热裂在铸坯的宽面、窄面及角部均可产生，但比纵向热裂出现得少。横裂主要是铸坯承受纵向拉应力超过坯壳允许的强度极限或塑性允许值而产生。坯壳承受的纵向拉力有铸坯与结晶器内壁之间的摩擦力和其他的附加拉坯阻力，如结晶器倒锥度过大，设备变形等。

3）表面冷纵裂。表面冷纵裂产生于铸坯表面凝固后继续冷却到相变的温度范围内。铸坯的冷却速度越快，相变引起的组织应力越大，越容易引起冷纵裂。

中、高碳钢和某些合金钢对冷纵裂的敏感性较强，不允许在低于 $600 \sim 700℃$ 以下的温度进行空冷，而应采取坑冷或缓冷退火。

4）凹坑。凹坑多产生于结晶器上部与坯壳粘连的情况下，粘连处受到拉伸时该处坯壳厚度变薄，薄的地区的温度比其他的地区高，凝固就比较慢，凝固收缩也比别处晚，相邻地区的凝固收缩对其产生作用力，因而产生凹坑。

凹坑的产生和坯壳与结晶器壁间的空隙大小、结晶器的润滑和振动等情况有关。为了消除凹坑，目前多采用高频率、小振幅的结晶器振动方式。

5）疤皮、夹渣、重皮、重接。疤皮是铸坯在结晶器内被拉裂以后，钢液从裂缝溢出又被结晶器冷却而在铸坯表面留下的缺陷。只要注意润滑、稳定注速、防止悬挂就可以消除这种缺陷。

夹渣是由于结晶器中钢液面上的浮渣被送入铸坯内部造成的。

重皮是浇注易氧化钢种时注温、注速偏低引起的。注温偏低时钢液面上易形成半凝固状态的冷皮，随铸坯下降冷皮便留在铸坯表面而形成重皮。

消除夹渣和重皮缺陷的通常措施是采用浸入式水口保护渣浇注。

（2）内部缺陷。

1）内部裂纹。内部裂纹是中高碳钢和某些合金钢铸坯中最常见的一种缺陷。把铸坯切开检查横断面时，发现内部有由中心向外扩张的裂纹，有时可开裂到表面。

2）中心疏松。在连铸坯剖面上可看到不同程度的分散的小空隙，称为疏松。疏松有三种情况，即分散在整个断面上的一般疏松、在树枝晶内的枝晶疏松和沿铸坯轴心产生的中心疏松。一般疏松和枝晶疏松在铸坯轧制时可能焊合，而中心疏松则明显影响铸坯质量。

3）皮下气泡。皮下气泡通常呈圆形或椭圆形分布于铸坯中。一般情况下有皮下气泡的铸坯，必须预先处理，皮下气泡严重的钢坯要报废或降级使用。

减少皮下气泡最有效的方法是降低钢中含氧量，控制好脱氧程度，避免在浇注中发生碳氧反应。采用氩气保护浇注或对钢包进行真空处理等，能大幅度地减少钢中含气体量。

4）非金属夹杂。关于连铸坯中非金属夹杂的变化及分布情况至今研究得不够充分，而且由于研究的条件不同，所得到的结果也不一致。目前，比较一致的看法是连铸坯中非金属夹杂的总量比模铸钢锭低 $15\% \sim 20\%$。

5）偏析。连铸钢坯由于冷却强度大，结晶快，偏析元素来不及富集，因此偏析比模铸钢锭要小，偏析元素的分布也比较均匀。这是连铸钢坯的一个优点。

在正常情况下，连铸坯沿高度方向的结晶条件是相同的，铸坯沿高度方向没有显著的偏析。同时铸坯断面尺寸比较小，冷却速度快，横断面方向也没有明显的带型区域偏析。

（3）形状缺陷。形状缺陷包括鼓肚变形、菱形变形（脱方）、圆铸坯椭圆变形等。

1）鼓肚变形。带液心的铸坯在运行过程中，高温坯壳在钢液静压力作用下，于两支撑辊之间发生的鼓胀成凸面的现象，称为鼓肚变形（见图9-2）。板坯宽面中心凸起的厚度与边缘厚度之差称为鼓肚量，依此衡量鼓肚变形程度。高碳钢在浇注大、小方坯时，在结晶器下口侧面有时也会产生鼓肚变形，同时还可能引起角部附近的皮鼓肚下晶间裂纹。板坯鼓肚会引起液相穴内富集溶质元素钢液的流动，从而加重铸坯的中心偏析；也有可能形成内部裂纹，影响铸坯质量。

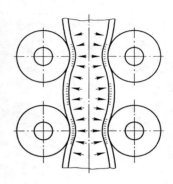

图9-2　鼓肚变形示意图

为防止鼓肚变形，应选择合适的辊间距，良好的辊子刚度，保证辊子对中精度，合理的二冷强度。目前趋向采用小辊径、密排多节辊，防止鼓肚，提高铸坯表面质量。

2）菱形变形（脱方）。菱形变形（脱方）是大小方坯特有的形状缺陷。当方坯横截面上的两个对角线长度不等时称为菱形变形（脱方）。

菱形变形还会引起角部裂纹等缺陷，并伴有内部裂纹出现，严重时会在轧钢时不能咬入，钢坯在加热炉内推钢发生堆钢等现象。

3）圆铸坯变形。是指圆坯变形成椭圆形或不规则多边形。圆坯直径越大，变成椭圆形的倾向越严重。形成椭圆形的原因有：圆形结晶器内腔变形；二冷区冷却不均匀；连铸机下部对弧不准；拉矫辊的夹紧力调整不当，导致过分压下。

 复习思考题

9-1 减少夹杂物的方法有哪些？

9-2 简述纵向热裂产生的原因。

9-3 简述横向热裂产生的原因。

9-4 简述偏析产生的原因。

9-5 简述铸坯脱方产生的原因。

10 连铸技术的新进展

目前，连铸工艺已成为当今世界冶金领域经济、合理的生产工艺。为了进一步节能降耗、改善铸坯质量、扩大品种、提高经济效益，近 20 多年来，在传统连铸技术的发展和新的连铸技术的开发方面都有了长足的进步，如连铸坯的热装和直接轧制技术、无缺陷铸坯生产技术、高温铸坯生产技术、铸坯质量在线判定技术、板坯结晶器在线调宽技术的开发和应用等。近年来，高效连铸技术和近终形连铸技术正在兴起，并已成为连铸技术发展的方向。

10.1 连铸坯热装和直轧技术

10.1.1 连铸坯热装和直接轧制的工艺流程

连铸坯热装和直接轧制是 20 世纪 80 年代初已在工业上应用的新技术。连铸坯热装是指把热状态下的铸坯直接送到轧钢厂装入加热炉，经加热后轧制；直接轧制是把高温无缺陷的铸坯经补偿加热直接轧制的工艺，又称为连铸连轧。热装和直接轧制与传统工艺流程的比较如图 10-1 所示。

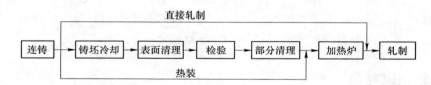

图 10-1 热装和直接轧制与传统工艺流程比较

根据连铸机向轧钢机供坯时，铸坯温度和工艺流程的不同，通常将热装直轧工艺分为：

（1）连铸 - 直轧工艺（CC-DR）。温度在 1100℃ 以上的铸坯，不进入加热炉加热，只对铸坯边角部进行补偿加热后即进入轧机轧制。

（2）连铸坯直接热装轧制（CC-DHCR）。将温度尚未降到 A_3 线以下、其金相组织未发生 $\gamma \rightarrow \alpha$ 相变的连铸坯直接送入加热炉，从 700 ~ 1000℃ 加热到轧制温度后轧制。这种工艺也称为热送热装。

（3）连铸坯热装轧制（CC-HCR）。将温度已降到 A_3 线以下、400℃ 以上，处于（$\gamma +$ α）两相状态下或已完成了珠光体转变的连铸坯，装入加热炉加热后轧制。

与传统的冷装工艺相比，连铸坯热装和直接轧制工艺有许多优点：

（1）可利用连铸坯的物理热，降低能耗。热装和冷装相比，可减少 1/3 的能耗。铸坯温度愈高，节能愈多。据国外资料报道，装炉温度每提高 100℃，加热炉燃耗每吨钢可降低 $8.4 \times 10^4 \, kJ$。当采用直接轧制工艺时，节能效果更加显著，与冷装比较可节省 5/6 的能量。

（2）提高了成材率，减少了金属消耗。由于铸坯热装入炉，缩短了在加热炉内的加热时间，减少了铁的烧损，成材率提高 0.5% ~1.5% 。

（3）简化了生产工艺流程，缩短了生产周期。连铸坯冷装入炉，从炼钢到轧材的生产周期约 30h，而热装仅需 10h 左右；如果是直接轧制，从炼钢到轧制成材的生产周期就只有 2h。

（4）提高了产品质量。因热装或直接轧制必须采用无缺陷铸坯，同时热装铸坯在加热炉内的加热时间缩短，氧化铁皮少，使钢材的表面质量优于常规工艺生产的产品。如镀锡板的平均缺陷率可由常规工艺的 1% ~3% 降至 0.5% 左右。

（5）节省了厂房面积和劳动力。热装和直接轧制取消了铸坯精整，减少了铸坯库存的厂房面积。同时由于生产工序的减少，还大大降低了生产费用，节省了劳动力，提高了生产效率。

10.1.2　实现热装和直接轧制的技术关键

为了实施热装和直接轧制，必须解决的关键技术问题有：无缺陷铸坯的生产技术，包括防止铸坯表面缺陷和内部缺陷的一系列技术措施以及热态下铸坯质量的检测技术；高温铸坯的生产技术，包括铸坯液芯复热、铸坯保温、铸坯补偿加热和快速运送等；另外还应注意各工序之间的协调、匹配，以提高直送率。

10.1.2.1　无缺陷铸坯生产技术

生产无缺陷铸坯是实现热装和直接轧制的前提。热装和直接轧制与冷装工艺比较，对铸坯质量的要求要严格得多。因为，就表面质量而言，热装和直轧工艺在快速补偿加热过程中，铸坯表面氧化铁皮的去除量少，并且不能进行表面精整，因而较浅的表面缺陷也难清除。特别是表面裂纹对铸坯质量的危害最大。就铸坯内部质量而言，一方面，由于热装和直轧工艺通常采用弱冷、高温、高拉速的技术路线，在客观上使夹杂物不易上浮，并易产生中心偏析、中心疏松等缺陷；另一方面，与传统工艺相比，在热装或直接轧制时，一旦铸坯出现内部质量问题，就有可能在轧制过程中造成分层、拉断等事故，迫使生产中断，其危害性比在冷装工艺中要严重得多。为此，在连铸的生产过程中应采取各种措施尽量减少缺陷的产生。但由于连铸时并非所有的连铸坯都能杜绝有害缺陷的产生，因此开发热态铸坯的在线检测技术和局部热清理的设备就十分重要。目前有两种热状态下的控制技术：

（1）高温铸坯表面缺陷检测系统。目前使用的热测方法可分为光学法、感应加热法和涡流法三类。如用涡流法可检测大于某一长度和深度的表面裂纹，用快速图像处理的光学法可鉴别大于某特定尺寸的裂纹、结疤等缺陷。根据检测的结果，随即联动火焰清理机对缺陷进行热清理，或随即反馈以了解属于何种不正常浇注操作所引起的这种缺陷，及时修正操作。

（2）铸坯在线质量判断系统。实现铸坯质量的在线判断，以对铸坯质量做出评价，这是目前的发展趋势。铸坯在线质量判断系统是以严格执行标准化浇注操作为基础的。经过多年的生产实践，现已能定量的确定钢液成分、浇注工艺、设备状态和生产管理等因素对铸坯表面缺陷（裂纹、夹渣、气孔等）、内部缺陷（夹杂、偏析、裂纹等）和形状缺陷（如铸坯鼓肚、脱方等）的影响。在浇注过程中，可将影响连铸坯质量的参数输入计算机，经分析后判定质量是否合格，并将不合格的铸坯剔出，进行清理。

10.1.2.2　高温连铸坯生产技术

为了实现连铸坯的热装和直接轧制，应尽可能提高连铸坯的温度，以保证铸坯有足够的轧制温度。应采取高温出坯技术；连铸坯机内保温技术；铸坯边角部温度补偿技术等。

A　高温出坯技术

为了高温出坯，通常采取的措施是实行铸坯缓冷和利用铸坯芯部的凝固热使坯壳复热，所采用的技术有：

（1）二次冷却区采用复合的冷却制度。即在结晶器下部的第一个扇形段采用水喷嘴的强冷却，使坯壳迅速增厚，防止漏钢。以后各扇形段直至拉矫机处，采用气水喷雾的弱冷却，使铸坯表面温度均匀。在拉矫机之后的水平段，借助气水喷嘴冷却夹辊进行间接冷却，这样剪切后铸坯温度可高达1000℃。也有的采用"干式"冷却的方式，即在结晶器下的一段进行喷水冷却，其余各段借助内部为螺旋状水道的内冷夹辊间接冷却，可使铸坯表面温度更高。

（2）利用液相穴凝固终点放出的凝固潜热使坯壳复热。液相穴末端钢液的结晶属于"体积结晶"，结晶时凝固潜热短时间的集中释放，会使铸坯凝固末端的坯壳温度回升，提高了铸坯温度。利用铸坯凝固的这一特性，必须准确地确定液相穴末端的位置，并使其在拉矫机前1m左右。解决的办法有两种：一是借助于电磁超声波探测装置，以直接测定坯壳厚度，计算完全凝固的位置；二是利用凝固传热数学模型，计算该浇注条件下液相穴的长度，以确定凝固终点。这两种方法均已在生产上应用，其中以第二种方法的应用较为广泛。

（3）控制凝固终点的液相穴形状。如板坯浇注时，可通过控制二次冷却方式，使板坯在宽面中部冷却强度大一些，而两侧边部冷却强度小一些。这样在拉矫机之前可使液相穴形状呈两侧大而中间小的所谓"眼镜形"。完全凝固时，板坯两边液体放出的凝固潜热较大，有利于板坯棱边的复热，既提高了板坯的温度，又使其温度更加均匀。

B　铸坯保温技术

为提高热装和直接轧制的铸坯温度，防止热量散失，可采用以下的保温措施：

（1）连铸机内保温。在实行热装和直轧工艺的连铸机后部，均设有保温罩，实行机内保温。如图10-2所示，在上、下夹辊之间装设在板坯两侧的保温罩。它可防止板坯侧边过冷，使板坯两侧棱边温度提高160~180℃，对板坯温度的均匀性十分有利。

（2）切割区铸坯保温。为了使铸坯在切割过程中不致降温过大，可在切割区的辊道上装设随切割机移动的保温罩。如新日铁君津厂4号连铸机在切割机前后都设了移动式保温罩，取得了很好的效果。

（3）铸坯运输过程中的保温。铸坯在切割后输送到加热炉的路程中，为了避免降温过多，必须采取保温措施。一般来说，当铸坯运输距离较近时，可采用在辊道上装设有绝热性能良好的封闭保温罩的保温辊道；当铸坯运输距离较远时，可用铸坯保温运输车来运送铸坯。

C 铸坯边角部温度补偿技术

铸坯轧制时，其边角部受到两个方向的冷却作用，温度下降较大（通常会降至1000℃以下），不能满足轧制温度的要求。为了弥补铸坯边角部的热损失，开发了铸坯边部加热技术。目前加热的方式有两种，一种是铸坯边部煤气烧嘴加热，与常规连铸相比，其板坯边部温度可提高约200℃；另一种是铸坯边部电磁感应加热，如图10-3所示，它是将3个电磁感应线圈分别装在铸坯的上面、下面和侧面，利用电流通过线圈时产生的热量来加热铸坯的边角部。这种方法可以按所需要的温度进行加热，当铸坯输送速度为4m/min时，可使铸坯边角部的温度平均升高110℃以上。

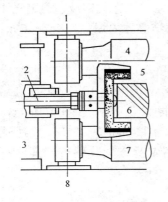

图 10-2 机内保温装置
1—扇形段上框架；2—滑动轴；3—支柱；
4—上辊；5—绝热罩；6—板坯；
7—下辊；8—扇形段下框架

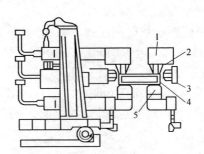

图 10-3 用于板坯角部的感应加热器
1—导向架；2—上部线圈；3—侧线圈；
4—板坯；5—下部线圈

10.2 高效连轧技术

高效连轧是指以生产高质量铸坯为基础、高拉速为核心，高作业率、高连浇率的连铸技术。近年来，采用高效连轧技术对传统连铸机的改造得到了很大的发展，特别是高拉速技术已引起了人们的高度重视，其中以日本的进步最为显著。目前常规大板坯连铸机的拉速已由 $0.8 \sim 1.5 \text{m/min}$ 提高到 $2.0 \sim 2.5 \text{m/min}$，最高可达 3m/min，板坯连铸机的月产量从20万吨提高到45万吨；小方坯连铸机的拉速也由 2.5m/min 左右最大可提高到 5m/min，单流年产量可达到25万吨。由此连铸机的单流生产能力得到了大幅度的增长，连铸机数量也减少了，基建投资、生产成本得以降低，劳动生产率大大提高。高效连轧的主要技术问题如下。

10.2.1 高拉速技术

拉速提高后带来两方面的问题。其一是随着拉速的提高，坯壳出结晶器处的厚度变薄，使漏钢率增加，同时因铸坯的液相穴长度加长，钢液的静压力增大，使铸坯鼓肚量加大，易产生内裂和表面裂纹，这也加大了漏钢的危险；其二是拉速提高后，由水口流出的钢流速度增加，从而助长了钢流对钢液面的扰动而易使保护渣卷入坯内产生缺陷。同时钢流速度的增加，还会使钢中夹杂物被卷带侵入的深度增加，从而恶化了钢的清洁性。另外，液相穴长度的加长，扩大了固－液两相共存区，助长了中心偏析的出现。

因此，高速浇注的技术关键在于：拉速提高后，如何使铸坯由结晶器出来时能形成一个稳定并足够厚的坯壳，使其足以抵抗钢液静压力和引发漏钢诸因素的负面作用。同时，还应消除由于高拉速对铸坯质量带来的不良影响。

10.2.1.1　低过热度浇注

低过热度浇注对提高拉速和改善铸坯质量（如细化凝固组织、减少偏析）的作用是不言而喻的。为此，应重视钢包精炼和中间包冶金技术，以净化钢液、稳定浇注温度，并使浇注钢液温度保持低的过热度。另外，还可采用向结晶器内添加促凝剂（如铁粉、粒、带或丝）等措施。

在方坯的低过热度浇注技术方面，比利时 CRM 和 Arbed 开发了一种水冷浸入式水口（见图10-4），可使进入结晶器的钢液温度控制在液相线以上 6～10℃，同时在结晶器下口对铸坯实行强制水幕冷却（见图10-5），从而使拉速提高了1倍。浇注 150mm×150mm 的方坯，拉速有望达到 3.6m/min 左右；对于 220mm×220mm 的方坯，拉速达到 1.4～1.6m/min。另外在浇注高碳硬线钢时，还获得了一种晶界碳化物偏析比其他各种浇注方法都低的产品。

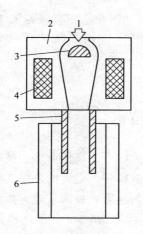

图 10-4　水冷浸入式水口
1—中间包；2—热交换器；3—耐火穹；
4—冷却水；5—浸入式水口；6—结晶器

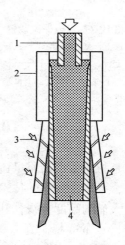

图 10-5　结晶器出口强制冷却
1—浸入式水口；2—结晶器；
3—强制水冷；4—铸坯

10.2.1.2　高效传热的结晶器技术

为了进一步提高结晶器的传热效率，使铸坯在出结晶器时有足够的坯壳厚度，且周边厚度均匀，除加长结晶器长度外，关键是要减少坯壳与结晶器壁间的气隙，加大结晶器的有效冷却长度，改善坯壳与结晶器壁的接触。板坯结晶器要注意宽面冷却的均匀性；而方坯结晶器要注意减少角部气隙的形成。

A 提高板坯结晶器传热效率的措施

(1) 延长结晶器长度。

(2) 随着拉速的提高，相应地减小结晶器窄面的锥度。

(3) 减薄结晶器铜壁的厚度，减少铜板的热阻。

(4) 改进铜壁冷却面水槽的形状，增加散热筋，使冷却水流过的水缝数量增加，强化冷却效果，保持铜壁表面温度不过高。

(5) 减小水缝厚度（水缝厚度减到4mm），提高结晶器内冷却水的流动速度（升到9m/s）。

B 提高方坯结晶器传热效率的技术

(1) 凸面结晶器技术。这项技术是由康卡斯特公司开发的。其基本特征是：结晶器上口的4个周边弧形向外凸出，随着结晶器向下延伸，弧度逐渐趋向平直，结晶器下半部变为正方形。这种结晶器上半部凸面区角部气隙小，并使坯壳与结晶器壁尽可能保持了良好的接触。坯壳向下运行时，逐渐冷却收缩并自然过渡到平面段，而结晶器下半部壁面呈平面正好适应了坯壳本身的自然收缩，减小了下部气隙。这样就使结晶器的传热效率大为改善。图10-6和图10-7分别表示凸面结晶器与普通平面结晶器内腔形状及凝壳生长的对比和结晶器热流比较。此外结晶器下方的强冷（比水量高达2.5～3.0L/kg）也是实现高速浇注的配套措施。使用该结晶器浇注150mm×150mm方坯时，拉速可由2m/min提高到3.5m/min。

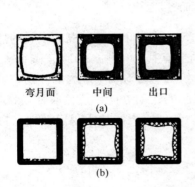

图10-6 结晶器内腔形状及凝壳生长比较图
(a) 凸面结晶器；(b) 普通结晶器

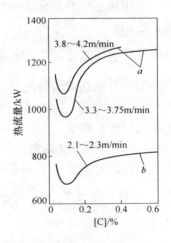

图10-7 结晶器热流比较
a—凸面结晶器；b—普通结晶器

(2) DIAMOND钻石结晶器技术。这种结晶器是由奥钢联推出的，又称为凹面结晶器（见图10-8）。其特点是：沿结晶器整个长度方向上采取了大于传统结晶器的抛物线锥度设计。结晶器上部锥度较大，有利于结晶器与铸坯宽面和角部区域的良好接触；结晶器下部的角部区域没有锥度，可使铸坯与结晶器壁之间的摩擦力降至最低；在与铸坯边缘紧密接触的锥形区域和接触减弱的非锥形区域之间有一个平缓的过渡段。此外，为了延长铸坯在结晶器内的驻留时间，结晶器长度增加到900～1000mm。钻石结晶器的设计可大大改善坯壳与结晶器壁之间的传热条件，减小坯壳与结晶器壁之间的摩擦力，确保坯壳的均匀生长和平稳拉坯。150mm×150mm 断面铸坯的拉速最高可达到3.5m/min，200mm×200mm 方坯的拉速也可达到2m/min。与传统结晶器的拉速相比，在拉速大大提高（22%～56%）的条件下，方坯的形状、质量以及结晶器寿命等指标都良好。

（3）自适应结晶器(DANAM 结晶器)技术。自适应结晶器技术是由意大利达涅利公司开发的。它采用了较薄的结晶器铜管,增大了结晶器内冷却水的压力和流速,同时改进了浸入式水口的内形,以降低

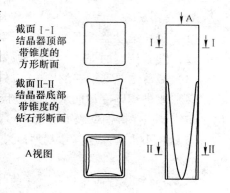

截面 I-I
结晶器顶部
带锥度的
方形断面

截面II-II
结晶器底部
带锥度的
钻石形断面

A视图

图 10-8　钻石结晶器的几何形状

浇注钢流对结晶器内钢液面的扰动。该技术的基本思路是:结晶器在高压水的作用下铜壁向内弯曲,使结晶器铜壁内形与铸坯收缩相适应,以减小坯壳与结晶器铜壁间的气隙,强化结晶器下部的传热能力,加速坯壳的凝固;同时,结晶器内冷却水的压降沿结晶器高度进行控制。冷却水采用了高压降、高流速,对提高传热效率也是十分有利的,因而可以提高拉坯速度。

10.2.1.3　减少结晶器铜壁与坯壳间的摩擦阻力

（1）改进保护渣的理化性能,采用低熔点、低黏度保护渣。（2）改进振动模式,减少摩擦阻力。采用非正弦振动模式比正弦振动更易使坯壳与铜壁脱离,减少摩擦阻力,有利于高拉速工艺。

10.2.1.4　拉制结晶器内钢液流动、稳定钢液面

控制浇注钢液在结晶器内的流动,使其流动均匀,可防止钢液冲刷初生凝固坯壳,减小流股冲击深度,利于夹杂物上浮,为提高拉速创造有利的条件。为此应做到:（1）应采用合适的浸入式水口内形、侧出口面积和角度,缓和流股对初生坯壳的冲刷,以利于形成均匀的坯壳;（2）利用电磁制动技术,改变流股的运动方向,使流股冲击深度减小,并避免对初生坯壳的冲刷。（3）采用液面自动控制和无人浇注技术稳定液面,将液面波动控制在 ±3～5mm,防止卷渣。

10.2.1.5　二冷制度和铸坯支撑状况的改进

随着拉速的提高,二冷制度也要相应地改变,并采用动态控制模型。二冷用水量应根据拉速、钢种、钢液的过热度自动调节,还应采用气－水雾化喷嘴,使铸坯表面温度均匀并提高铸坯温度,以利于热送、直接轧制。拉速提高后,对结晶器出口处薄弱坯壳的有效支承和施以强化冷却是防止鼓肚、裂纹、提高坯壳强度和减少漏钢的主要保证之一。为此,在板坯结晶器下方可采用格栅,方坯可采用水幕强冷和加大冷却水量等措施。另外,对现有铸机二冷区扇形段支承导向辊的排列也要重新核算,必要时需作相应改进。

10.2.1.6　自动控制和检测技术的应用

结晶器液面控制、自动浇注技术、漏钢检测与预报、二冷自动控制、二冷导辊间距检

测、对弧检测、喷嘴喷雾性能检测等技术的应用能稳定地实现高拉速，减少生产事故，提高铸坯质量。

为了保证在高拉速条件下的铸坯质量，除采用钢包精炼、中间包冶金、低温浇注、电磁搅拌、电磁制动、气－水雾化冷却等技术外，还开发了铸坯强冷、多点弯曲、多点矫直、连续矫直、压缩浇注、轻压下、浇注过程的自动监控和计算机跟踪以及铸坯质量在线统计分析等技术措施，并已成为保证连铸坯质量的主要手段。

10.2.2 提高连铸机作业率的措施

（1）快速更换技术。为了减少铸机设备的更换维修和事故处理时间，目前在大型板坯连铸机上，广泛采用整体快速更换、离线检修的方法来更换结晶器和支承导向段以及二冷扇形段。此外快速更换系统的各种配管和接头都采用管（轴）离合装置，在更换时能迅速离合。结晶器、支承导向段以及扇形段均可在离线情况下借助于专用对中装置和对弧样板进行对中。这些设备一旦在铸机上就位，就能使所有辊子排列在符合要求的弧线上，节省在线调整时间。

（2）上装引锭杆。采用上装引锭杆可把浇注前的准备时间缩短近一半，这是因为采用这种上装引锭杆的方法，可在上一次浇注的铸坯尚未完全出机前，就进行引锭杆的装入和结晶器的密封。宝钢使用上装引锭杆可使准备时间缩短30min。

（3）提高结晶器的使用寿命。结晶器和辊子部分使用寿命短，经常需要更换，已成为影响铸机作业率的重要因素。近年来，日本一些钢厂已研制成功结晶器的多层电镀法。即在结晶器下部先镀镍，在镀层上再镀磷化物和铬。这种复合镀层比单独镀镍寿命可提高5~7倍。

（4）采用各种自动检测装置。近年来开发的自动检测装置主要有二冷区喷嘴检测、结晶器窄面锥度自动控制、结晶器振动监测、辊子开口度及对弧测量以及辊子转动检查装置等。这些检测装置的采用，减轻了操作者的劳动强度，提高了设备调试安装的精度，缩短了设备维修的时间，有利于铸机作业率大幅度提高。

（5）快速更换大包和中间包。连浇炉数对铸机生产率和产品成本起着决定性的作用。提高平均连浇炉数，既能提高铸机的生产率，又能提高金属收得率，还能降低原材料消耗和铸坯的成本。据国外统计资料，连浇五炉与单炉浇注比较，可使产量提高50%以上，金属收得率提高3%以上，铸机作业费用可降低25%左右。此外多炉连浇还是铸坯热送和直接轧制的必要条件。为实现多炉连浇应采取一定的措施：目前连铸生产中采用了钢包回转台和钢包车，已实现了钢包的快速更换，能使空、满包的交换在1~2min内完成。中间包的更换也采用了中间包车和中间包回转台，解决了多炉连浇中钢液的供应问题。

（6）采用大容量中间包。为适应生产纯净铸坯及提高铸机生产率的需要，中间包的容量有逐步扩大的趋势。目前板坯连铸机的中间包已扩大到60~70t。

（7）快速更换浸入式水口。由于浸入式水口的工作条件恶劣，其使用寿命低于中间包，需要在浇注过程中更换，而人工更换是比较困难的，因此人们采用机械手来更换浸入式水口。目前所研制的快速更换水口装置可在几秒钟内完成更换作业。

（8）浇注板坯采用在线调宽结晶器。过去调整板坯结晶器宽度必须中断浇注，更换设备及准备时间一般需要40~60min。而目前广泛使用在线调宽结晶器，不但可以大大减少非生产时间，而且有利于多炉连浇。

（9）采用异钢种接浇技术。当钢种改变而铸坯断面不变时，可采用异钢种接浇技术而不必中断浇注。即前一炉浇完需改变钢种时，在结晶器内插入金属连接件并放入隔层材料，使结晶器内形成隔层，防止不同成分的钢液混合。这种方式可与更换中间包同时进行，做到不同钢种完全分隔。

（10）防止浸入式水口堵塞。水口堵塞是连铸中的多发性事故，影响多炉连浇的实现，严重时还影响生产的正常进行。造成水口堵塞的原因，除了钢液温度低而在水口壁上冻结这一因素外，主要是因为浇注铝镇静钢或含钛不锈钢时，钢中的铝和钛被氧化形成的 Al_2O_3 和 TiO_2 沉积在水口壁上所致。为了防止水口堵塞，目前已采取了一些专门技术：如塞棒及水口吹氩，中间包设挡渣墙及陶瓷过滤器、中间包加钙处理、向结晶器喂铝丝等。采取这些措施后，可使水口堵塞造成的断流率降至很低，从而保证多炉连浇。

10.3　高质量钢连铸技术

高质量钢是指那些对清洁性、表面质量和内部质量要求特别严格的钢种。连铸这些钢种时必须采取相应的技术措施才能满足上述严格的质量要求。这些措施除了常规的钢包冶金、中间包冶金等炉外精炼技术外，新技术的研究开发也在不断进行中，一些正在开发并逐渐在生产中技术如下：

10.3.1　钢液离心流动中间包

离心流动中间包就是在大包钢液下落区周围借电磁搅拌力使钢液产生离心式的旋转流动。它可使正常浇注时和更换钢包非正常浇注时的钢液清洁度都得到较大的改善。

10.3.2　氧化物冶金

通常钢液用铝脱氧和细化晶粒。由于脱氧产物聚集成团絮状，因此，钢液的清洁度易受到影响，而且还会造成水口堵塞和钢的表面质量恶化。采用惰性气体冲洗水口和钙处理虽然不失为克服该缺陷的有效方法，但也存在卷入气体和水口被 CaS 堵塞或因钙含量过高水口又被严重侵蚀等一些负面影响。为此，人们对使用其他脱氧剂和晶粒细化剂以代替铝脱氧的方法做了许多研究。这种方法对连铸－直轧（CC-DR）尤为必要，因为连铸－直轧过程没有冷却和再加热，因此，AlN 细化晶粒的作用变得不稳定。在直接浇注薄带的情况下，由于没有热轧工序，凝固组织结构的控制变得困难。于是，一种称之为"氧化物冶金"的技术，即采用更为稳定的晶粒细化剂钛或锆添加剂代替铝以生产无铝钢便应运而生。这种技术除了能有效控制凝固组织的结构外，其氧化物在低浓度下也不易形成聚集团絮状。而且在整个浇注过程中，这种氧化物始终都保持为较小的颗粒，既有利于改善钢的清洁性（细小、无团絮状聚集），又有利于防止水口堵塞，改善钢的浇注性能。

10.3.3　电磁制动

今天，连铸采用浸入式水口、保护渣工艺已非常广泛。但是从浸入式水口射出来的流股，一是会对初生坯壳造成冲刷，二是会把夹杂物带到液相穴深处而不能上浮。这些现象一方面会增加铸坯产生表面裂纹的倾向性，另一方面也会影响铸坯的清洁度。随着高效连铸技术的采用，由水口流出的钢流速度增加，更助长了这些缺陷的产生。为此人们开发了电磁制动技术，即在结晶器上安装电磁制动器，使结晶器内产生一个横向静磁场，该磁场与钢液流交互作用，产生一个与流股方向相反的制动力，以减弱流股的运动。图 10-9 表示电磁制动技术的作用原理。

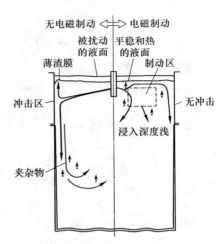

图 10-9 电磁制动的作用原理

在 220mm × 1550mm 板坯上采用电磁制动技术的冶金效果如下：

（1）从水口射出的流股速度减小了一半，减弱了对坯壳的冲刷，坯壳的生长更加均匀。同时也减轻了坯壳薄弱点因回热形成热裂纹的危险性。

（2）流股冲击深度（离结晶器钢液面以下距离）从 4m 减少到 2m，降低了铸坯内弧面 20 ~ 50mm 区域氧化物夹杂的含量。

（3）由于流股分散，水口上部区域钢液流速加快，促进了过热钢液沿弯月面流动，有利于保护渣吸收夹杂物，铸坯表皮下 8mm 夹杂物呈下降趋势，冷轧薄板表面氧化铝分层缺陷明显减少（由 2.94% 减少到 0.69%）。

10.3.4 无弯月面浇注技术

除水平连铸外，在所有的浇注方法中，连铸坯的表面缺陷（如振痕、表面纵裂等）都受到所谓"自由弯月面"问题的影响，为此，无弯月面浇注技术也一直被人们所关注。对这一问题非常成熟的解决方式是所谓热顶结晶器技术。它是在结晶器的弯月面区镶入导热性差的不锈钢或陶瓷材料插件（见图 10-10、图 10-11），以此来减弱弯月面区的热流，延缓坯壳的收缩，减少表面缺陷的产生。

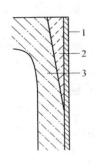

图 10-10 带不锈钢插件的热顶结晶器
1—镀镍层；2—不锈钢插件；3—铜基板

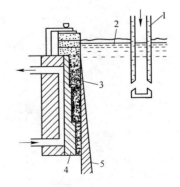

图 10-11 带陶瓷插件的热顶结晶器
1—浸入式水口；2—保护渣；3—陶瓷结晶器；
4—铜结晶器；5—坯壳

10. 3. 5　热轻压下技术

对于容易形成"小钢锭结构"和易于生成中心星状裂纹的方坯来说，可通过在液相穴末端附近强制喷水冷却的方法，借强冷产生的表面收缩应力对中心造成"压缩"作用，将上述危害产品中心质量的因素减至最小。这种方法称为热轻压下技术。

 复习思考题

10-1　简述无缺陷铸坯生产技术的特点。

10-2　简述高温连铸坯生产技术的特点。

10-3　怎样实施高拉速技术？

10-4　提高连铸机作业率的措施有哪些？

10-5　高质量钢连铸冶金技术包括哪些内容？

参 考 文 献

[1] 高泽平. 炉外精炼 [M]. 北京：冶金工业出版社，2005.

[2] 赵沛. 炉外精炼及铁水预处理实用技术手册 [M]. 北京：冶金工业出版社，2004.

[3] 张敏. 超低硫钢钢水精炼技术研究 [D]. 攀枝花：攀枝花钢铁研究院，2007.

[4] 朱苗勇. 现代冶金学 [M]. 北京：冶金工业出版社，2005.

[5] 黄希祜. 钢铁冶金原理（第3版）[M]. 北京：冶金工业出版社，2004.

[6] 徐曾敲. 炉外精炼 [M]. 北京：冶金工业出版社，2002.

[7] 李宏译. 炉外精炼 [M]. 北京：冶金工业出版社，2002.

[8] 王社斌，林万明. 钢铁冶金概论 [M]. 北京：化学工业出版社，2014.

[9] 李茂旺，胡秋芳. 连续铸钢 [M]. 北京：冶金工业出版社，2016.

[10] 王维. 连续铸钢技术问答 [M]. 北京：化学工业出版社，2012.

[11] 时彦林，贾艳，刘燕霞. 连续铸钢生产实训 [M]. 北京：化学工业出版社，2011.

[12] 张小平，梁爱生. 近终形连铸技术 [M]. 北京：冶金工业出版社，2001.

[13] 蔡开科，程世富. 连续铸钢原理与工艺 [M]. 北京：冶金工业出版社，2005.

[14] 冯捷，史学红. 连续铸钢生产 [M]. 北京：冶金工业出版社，2005.